Eine kurze Geschichte der Analysis

Detlef D. Spalt

Eine kurze Geschichte der Analysis

für Mathematiker und Philosophen

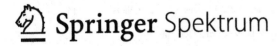 Springer Spektrum

Detlef D. Spalt
Darmstadt, Deutschland

ISBN 978-3-662-57815-5   ISBN 978-3-662-57816-2   (eBook)
https://doi.org/10.1007/978-3-662-57816-2

Die Deutsche Nationalbibliothek verzeichnet diese Publikation in der Deutschen Nationalbibliografie; detaillierte bibliografische Daten sind im Internet über http://dnb.d-nb.de abrufbar.

Springer Spektrum
© Springer-Verlag GmbH Deutschland, ein Teil von Springer Nature 2019

Verantwortlich im Verlag: Iris Ruhmann

Springer Spektrum ist ein Imprint der eingetragenen Gesellschaft Springer-Verlag GmbH, DE und ist ein Teil
von Springer Nature
Die Anschrift der Gesellschaft ist: Heidelberger Platz 3, 14197 Berlin, Germany

für Juliane
zum 19. Mai 1990
und zum 27. Januar 2017
mit allen Konsequenzen

Vorwort

Für wen ist dieses Buch geschrieben?

Dieses Buch wird diejenigen interessieren, die sich fragen: Was ist Mathematik? Wie kommt sie zustande? Woher rühren ihre seltsamen *Begriffe?*

Einige *Beweise* werden vorgeführt: nicht die gern gefeierten, sondern die grundlegenden, wichtigen. Darunter einer, der nicht aufgeht, sondern im Dissens endet (Kap. 6). Und einer der gern gefeierten Lieblingsbeweise der mathematischen Erbauungsliteratur wird infrage gestellt und als *nur bedingt schlüssig* gezeigt (in Kap. 15). Nicht um Erbauung geht es hier, sondern um Wissen. Also nicht ums Wohlfühlen, sondern ums Denken:

> Wie wurde gedacht, damit unsere heutige Mathematik (konkret: unsere Analysis) zustande kam?

Wer kann dieses Buch verstehen?

Um dieses Buch zu verstehen, bedarf es keines vollständigen Mathematikstudiums. Eine gewisse Vertrautheit mit den Zentralbegriffen der Analysis (mit Funktion und Reihe, mit Stetigkeit und Konvergenz, mit Differenzial und Integral also) ist aber nötig. Die Details werden stets an Ort und Stelle dargelegt.

Wenn aber doch ausnahmsweise einmal etwas aus der höheren Analysis angesprochen wird (nicht vor Kap. 8), ist dies durch ein „**T**" gekennzeichnet, „**T**" für „Theorie". Wer vom dort Angeführten noch nie etwas gehört hat, gehe einfach zum nächsten Absatz über.

Worum geht es?

Dieses Buch zeigt *geschichtlich:*

- Wie und wodurch kam die Analysis zustande? (die *Formierung* des Mathematischen, die philosophische Ebene also);
- Wie haben sich die Gegenstände (Begriffe) der Analysis entwickelt, verändert? (die *Ausgestaltung* des Mathematischen, die begriffliche Dimension).

Hinzu kommen zwei neue mathematische Erkenntnisse:

- Man kann unsere heutige gewöhnliche Analysis (leicht) abwandeln und ihr dadurch eine andere Gestalt geben – d. h. dort gelten andere Sätze. Dies ist die *Urform* unserer heutigen Analysis, ausgedacht von Cauchy.
- Neben den beiden heute bekannten Konstruktionen der reellen Zahlen gibt es eine dritte, gänzlich andere. Die wurde von Weierstraß im Winter 1880/81 erfunden, war aber verschollen.

Es geht also um zwei *geschichtliche* Themen und um zwei *mathematische* Neuheiten: Die Mathematikgeschichte bietet auch Mathematikern Neues!

Wer hat mitgewirkt?

Zu danken habe ich nach der Universität Frankfurt (für die erneute Erteilung eines – unbezahlten – Lehrauftrags durch die Mathematik-Didaktik) zuallererst jenem Dutzend Studenten des Master-Studienganges Mathematik dort, die mich durch ihr Interesse, ihre Aufmerksamkeit und ihre Kritik (hier mit ganz besonderem Engagement Herr Marco Pavić) im Wintersemester 2016/17 zu jener Vorlesung angespornt haben, deren nachlaufende Dokumentation hier jetzt im Druck vorgelegt wird. Sie haben demonstriert, dass es auch heute studentisches Interesse an der Geschichte der Mathematik in Gruppenstärke gibt – selbst wenn dafür kein fachlicher Platz im heutigen Bologna-gerechten Curriculum vorgesehen ist und sogar ohne CPs.

Besonders nennen und danken muss und möchte ich hier Prof. Dr. Jürgen Wolfart: für seinen organisatorischen Beitrag wie auch für seinen fürsorglichen Hinweis auf das gerade aufgefundene Manuskript aus der Weierstraß-Vorlesung, von dem ich sonst keine Kenntnis erlangt hätte.

Geschichte und Didaktik der Mathematik verbindet eines: Beide *reflektieren* sie die gegenwärtige Mathematik. Das kann zu wechselseitiger Befruchtung führen, und das geschah auch hier. Konkret verdanke ich Prof. Dr. Reinhard Oldenburg, jetzt Augsburg, und Prof. Dr. Harald Riede, ehemals Koblenz, den Hinweis auf die Formel zum Begriff „stetig differenzierbar" (Abschn. 11.10).

Wie immer bin ich aber auch meinen sehr beständigen Freunden Hassan Givsan und Bernd Arnold für ihre stete Bereitschaft unendlich dankbar, meine Formulierungsversuche auf ihre Substanz und ihre sprachliche Qualität hin zu kritisieren, zu klären und zu verbessern. Zuletzt hat sich auch Juliane mit Eifer und Erfolg in die Endkritik gestürzt: danke!

Doch ohne die Neugier, ihre Offenheit und den Mut von Frau Iris Ruhmann vom Springer-Verlag, dieses Buch ins Programm aufzunehmen, wäre dieser Vorlesungstext (wie üblich) ein Einzeldokument in der zuständigen Bibliothek geblieben und keiner allgemeinen Leserschaft vorgelegt worden. Frau Ruhmann gebührt das Verdienst an dieser Publikation sowie mein herzlicher Dank dafür.

Darmstadt-Eberstadt,   Detlef D. Spalt
den 15. Juni 2018

Inhaltsverzeichnis

Abbildungsverzeichnis

Einleitung: Die vier großen Themen dieses Buches   1

Wer sich noch nicht (oder nur sehr wenig) mit der Geschichte der Mathematik befasst hat, möge jetzt einfach mit Kap. 2 beginnen. Wer hingegen bereits einmal in geschichtlicher oder philosophischer Hinsicht über die Mathematik nachgedacht hat, wird durch diesen detaillierteren Überblick eine erste Orientierung in jenen vier Themen gewinnen, von denen im Vorwort die Rede war. Abschn. 1.2 enthält – auf weniger als drei Seiten – eine Kürzestfassung der Geschichte der Analysis

1.1   Die Formierung des Mathematischen – oder: Von der Gestaltung mathematischer Theorien

Seit der Arbeit der klassischen griechischen Philosophen wissen wir: Mathematik ist ein Denken in Begriffen. Hatten sich die babylonischen Buchhalter jahrtausendlang mit dem Rechnen begnügt (und dabei den abstrakten *Gegenstand* „Zahl" hervorgebracht), so erfanden die griechischen Philosophen den kritischen Diskurs, also die *Begriffe*. Mit Euklid (um −300) gibt es Mathematik in unserem noch gegenwärtigen Sinn: *Definition – Satz – Beweis*.

Ohne Definition und ohne Beweis gibt es keinen Satz. In diesem Buch werden diese beiden in der Geschichtsschreibung gern vernachlässigten Regionen der Mathematik in den Vordergrund gerückt: die *Definitionen* (oder „*Begriffe*") und die *Beweise* (die doch auf diesen Definitionen aufbauen). Es zeigt sich: Hier spielt die Musik!

1.1.1   Die Definition macht Arbeit!

Nicht die Babylonier, erst Euklid gibt eine *Definition* für den *Gegenstand* „Zahl": einen Zahl*begriff*.

© Springer-Verlag GmbH Deutschland, ein Teil von Springer Nature 2019
D. D. Spalt, *Eine kurze Geschichte der Analysis*,
https://doi.org/10.1007/978-3-662-57816-2_1

> Die Definition ist der *Ausgangspunkt* aller Mathematik, wie wir sie haben.

Die Definition sagt, *was* der behandelte Gegenstand *ist,* etwa „Zahl" oder „Stetigkeit" usw. Und hier, *genau hier,* wird die Arbeit des mathematischen Denkens geleistet: bei der *Definition* der Begriffe. Denn der Mathematiker, die Mathematikerin sind keine empirischen Wissenschaftler, die auf *Erkenntnis,* auf *sinnliche Wahrnehmung* verwiesen wären.

▶   Das mathematische Denken trachtet nicht danach, Gegenstände der Erfahrung
zu erfassen.

Welche wären das denn?

1.1.2   Ist der mathematische Beweis zwingend?

Eine *andere Art* der mathematischen Arbeit ist das *Beweisen.* Hier wird die Perspektive umgekehrt. Die Beweise der Mathematik loten die Formierungsmöglichkeiten der Begriffe aus.

Ein Beweis muss *streng* sein, am besten *zwingend.*

Am zwingendsten sind in der Mathematik die Widerspruchsbeweise. Denn das ist klar: Widerspruchsfrei *muss* die Mathematik immer sein. (Sonst könnte *alles* bewiesen werden: mit einem Satz *zugleich* sein Gegenteil.) Doch längst nicht alle mathematischen Beweise sind Widerspruchsbeweise. Nicht jeder Beweis ist ein Vermeiden-Müssen des Widerspruchs. Manchmal zeigt ein Beweis: Eine Definition wurde *korrekt* verwendet. Ein anderer zeigt: So *muss* es sein, das *genügt!*

Die *informalen,* die *inhaltlichen* Beweise sind oft die beliebteren. Denn sie sind *untechnisch.* Insofern sie *wirklich* inhaltlich sind, hat dies jedoch einen bemerkenswerten Nachteil: Sie sind *nicht unbedingt* zwingend. Dafür werden in den Kap. 6 und 15 zwei Beispiele gezeigt. Erst ein *formaler,* ein technischer Beweis beendet die Diskussion und zeigt: Hier gibt es keinen Gestaltungsraum mehr.

Aber selbst den Größten gelingt es nicht immer, den Gestaltungsraum voll auszuschöpfen. In den Kap. 4 und 10 werden wir zwei große Denker an einer für sie unüberwindlichen Grenze des Denkens kapitulieren sehen; übrigens an derselben. (Ob sie das selbst bemerkt haben?) In Abschn. 4.3.5 steht ein einfaches Diagramm, das Leibniz (oder seine Zeitgenossen wie Vorgänger) nicht zustande bringen konnten.

1.1.3   Vom Wirrwarr zur Klarheit

In den Definitionen und in den Beweisen formiert sich das mathematische Denken. In einem Wirrwarr vielfältiger Versuche werden Begriffe geschaffen, erprobt und verworfen. Hier sucht das schöpferische Denken, die Mathematik zustande zu bringen. Das sogenannte mathematische *Wissen* ist letztlich eine begriffliche *Konstruktion* – und als solche in grundlegenden Aspekten wie auch in ihrer konkreten Formierung *diskutabel.*

▶ Begriffswandel ist der Kern der geschichtlichen Entwicklung der Mathematik.

Ein wichtiges Grundanliegen dieses Buches ist es, diesen Wirrwarr zu präsentieren: in den Begriffen wie in den Beweisen. Und zwar nicht nur allgemein, sondern ihn im Detail aufzuzeigen. Die ganz großen Denker der Mathematik (wie Gottfried Wilhelm Leibniz, Johann Bernoulli, Leonhard Euler, Karl Weierstraß, Georg Cantor) haben in tiefer Überzeugung mathematische Argumente vorgebracht, die in der heutigen Mathematik als unzulässig gelten. Manches davon wird hier in Zitaten ganz konkret präsentiert.

1.1.4 Wachsende Einsicht in die definitorische Gestaltungskraft der Mathematik

Die Einsicht in den definitorischen – oder: schöpferischen – Gestaltungsraum der Mathematik war den großen Denkern schon früh klar (Kap. 2 bis 6). Eine breitere Fachöffentlichkeit freilich hat sich ihrer erst im 19. Jahrhundert bemächtigt – und zwar auf *mathematischem* Wege. Erst seitdem verständigte man sich darauf: Geometrie ist nicht nur in der Ebene, sondern (beispielsweise) auch auf einer Kugel möglich – dort aber gilt der Satz des Pythagoras nicht; der gilt nur in der Ebene. Man sagt es meist so: Es gibt auch eine „nicht-euklidische" Geometrie (die eigentlich eine „nicht-pythagoräische" ist).

Ein weiteres Jahrhundert brauchte es zu der Einsicht, dass solche alternativen Gestaltungen einer Theorie keineswegs auf die Geometrie beschränkt sind, sondern sogar für die bis heute wirkungsmächtigste mathematische Theorie möglich sind, für die „Differenzial- und Integralrechnung", heute meist kürzer „Analysis" genannt. Ein Stichwort dazu lautet „Nichtstandard-Analysis". In diesem Buch wird gezeigt: Es gibt auch eine *Cauchy'sche Analysis* – und die ist mit keiner der heute üblichen Theorieformen identisch.

1.1.5 Der Wandel in philosophischer Perspektive

Von dieser schließlich erlangten Einsicht in die Gestaltungskraft des menschlichen Denkens aus ist es nicht mehr schwer, die Sache (also: das mathematische Denken) einer Neubewertung zu unterziehen. Dazu bedarf es lediglich einer *genauen Analyse* der *denkerischen Details* der real formulierten Mathematik.

▶ Es geht hier um eine Neubewertung der Geschichte des bis heute besonders wichtigen Zweiges der Mathematik: der Analysis!

Und zwar in einer kondensierten, auf die Grundideen des Gebietes konzentrierten Weise. Die maßgeblichen Umbrüche (oder „Revolutionen") in der Theorieentwicklung werden gezeigt. Dabei wird großer Wert nicht nur auf die Benennung des Neuen gelegt, sondern *gleichermaßen* wird auch der Preis genannt, der für diese Neuerung zu zahlen ist. Es gibt keinen Wandel, bei dem nur Neues (das als „Gutes" beworben wird) entsteht, sondern immer wird auch etwas Altes aufgegeben. Das gilt selbstverständlich auch beim Denken – und also auch in der Entwicklung der Mathematik. Gewöhnlich wird dies Aufgegebene verschwiegen; hier nicht. (Eine Ausnahme ist das erste Kapitel, also die Geburt der neuzeitlichen Mathematik. Bisher fehlen mir die wenigen Worte, in denen dieser gewaltige Umbruch, dieser Aufbruch in die Neuzeit, formuliert werden könnte.)

In diesem Buch geht es um die (ganz) großen Linien, und dabei werden die grundsätzlichen denkerischen Aspekte (die philosophischen also) besonders beachtet. Mein 2015 erschienenes Buch *Die Analysis im Wandel und im Widerstreit* ist wesentlich detaillierter (nicht zuletzt mathematisch) und daher deutlich umfangreicher.

Zusammenfassend: Den philosophischen Aspekten des mathematischen Denkens wird hier besondere Aufmerksamkeit zuteil. Doch es geht immer um Mathematik (Analysis) und deren tatsächliche Entwicklung, nicht um hintertreppenphilosophische Spielereien. Es geht um die *wirkliche* Mathematik, wie sie die ganz Großen des Faches gedacht haben. Das wird anhand ihrer Originaltexte dargestellt.

1.2   Die Ausgestaltung des Mathematischen – oder: Die Wandlungen der Analysis

Die Analysis ist *die* mathematische Theorie der beginnenden Neuzeit und – seit dem 19. Jahrhundert – des Industriezeitalters. Sie ist ein tragender Teil dieser kulturellen Entwicklung, eine ihrer *notwendigen* Formierungsbedingungen.

Dieses Buch führt vor, *wie* die Zentralbegriffe der Analysis in den letzten knapp 350 Jahren gestaltet wurden: Konvergenz und Stetigkeit, Differenzial und Integral, Zahl und Funktion. Und welche Beweise dazu passten.

1.2.1   Die Gründungsphase

Es beginnt mit der Voraussetzung des Ganzen: mit der Erfindung der **Formel** durch Descartes (nicht Viète! – Kap. 2 und 3). Denn ohne Formel keine moderne Mathematik. (Nur sagt das kaum jemand.)

Schon die allererste Formel der Mathematik enthält eine „Unbekannte". Im nächsten Entwicklungsschritt wurde sie verflüssigt: aus der (diskreten) **„Unbekannten"** wurde die (kontinuierliche) **„Veränderliche"**. Newton und Leibniz hatten beide diese Idee (Kap. 4 und 5). Von Leibniz wissen wir (übrigens noch nicht lange), dass er mathematisch sehr präzise Begriffe und Argumente zustande brachte – und beispielsweise sowohl einen sauberen **Konvergenzbeweis** gab als auch den heute **„Riemann-Integral"** genannten präzisen Begriff formulierte (Kap. 4). Natürlich in seiner Sprache.

Dabei tat sich ein philosophischer Abgrund auf: **Gibt es unendliche Zahlen?** Zwei sonst höchst fruchtbar zusammenarbeitenden Freunden aus der Championsleague der Mathematiker, Leibniz und Johann Bernoulli, gelang in dieser Frage keine Einigung: Kap. 6.

1.2.2   Eine Prunkzeit: die Algebraische Analysis

Nachdem Johann Bernoulli das zu beackernde Feld von der Geometrie aufs Rechnen (die Algebra) verlagert hatte (Kap. 7), gestaltete sein Schüler Euler die Lehre zur **„Algebraischen Analysis"** aus, gesteuert durch die Formel, jetzt **„Funktion"** genannt. Im absolutistischen Zeitgeist des 18. Jahrhunderts institutionalisierte Euler eine formelle Etikette, der das Zahlenrechnen des gesunden

Menschenverstandes nichts galt (Kap. 8). d'Alembert und Lagrange versuchten eine Weiterentwicklung dieser Lehre, gelangten aber zu keiner echten Neugestaltung (Kap. 9). Lagranges Grundlegungsversuch scheiterte an einer fundamentalen Lücke in seiner Begriffswelt.

1.2.3 Die Implosion der Algebraischen Analysis – und eine erste Nachfolgetheorie

Dem neu aufkommenden und im 19. Jahrhundert dominant werdenden Ingenieurdenken jedoch nutzen Formeln nichts, wenn sie nicht zu Zahlen führen. Bolzano und Cauchy wurden dem gerecht, indem sie als Erste den „**Wert**" ins begriffliche Zentrum der Lehre rückten (Kap. 10 und 11); Cauchy gelang sogar eine Gesamttheorie. So erhielt die Analysis einen von Grund auf neuen Dreh. Da dies noch niemand so beschrieben hat, musste ich für diese neue Theorieform einen Namen prägen: „**Werte-Analysis**".

Allerdings litt die Werte-Analysis an einem schweren Geburtsfehler: Noch niemand hatte eine Definition für den Begriff „Zahl" zustande gebracht, der für die Analysis taugte: kein Leibniz und (erst recht) kein Euler. Sogar Bolzano kam damit letztlich nicht klar, und Cauchy versuchte es erst gar nicht. Zwei Generationen währte dieses **Interregnum** (Kap. 12).

1.2.4 Die Errichtung einer kapriziösen Werte-Analysis

Schließlich gelang es Weierstraß (Kap. 13; mit der letzten traditionellen Form der Analysis), Cantor und Dedekind (Kap. 14), diesen gordischen Knoten zu durchschlagen. Sie bissen in den sauren Apfel und verliehen mit ihren **Begriffen der reellen Zahl** dem aktualen Unendlich in der Mathematik doch das Bürgerrecht. Danach war eine Einigung auf den richtigen Funktionsbegriff (von Riemann, nicht Dirichlet!) nur noch Formsache.

Bekannt sind bisher nur die Ideen von Cantor und Dedekind, denn sie wurden im Jahr 1872 gedruckt. Bis heute unbekannt ist hingegen **Weierstraß' Idee**. Sie steht in zwei Handschriften von Hörern seiner Vorlesung aus dem Winter 1880/81, sehr genau in einer erst 2016 aufgetauchten, und wird hier erstmals vorgestellt, wenigstens kursorisch (Kap. 13).

1.2.5 Ausblick: Axiomatisierung, Mengen-Analysis und neues Formelrechnen

Eine Generation später desavouierte Hilbert das traditionelle mathematische Denken und bahnte mit seiner **Axiomatisierung** des Zahlbegriffs der Strukturmathematik des 20. Jahrhunderts (Bourbaki) den Weg (Kap. 14). Nicht gleich fehlerfrei – auch einem Hilbert unterlaufen Denkfehler (Abschn. 14.4.2).

Die Umgestaltung der Werte-Analysis zur „**Mengen-Analysis**" im 20. Jahrhundert wird hier nicht mehr vorgeführt, ihr philosophisches Grundproblem jedoch klar benannt (Abschn. 14.2.7). Das wird schnell technisch – und das Resultat ist im Übrigen heute der Standard, steht also in allen Lehrbüchern. Doch um der Klarheit willen sei es hier betont:

▶   Vor dem 20. Jahrhundert gab es keine Mengen-Analysis.

Um es den mathematisch Versierteren gleich deutlich zu machen: Georg Cantor definierte *jede* konvergente (oder: Cauchy-)Folge rationaler Zahlen als eine reelle Zahl (Abschn. 14.2.2). (Er erklärte zwei solche „Zahlen" dann als „gleich", wenn sie sich um eine „unendlich kleine Größe" unterscheiden, um eine Nullfolge also.) Den erst im 20. Jahrhundert erfundenen Begriff „Äquivalenzrelation" (Abschn. 7.2.4 und 11.5.3) bildete Cantor nicht, und seine Mengenlehre schuf er sowieso erst zwei Jahrzehnte später. Der Einzige, der im 19. Jahrhundert originär und mit Gewinn Mengenbegriffe zu seiner Zahlbegriffsbildung einsetzte, war kurioserweise Weierstraß (Kap. 13) – neben Bertrand, beiläufig, und Dedekind, pompös (Kap. 14) – doch weiß ich das erst seit dem vorigen Jahr.

Dafür zeige ich in Kap. 15 abschließend noch einen Gestaltungsraum der Analysis auf, der heute gern hinter Logik oder Axiomatik verbarrikadiert wird. Dazu greife ich auf ein weiteres unpubliziertes Manuskript zurück, diesmal eines von dem grandiosen Rechner Curt Schmieden aus den frühen 1950er Jahren. Schmieden tat zweierlei: Erstens wandelte er den reellen Zahl*begriff* ab; und zweitens änderte er *das Rechnen* mit dem Unendlichen: Statt das Unendliche in den Formeln nur (a) durch einen *Anfang* und (b) danach bloß noch durch „ …" zu beschreiben, bestand er darauf, (c) auch am *Formelende* präzise zu sein und zu sagen, *was genau* man eigentlich meine. Schmieden wollte also **endende Formeln fürs Unendliche.** (Sie sind klarerweise nicht nur länger als die sonst üblichen, sondern erfordern auch doppelte Mühe beim Umgang – eben weil auch ihr Ende genau zu bedenken ist, nicht allein ihr Anfang. Aber immerhin bleibt die Mühe *elementar*.) Zwar haben Schmiedens Ideen (durch Detlef Laugwitz) im Jahr 1958 einen ersten Anstoß zur Erfindung der (heutzutage) **„Nichtstandard-Analysis"** genannten Theorie gegeben, doch scheint mir ihr schöpferisches Potenzial damit keineswegs verbraucht zu sein.

1.3   Die erste mathematische Neuheit in diesem Buch: die Urform unserer heutigen Analysis (von Cauchy)

Die heutigen Zentralbegriffe der Analysis „Konvergenz" und „Stetigkeit" wurden von Bolzano und Cauchy glasklar formuliert. Doch nur Cauchy hat die Lehre in einer *vollständigen* Form ausgestaltet. Dazu gründete er sie auf den alten Grundbegriff „Funktion" (als Formel) und den neuen Grundbegriff „Funktionswert" und ergänzte diese durch scharfe Begriffe von „Ableitung" und „Integral".

Geschichtlich absolut neu war Cauchys Begriff „Funktionswert". Dieser Gegenstand war zuvor nirgendwo bestimmt worden. Für uns überraschend dachte sich Cauchy diesen Begriff ganz anders als wir heute (Abschn. 11.6.4).

Diese *andere* Fassung des Grundbegriffs „Funktionswert" hat notwendigerweise Auswirkungen auf die weiteren, auf die *daraus abgeleiteten* Begriffe der Analysis. Das sind insbesondere die Begriffe „konvergent", „stetig" und „Ableitung". Diese erhalten dadurch eine gegenüber ihren heutigen Pendants *abweichende* Bedeutung. (Cauchys Definitionen von „Konvergenz", „Stetigkeit" und „Ableitung" *klingen* zwar wie unsere heute, doch sie *bedeuten* etwas anderes!) „Abweichung" in der Mathematik besagt: Es gelten (manche) *andere* Lehrsätze, als sie uns heute geläufig sind.

Das wird in Kap. 11 im Einzelnen gezeigt. Ergebnis: Die von Cauchy erfundene *Urform* unserer heutigen Analysis hat eine etwas andere (und übrigens einfachere) Gestalt als deren (heutige) Weiterentwicklung mit ihren Änderungen der Grundbegriffe Funktion und Funktionswert. (So gesehen sind Cauchys Begriffsbildungen vielleicht gar nicht überraschend?)

1.4   Die zweite mathematische Neuheit in diesem Buch: eine dritte Konstruktion der reellen Zahlen (von Weierstraß)

Neben den meist lange und gut bekannten Quellen lese ich hier noch eine völlig neue: ein erst im Jahr 2016 in der Mathematischen Bibliothek der Universität Frankfurt zufällig gefundenes Manuskript aus dem Winter 1880/81. Zu meiner nicht geringen Überraschung ergibt sich aus dieser neuen Quelle eine erfolgreich durchgeführte Konstruktion des reellen Zahlbegriffs durch Weierstraß. Diese Konstruktion ist meines Wissens noch heute eine mathematische Neuheit, und die Tatsache, dass Weierstraß diese Konstruktion noch im Winter 1880/81 vortrug (also gut acht Jahre nach den Publikationen von Cantor, Heine und Dedekind zu diesem Begriff), zeigt unmissverständlich: Er, Weierstraß, sah dafür einen mathematischen Bedarf. Denn sonst hätte er sich seine Mühe sparen können!

Nach meiner Einschätzung muss diese Weierstraß'sche dritte Konstruktion der reellen Zahl (in heutiger Sprache, klar) die Cantor'sche Konstruktion künftig überall ablösen, wo heutzutage diese in den Lehrbüchern den Zahlbegriff der Analysis konstituiert. Denn anders als jene ist sie keine *petitio principii,* weil sie nicht den Begriff der Konvergenz zur Definition eines der Anfangsbegriffe der Analysis heranzieht. (Wohl auch die Dedekind'sche, weil sie elementarer ist als diese.)*

Kein Gewinn ohne Aufwand! Die betreffenden Passagen (in Kap. 13) sind zwar mathematisch *sehr* elementar. Aber da sie bisher unbekannt (oder eben: *neu*) sind, sind sie für *jede und jeden* Lesenden Neuland – und etwas Neues zu verstehen ist immer anstrengender, als etwas schon einmal Gehörtes wiederzuerkennen oder etwas bereits einmal Gewusstes wiederzuerinnern. Daher werden selbst die mathematisch Vorgebildeten (vertraut etwa mit dem Stoff der Erstsemester-Vorlesung) an dieser Stelle langsamer lesen müssen als an den anderen Stellen. Mathematik *ist* nicht trivial. Der Text ist deswegen dort etwas ausführlicher.

---

*Bislang allerdings ist es mir (im Verlauf eines guten halben Jahres) nicht gelungen, eine der großen mathematischen oder die große mathematikgeschichtliche Zeitschrift(en) zu einer Publikationszusage dieser Idee Weierstraß' zu bewegen. So bin ich sehr froh, sie hier zum ersten Mal im Druck vorstellen zu können. Vielleicht bewegt sich ja dann etwas: Vielleicht wollen ja die Türsteher der mathematischen heiligen Hallen die Mathematikerinnen und Mathematiker doch noch wissen lassen, was es in der Mathematik alles *wirklich* gibt bzw. gab. Vielleicht aber auch nicht. Das mathematische Denken ist bekanntlich sehr rigide – und tut sich daher *offenkundig* sehr schwer, sich Neuem zu öffnen. Selbst dann, wenn dieses Neue von einem der ganz Großen stammt und in der Sache ganz elementar ist.

1.4.1 Die mathematikgeschichtlichen Besonderheiten dieses Buches

Inhaltlich

Grundsatz dieses Buches ist es, die frühere Mathematik *in ihrem eigenen Recht* zu nehmen und also das Denken der Früheren *so, wie es war,* wiederzugeben. Also nicht jene *Karikatur* dieses Denkens, das sich durch dessen *Übersetzung in die heutige Sprache* ergibt. Einzig so können wir heute dem Früheren gerecht werden. Denn dieses Frühere bestand ganz ohne das Heutige (wie wir heute auch keine Ahnung von der Gestalt der Mathematik im nächsten oder übernächsten Jahrhundert haben). Einzig bei Weierstraß' Zahlbegriff mache ich eine Ausnahme, um der Leserschaft entgegenzukommen. Offenkundig muss hier erst die Sache bekannt gemacht werden.

Diese Perspektive ist nicht die übliche. Insbesondere in den Kap. 11 und 12 muss dies thematisiert werden, also für die Zeit des 19. Jahrhunderts. Denn dorthin verirren sich Mathematiker (beiderlei Geschlechts), die nicht Mathematikhistoriker sind, am leichtesten. Die dortige „Werte-Analysis" scheint noch am meisten Ähnlichkeit mit der heutigen „Mengen-Analysis" zu haben. In jenen Texten glaubt sich der mathematikhistorische Laie am leichtesten zurechtfinden zu können: *Sieh da, das sind doch dieselben Begriffe wie die unseren!*

Wer nicht weiß, dass sich das mathematische Denken *mit der Zeit* gewandelt und dabei *sogar andere Begriffe hervorgebracht* hat (und auch nicht wenigstens denkt, es *könne* so sein), der und die nimmt dann die früheren Begriffe unbesehen für die heutigen. Und liegt damit manchmal voll daneben. Er oder sie nimmt insbesondere Cauchys Analysis als mit unserer heutigen identisch – was definitiv *mathematisch falsch* ist. Sie ist erst deren *Urform.*

Zu Anfang, also von 1977–86, bin ich übrigens selbst so vorgegangen. Leider. Aber zum Glück wandelt sich nicht nur die Mathematik, sondern – jedenfalls im Einzelfall – auch das eigene Verständnis der Welt. Manchem gelingt es, dazuzulernen.

Das hat im letzten halben Jahrhundert zu einigen grotesken Missverständnissen der Analysis des 19. Jahrhunderts geführt. Das mathematisch wie historiografisch dramatischste dieser Missverständnisse wird in Kap. 11 im Detail aufgegriffen, ein anderes in Kap. 12. Zu Anfang von Kap. 12 findet sich (als Rückblick) eine ausführliche Darlegung meiner historiografischen Herangehensweise, konkretisiert am Beispiel des vorangegangenen komplexen Sachverhaltes: der historiografischen Bewertung eines analytischen Denkens, das sich zwar *von allem* unsrigen heute *unterscheidet,* aber dennoch *in sich stimmig* ist (eben die Cauchy'sche Analysis). Die Mathematikgeschichte kann sogar (aus heutiger Sicht:) neue Mathematik *finden,* nicht nur einzelne neue Ideen (wie Weierstraß' Zahlbegriff)! (Man muss nur damit rechnen . . .)

Deswegen ist Kap. 11 auch etwas komplizierter strukturiert als die übrigen. Denn dort wird nicht nur die Sache dargelegt (konkret also: Wie hat Cauchy die Analysis gedacht?), sondern es müssen auch ihre *zwei* (!) mathematischen Fehldeutungen aufgedeckt werden, die es gibt – *zusammen mit* der Benennung der Fehler.

Methodisch

Wie üblich orientiere ich mich auch in diesem Buch ausschließlich an den Quellen. (Ich gebe sie hier allesamt nur in deutscher Sprache, in neuer Rechtschreibung und aktueller Zeichensetzung wieder.[†]) Meist sind diese Quellen bekannt oder wenigstens gut zugänglich, im heutigen Zeitalter der digitalen Technologie weitaus leichter denn je. (Glücklicherweise wurden auch die wissenschaftlichen Bibliotheken retrodigitalisiert. In Deutschland ist der Zugriff bislang leider mangelhaft: Das Portal der *Deutschen digitalen Bibliothek* gibt hier derzeit eine erbärmliche Trefferquote, anders als etwa die französische *Gallica,* während die *Elektronische Bibliothek Schweiz,* kurz e-rara.ch, die edlen Texte bietet. Da muss dann etwa das kalifornische *Internet Archive* aushelfen.)

Alles in allem

Mit diesem Buch soll der Zugang zur Analysisgeschichte erleichtert werden, indem eine erste Orientierung über die großen Linien ihrer Entwicklung gegeben wird: durch sorgfältige Lektüre insbesondere der Definitionen der analytischen Zentralbegriffe einschließlich ihrer gründlichen Diskussion.

Die Mathematik wandelt sich – wie jedes andere Denken des Menschen auch. Und „Wandel" bedeutet: Etwas wird *anders.* Dieses Anders-Werden ist der Gegenstand der Mathematikgeschichte – dem aktuellen mathematischen Denken geht es gewöhnlich nicht um ein Anderes, sondern um ein Mehr.

[†] *Die Analysis im Wandel und im Widerstreit* zeigt stets auch die Originaltexte.

Die Erfindung der mathematischen Formel

Mathematik ohne Formeln ist heute undenkbar. Ohne

$$(a + b)^2 = (a + b)(a + b) = a^2 + 2ab + b^2$$

geht da gleich gar nichts.

Gab es diese Formeln schon immer, oder hat die jemand erfunden?

Natürlich *muss* jemand die Formeln erfunden haben, sie liegen doch nicht auf der Straße!

Wer also hat die mathematische Formel erfunden? Wie kommt jemand auf eine solche Idee? Und warum?

Um diese drei Fragen soll es in diesem Kapitel gehen.

2.1   Wer hat die mathematische Formel erfunden?

Merkwürdigerweise lernen wir in der Schule zwar die mathematischen Formeln – aber wir lernen nicht, wer sie uns eingebrockt hat.

Und noch merkwürdiger ist, dass das auch nirgends steht! In keinem Lexikon steht, wer auf die Idee mit der mathematischen Formel, der mathematischen Gleichung kam, auch nicht in *Wikipedia* (jedenfalls bis heute, bis im Jahr 2018).

Also: Bücherlesen kann bilden – denn hier ist die Antwort auf diese Frage:

Die mathematische Formel wurde von René Descartes erfunden.

René Descartes – wer ist das, muss man den kennen?

Ja, von René Descartes sollte man wissen, wenigstens ein bisschen! Er lebte von 1596 bis 1650, und zwar sehr viele Jahre in den Niederlanden, obwohl er, wie schon der Name

© Springer-Verlag GmbH Deutschland, ein Teil von Springer Nature 2019
D. D. Spalt, *Eine kurze Geschichte der Analysis*,
https://doi.org/10.1007/978-3-662-57816-2_2

zeigt, Franzose war. Er wechselte in den zwanzig Jahren von 1629 bis 1649 wohl 24-mal seinen Wohnort, denn er wollte von der Obrigkeit nicht gestört werden.

René Descartes dachte in einer Weise, die der Obrigkeit nicht gefallen haben würde. Wobei zur Obrigkeit mit weltlicher Macht damals in Mitteleuropa auch die Kirchen zählten. Beispielsweise verurteilte die katholische Kirche im Jahr 1613 Galileo Galilei dafür, dass er behauptet hatte, die Erde bewege sich, und die Sonne sei Mittelpunkt der Welt. Als Galilei dies 1632 in einer neuen Schrift wiederholte, wurde er unter Androhung der Folter zum Widerruf gezwungen und zu kirchlicher Haft verurteilt. Und im Dreißigjährigen Krieg, 1618–48, ging es anfänglich um Religion, später dann nur noch um Macht und Einfluss.

Einem Schicksal wie Galilei wollte Descartes auf jeden Fall entgehen. Lieber verzichtete er darauf, bestimmte Texte zu veröffentlichen. Im August 1634 war es Descartes gelungen, Galileis verbotene Schrift heimlich für ein paar Stunden einzusehen. Da las er, was er *nicht* drucken lassen durfte.

Eine mathematische Formel war übrigens nicht darunter. Galilei kannte keine Formeln. Für Galilei waren Kreise, Dreiecke und andere geometrische Figuren die, wie er sagte, „Buchstaben" der Mathematik. Diese Art von „Buchstaben" gab es schon zweitausend Jahre lang – und das änderte Descartes, radikal.

2.2   Wie hat Descartes die mathematische Formel erfunden?

Auch Descartes ist ein Kind seiner Zeit. Sein Denken geht von seiner Lebenserfahrung aus, wie bei allen Denkern. Diese Lebenserfahrung war eine wachsende Bedeutung der Tätigkeit des Einzelnen für seinen Status in der Gesellschaft sowie eine Mechanisierung der Welt. Handwerker, Künstler und Ingenieure gestalteten ihre Lebensumstände durch ihre Tätigkeit, unabhängig von ihrem Geburtsstand. Und ihrer wurden immer mehr. Seit etwa hundert Jahren gab es tragbare Uhren („Nürnberger Ei"), auch wenn die noch nicht sehr genau gingen. Pumpen wurden wichtig, denn nur mit ihrer Hilfe konnten die großen Städte (wie London und Paris) mit genügend viel Wasser versorgt werden. Festungsbauten. Und so weiter.

Descartes' besondere Stärke war es, den herrschenden Zeitgeist auf *Begriffe* zu bringen. So verankerte Descartes das philosophische Denken im Denken des Einzelnen: „Das Denken ists, es allein kann von mir nicht getrennt werden: *Ich* bin, *ich* existiere, das ist gewiss." Dieses „Ich", das ist natürlich nicht die Person Descartes, sondern das ist die abstrakte Erfassung des konkreten Einzelnen: Ich schmiede Eisen, also kann ich (davon) leben! Nicht mehr der Stand der Geburt bestimmt das Leben, sondern das eigene Tun garantiert es. Damit begründet Descartes die moderne Philosophie. Und zwar eine solche, die auf die neue, die bürgerliche und mechanisierte Lebenswelt des Menschen passte. Ohne Berufung auf ehrwürdige Autoritäten. Das ist ein Umsturz.

Und wie begründet Descartes die moderne Mathematik? Da wirken zwei Aspekte zusammen.

Der erste Aspekt ist die *Methode*. Descartes verlangt ganz pedantisch: Richte deinen Scharfsinn auf die einfachsten Dinge! Lass alles Überflüssige, alles Unnötige weg! Stelle alles durch Figuren der sinnlichen Anschauung dar! Bezeichne das Notwendige so kurz wie möglich!

Maßgebend dafür war Descartes' Grundüberzeugung: Alles, was man „klar und deutlich" erfasst, ist auch *wahr*. Und *nur* das ist wahr.

Der zweite Aspekt ist: Nur die Geometrie ist *wirklich* Mathematik. Also: Zahlen und Rechnen sind nur dann Mathematik, wenn man sie *in die Geometrie überträgt*.

Warum Descartes so denkt, wird nachher zu besprechen sein. Zunächst soll es darum gehen, wie Descartes zur mathematischen Formel gelangt.

2.2.1 Übertrage die Arithmetik in die Geometrie!

Mathematik ohne Zahlen, das geht natürlich nicht. Wenn also *wirkliche* Mathematik nur die Geometrie sein soll (warum das für Descartes so ist, wird noch besprochen werden), dann müssen die Zahlen in die Geometrie überführt werden. Und natürlich auch das Rechnen.

Die Zahlen in die Geometrie zu überführen, ist einfach: Aus der Zahl 1 wird die *Länge* 1, aus der Zahl 2 die ... Also: Statt bloße *Zahlen* (wie in der Arithmetik) haben wir *Strecken* in der betreffenden Länge: geometrische Objekte.

Fehlt noch das Rechnen. Das muss also mit *Strecken* geschehen.

Addieren und Subtrahieren ist einfach: Die Strecken werden aneinandergesetzt bzw. voneinander abgezogen. (*Negative* Zahlen gibt es natürlich nicht: Was soll denn eine „negative" Zahl *sein?*)

Bleiben die höheren Rechenarten: Multiplizieren und Dividieren. Damit hatte Descartes Probleme. Zuerst tat er das Naheliegende und erklärte: Das Produkt zweier Längen ist eine Fläche:

Wenn wir $\underset{a}{\underline{}}$ mit $\underset{b}{\underline{}}$ multiplizieren, so legen wir sie im rechten Winkel in folgender Weise aneinander $a\,\lfloor\underset{b}{\underline{}}$ und erhalten das Rechteck $a\,\boxed{}$ b.

Aber wenn man das Ergebnis noch mit c multiplizieren will, müsste man sich $a\,b$ als Linie

vorstellen: $\underset{a\,b}{\underline{}}$ um c $\boxed{}$ $a\,b$ für $a\,b\,c$ zu erhalten.

So dachte Descartes anfangs, doch es ist sofort klar: *So* gehts nicht! Denn eine Fläche ist keine Linie; aber nach dieser Idee ist das Produkt *ab zuerst* eine *Fläche, dann* aber, wenn das noch mit *c* multipliziert werden soll, ist *dasselbe* Produkt *ab* plötzlich eine *Linie*.

Es liegt also in der Sache begründet, wenn Descartes die Arbeit an seinem Text an dieser Stelle abbricht und ihn unvollendet lässt – was er auch wirklich tat.

(Er selbst nannte den Grund dafür nicht. Den muss man erschließen. Aber das ist einfach, wie wir gerade überlegt haben.)

Etwa zehn Jahre später präsentierte Descartes dann die Lösung seines Problems. In dem einzigen Buch über Mathematik, das er je schrieb (und das natürlich den Titel *Die Geometrie* trägt), erklärt er die Multiplikation *ab* ganz anders (Abb. 2.1):

> Es sei z. B. *AB* die Einheit, und es sei *BD* mit *BC* zu multiplizieren, so habe ich nur die Punkte *A* und *C* zu verbinden, dann *DE* parallel mit *CA* zu ziehen und *BE* ist das Produkt dieser Multiplikation.

Descartes hat also *zwei* neue Ideen: Erstens: Fixiere eine „Einheit": $AB = 1$, *irgendwie, irgendeine;* zweitens: Nutze den *Strahlensatz.* Dann ist alles einfach: Wenn $AB = 1$ ist und $BD = a$ und $BC = b$, dann braucht man nur *A* und *C* zu verbinden und dann die Parallele zu dieser Linie durch *D* zu ziehen – fertig! Denn der so erhaltene Punkt *E* liefert die Strecke *BE*, und nach dem Strahlensatz gilt:

$$\frac{BD}{1} = \frac{BE}{BC} \quad\text{bzw.}\quad \frac{a}{1} = \frac{BE}{b}, \quad\text{also}\quad ab = 1 \cdot BE = BE,$$

d. h. die *Strecke BE* ist das Produkt *ab*. Genial! Und *einfach* – wenn man den Strahlensatz kennt. Den kannten die Mathematiker aber spätestens seit Euklid, also seit zweitausend Jahren.

Das ist auch schon alles: Damit ist die Arithmetik in die Geometrie überführt, wie es Descartes wollte. (Denn die Division ist einfach, der Strahlensatz wird ein bisschen anders genutzt.) Statt zu *rechnen,* kann – und muss! – man ab sofort *zeichnen.*

Jetzt fehlen immer noch die Formeln! Die kommen nun ganz von selbst, jedenfalls bei Descartes.

Abb. 2.1 Descartes' Multiplikation. (*Discours* 1637, S. 298)

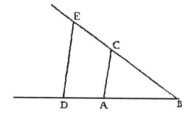

2.2.2   Löse Probleme!

Lesen wir einmal ein etwas längeres Stück aus Descartes' *Geometrie,* es lohnt sich! Bedenken wir dabei, dass Descartes jetzt *mit Strecken rechnen* kann.

> Soll nun irgendein Problem gelöst werden, so betrachtet man es zuvörderst als bereits vollendet und führt für alle Linien, die für die Konstruktion nötig erscheinen, sowohl für die unbekannten als auch für die anderen, Bezeichnungen ein. Dann hat man, ohne zwischen bekannten und unbekannten Linien irgendeinen Unterschied zu machen, in der Reihenfolge, die die Art der gegenseitigen Abhängigkeit dieser Linien am natürlichsten hervortreten lässt, die Schwierigkeiten der Aufgabe zu durchforschen, bis man ein Mittel gefunden, um eine und dieselbe Größe auf zwei verschiedene Arten darzustellen; dies gibt dann eine Gleichung, weil die den beiden Darstellungsarten entsprechenden Ausdrücke einander gleich sind. Es sind dann so viele solcher Gleichungen aufzufinden, als unbekannte Linien vorhanden sind.

Diese Vorgehensweise heißt übrigens seit alters „Analyse" (Gegensatz: Synthese), und daher rührt der heute übliche Name „Analysis". – Descartes' Text geht noch ein paar Sätze weiter, und dann kommen die Formeln:

> Ich schreibe dies in folgender Weise:
>
> $$z = b \quad \text{oder}$$
> $$z^2 = -az + b^2 \quad \text{oder}$$
> $$z^3 = +az^2 + b^2z - c^3 \quad \text{oder}$$
> $$z^4 = az^3 - c^3z + d^4 \quad \text{usw.}$$
>
> Das heißt, die unbekannte Größe z ist gleich b, oder das Quadrat von z ist gleich dem Quadrat von b, weniger a multipliziert mit z, oder der Kubus von z ist gleich a multipliziert mit dem Quadrat von z, vermehrt um das Quadrat von b multipliziert mit z, weniger dem Kubus von c, usw.

Das sind die ersten Formelgleichungen der Mathematik im Original.

(Um korrekt zu sein: nicht ganz original. Denn Descartes hat ein anderes Gleichheitszeichen verwendet als wir heute. Doch das ist unerheblich. Entscheidend ist, dass es ein *Zeichen,* ein *Symbol* ist – und nicht ein *Wort,* wie das vorher immer der Fall war. – Descartes hat das in Französisch geschrieben; der Einfachheit halber ist das hier übersetzt. Doch die Formeln sind sprachunabhängig. Formeln sind eine *neue Sprache:* die Sprache der neuen Mathematik.)

Was ist daran jetzt so aufregend?

Na ja – für uns gar nichts. Denn wir hätten das *ganz genauso* geschrieben: So haben wir das in der Schule gelernt!

Aber Descartes hatte keine Schule, in der er das lernen konnte. Seine Zeitgenossen schrieben solche Dinge ganz anders.

Beispielsweise François Viète. Viète wird immer als der „Erfinder der Algebra" geführt, und damit will man eigentlich sagen, er habe die *Formelsprache* erfunden. Aber das hat er nicht. Denn Viète schreibt im Jahr 1593 solche Sachen, im günstigen Fall:

$$\frac{B \text{ mal } A}{D} + \frac{\begin{array}{c} B \text{ mal } A \\ -B \text{ mal } H \end{array}}{F} \text{ seien gleich mit } B.$$

In Descartes' System übersetzt:

$$\frac{bz}{d} + \frac{bz - bh}{f} = b$$

Viète schreibt interessanterweise *Vokale* für die Unbekannten, während Descartes dafür die *letzten* Buchstaben des Alphabets nimmt. (Die Vokale bezeichnen bei Viète die Unbekannten – wie die Erfinder der Buchstabenschrift, die Phönizier, nur Konsonanten schrieben und die Vokale als „unbekannte Buchstaben" nahmen; auch das Arabische schreibt heute noch keine Vokale. Erst die Griechen haben Buchstaben für die Vokale erfunden; wie auch unsere Form der Mathematik. – Doch diese Beobachtung von Otto Hamborg nur in Klammern.)

Aber Viète schreibt Gleichungen oft ganz anders, z. B. so:

Gegeben sei *B* mal *A* im Quadrat plus *D* flächig mal *A* ist gleich *Z* körperlich.

Das sieht ziemlich schlimm aus. Vorsichtig *übersetzen* könnte man das nach etwas Nachdenken so:

$$B \text{ mal } A^2 + D^{\text{flächig}} \cdot A \text{ ist gleich } Z^{\text{körperlich}}$$

Descartes hätte das einfach so geschrieben:

$$az^2 + bz = c$$

Auf die Etiketten „flächig" und „körperlich" hätte Descartes gänzlich verzichtet. Viète aber verwendet diese Etiketten. Er zeigt mit ihnen an, *welche Art* von Gegenstand gemeint ist. Anders gesagt: Bei Viète bezeichnet nicht der Buchstabe allein den fraglichen Gegenstand, sondern die *Bedeutung* dieses Buchstabens wird noch näher bestimmt. Kurz: Bei Viète sind die Buchstaben keine *allgemeinen* Symbole, sondern sie bezeichnen, zusammen mit ihren Etiketten, jeweils *spezifische* Gegenstandsarten.

Dieser letzte Punkt ist *ideologisch* wichtig: Für Viète war das „Homogenitätsgesetz" das Größte: Alle zu addierenden (oder subtrahierenden) Größen *müssen* von derselben Art sein: Linie, Fläche, Körper usw. Denn etwas „Eindimensionales" kann man nicht mit etwas „Zweidimensionalem" addieren, dachte Viète. Und wir erinnern uns: *Anfangs* hatte auch Descartes so gedacht! Aber nur anfangs.

Der reife Descartes kann da ganz anders denken. Denn der reife Descartes – wir erinnern uns an die Anwendung des Strahlensatzes! – hat eine „Einheit" gewählt. Diese Einheit (nennen wir sie „1") kann er, wenn er will, bei der Gleichung nach Lust und Laune *als Faktor(en) einfügen.* So kann er die letzte Gleichung auch lesen als

$$az^2 + bz \cdot 1 = c \cdot 1 \cdot 1$$

oder auch als

$$\frac{az^2}{1} + bz = c \cdot 1$$

– und schwupps ist sie „homogen"! (Natürlich könnte er auch etwas ganz anderes schreiben, beispielsweise

$$az^2 \cdot 1 + \frac{bz}{1 \cdot 1} = c \cdot 1.$$

Das ergibt zwar keinerlei Sinn, ist aber nicht falsch!)

Der reife Descartes hat gezeigt: *Das Homogenitätsgesetz ist überflüssig.* Es ist eine unnötige Schranke für das mathematische Denken, genauer: für das Rechnen.

Das hat Descartes geschafft, indem er *das Rechnen neu definiert* hat. Descartes hat vorweg eine „Einheit" festgelegt und kann dann wunderbar und einfach *mit Strecken rechnen.*

Viète konnte das nicht. Deshalb musste er sich mit solchen Zusatzattributen wie „flächig" und „körperlich" bei seinen Buchstabenbezeichnungen abmühen.

Wir lernen: Was dem einen „das erste und allgemein gültige Gesetz der Gleichungen" ist, das ist, *wenn man die Sache ganz anders denkt,* überflüssiger Pipifax. Die Sache ist in diesem Fall: das Rechnen.

> *Die Festlegung einer Einheit setzt das Homogenitätsgesetz außer Kraft.*

So kann ein (angebliches) *Denkgesetz* als obsolet *erwiesen* werden: durch eine *andere Form* des Denkens. Oder so: *Jedes Urteil fußt auf Voraussetzungen;* ändert man diese, kann sich auch das Urteil ändern. Eigentlich eine Binsenweisheit – und *die gilt auch für die Mathematik.* Auch mathematische Urteile (Lehrsätze) sind auf Voraussetzungen gestützt. Die kann man ändern, indem man *anders* oder *etwas anderes* denkt. Man braucht dafür natürlich eine Idee, wie das gehen könnte. (Solche Ideen sind nicht einfach zu formen, wie wir bei Descartes gesehen haben und immer wieder sehen werden.)

Descartes hatte eine solche Idee: die Festlegung einer Einheit und die Verwendung des Strahlensatzes. – Merkwürdig allerdings: Descartes' erste Gleichungen sind *homogen!* Die Macht der Gewohnheit?

Und wenn wir schon so tief in die Sache eindringen, sei hinzugefügt: *Indem Descartes den Strahlensatz* verwendet, *setzt er Euklids Mathematik voraus.* Das tut Descartes, ohne es auszusprechen.

Vielleicht hat er es nicht einmal bemerkt. Denn der erste Satz seines Mathematikbuches lautet: „Alle Probleme der Geometrie können leicht auf einen solchen Ausdruck gebracht werden, dass es nachher nur der Kenntnis der Länge gewisser gerader Linien bedarf, um diese Probleme zu konstruieren." Dieses Eigenlob ist aber nicht ganz berechtigt, denn *ungesagt* setzt Descartes den Euklid voraus.

Insgesamt betrachtet wäre es also grober Unfug, wollte man Viète die Erfindung der mathematischen Formel zurechnen. Diese Ehre gebührt eindeutig Descartes. Die Idee dazu – er hat sie in langjähriger Denkarbeit zustande gebracht – sieht am Ende einfach aus: Schreibe von einem Problem *nur* die in Rede stehenden Strecken (Zahlen) auf, *und zwar mittels e i n z e l n e r Buchstaben,* sowie die Rechenoperationen, mit denen sie verknüpft sind; für die Bekannten nimm die ersten Buchstaben des Alphabets, für die Unbekannten die letzten. – Dass das *nicht wirklich* einfach ist, zeigt der Schulunterricht: Viele tun sich sehr schwer mit dem Erfassen dieser Idee.

Das bedeutet natürlich nicht, Viètes teilformale Bezeichnungsweise sei nutzlos gewesen. Ganz im Gegenteil: Viète konnte erstmals knapp und übersichtlich aufschreiben, wie man die Lösung einer vorgelegten Gleichung erhält. Und an Beispielen zeigt Viète, wie sich aus den Lösungen einer Gleichung ihre Koeffizienten (die er natürlich nicht so nannte) errechnen lassen – der heute nach ihm benannte „Wurzelsatz".

2.3   Warum kommt Descartes auf seine Idee?

Warum ist für Descartes nur Geometrie richtige Mathematik, das Rechnen (die Arithmetik) dagegen nicht? Das ist ganz unten, ganz tief im Innern von Descartes' Sicht der Welt verankert.

Wir wissen schon, dass Descartes von der Obrigkeit möglichst großen Abstand hielt. Er wusste: Wenn bekannt wird, was er *wirklich* denkt, wird er genau wie Galilei verurteilt werden. Welche revolutionären Gedanken über die Welt hatte Descartes?

Diese: Der Mensch ist gar nicht das, was immer gesagt wurde: eine Verbindung aus Leib und Seele. Sondern: Leib und Seele sind zwei *grundverschiedene* (also getrennte, unverbundene) Dinge. Genauer: Eigentlich existieren in der Welt nur zwei Wesenheiten (traditionell spricht man von „Substanzen"): *Materie* und *Geist;* oder in anderer Formulierung: *Ausdehnung* und *Denken.* (Daher spricht man oft von Descartes' *Dualismus:* Es gibt für ihn überhaupt nur *zwei* Wesenheiten.)

Alles in der Welt ist nur eine *Erscheinungsform* dieser beiden Wesenheiten. Körper und Raum sind nur Erscheinungsformen (traditionell gesprochen: „Modi", also die Mehrzahl des lateinischen Wortes „Modus") der Materie (oder: der Ausdehnung); Seele und Zeit (nämlich: Erinnerung) sind nur Erscheinungsformen des Geistes (oder: des Denkens).

Starker Tobak, natürlich Ketzerei: Gott nur ein Modus des Denkens?

Aber Descartes dachte so. Er schrieb das auch. Aber das durfte er natürlich nicht so klar schreiben, sonst wäre es ihm an den Kragen gegangen. Daher sind seine philosophischen

Texte widersprüchlich formuliert: Vorsichtsmaßnahmen. Man muss sie genau lesen – und man muss die politische Lage von Descartes bedenken, wenn man Descartes verstehen will.

Also: In Descartes' Sicht gibt es eigentlich nur zwei Wesenheiten: Materie (oder Ausdehnung) und Geist (oder Denken). Davon hergeleitet sind Körper und Seele.

Körper, als Modi der Materie, sind durch Bewegungen erzeugte Gestalten. *Seelen* sind Modi des Denkens. Demzufolge sind Körper und Seele *wirklich* unterschieden; eine Einheit von beiden gibt es nicht. *Nicht wirklich* unterschieden (sondern nur „modal" unterschieden) sind: Materie und Körper; Denken und Seele; deine Seele und meine Seele; Seele und Gott.

Was aber sind dann *Zahlen?* Offensichtlich sind Zahlen *keine Körper*. Wir *zählen* zwar Körper, aber die *so entstandenen* Zahlen sind nichts Eigenständiges. *Zahlen* rühren von gezählten Dingen her. Also sind sie mit ihnen *verbunden*. Wenn man von diesen Verbindungen absieht, gelangt man nur zu „Torheiten" (Descartes denkt da sicher auch an numerologische Praktiken). Was man hingegen tun muss, ist: von den *Zahlen* „abstrahieren".

Wenn das rechtwinklige Dreieck die kürzeren Seiten 3 und 4 hat, dann wird der Arithmetiker sagen: Die dritte Seite hat die Länge 5. Der Mathematiker – also: der Geometer – hingegen wird sagen, sie hat die Länge $\sqrt{a^2 + b^2}$ (wenn a und b die beiden kürzeren Seiten sind): „Die beiden Teile a^2 und b^2 bleiben verschieden, während sie in der Zahl 5 verworren sind."

Die Zahl unterscheidet sich von den gezählten Dingen nur so, wie die Größe von der Ausdehnung. Daher kann es keine Wissenschaft von der Zahl geben (keine Arithmetik) – sehr wohl aber eine von der Ausdehnung (die Geometrie).

Deswegen *musste* Descartes die Arithmetik in die Geometrie überführen. Zahlen machte er (der Einfachheit halber) zu Strecken. Aber dann musste auch statt mit Zahlen mit Strecken gerechnet werden. Dabei war auf die richtige Methode zu achten, die da lautet: Richte deinen Scharfsinn auf die einfachsten Dinge! Lass alles Überflüssige, alles Unnötige weg! Stelle alles durch Figuren der sinnlichen Anschauung dar! Bezeichne das Notwendige so kurz wie möglich!

Das Resultat, das Descartes so zustande gebracht hat, war *die rein symbolische mathematische Formel.* Die Formel aber ist das entscheidende Konstruktionsmittel für die moderne Mathematik. Niemand war zuvor auf diese Idee gekommen.

Sechs Jahre vor dem Erscheinen der *Geometrie* Descartes' mit den rein symbolischen Formeln wurde aus dem Nachlass des zehn Jahre zuvor (1621) gestorbenen Thomas Harriot ein Buch herausgegeben, das ebenfalls *rein symbolische Formeln* enthält (und sogar das noch heute verwendete Gleichheitszeichen hat; das war zwei Generationen früher in England erfunden worden). Allerdings fehlt diesen Formeln die Potenzschreibweise. Das macht sie sehr unübersichtlich und oft so lang, dass sie sich über mehrere Zeilen erstrecken. Auch konnte ich in Harriots Buch noch keine Gleichung finden, die *nicht* dem Homogenitätsgesetz genügt – klar, denn vom Rechnen mit Strecken ist dort nicht die Rede.

Eine Kenntnis dieses Buches durch Descartes vor 1637 wurde von Descartes stets bestritten und konnte bis heute auch nicht belegt werden.

Schnell zeigte sich, dass damit die Mathematik eine völlig neue Entwicklungsperspektive erlangte. Beispielsweise ist eine rein symbolische Gleichung ein *neuer mathematischer Gegenstand* – und dazu kann man natürlich eine Theorie erfinden; beispielsweise kann man mit ihnen rechnen.

2.4   Was ist *x* bei Descartes?

Klar ist: Descartes' Gleichungen handeln von *Zahlen*. Manche davon sind bekannt (die stehen entweder da, oder sie werden durch Anfangsbuchstaben des Alphabets bezeichnet), andere sind unbekannt: eben die mit „*x*" bezeichneten. Descartes schreibt anfangs eher „*z*", wo wir heute „*x*" schreiben, geht aber im letzten Kapitel zu „*x*" über.

Eine unbekannte Zahl *x* ist *auszurechnen*. Das kann einfach sein: In der Gleichung

$$x - 1 = 0$$

hat *x* offenbar den Wert 1.

Manchmal sind das *mehrere* Werte: Im dritten (und letzten) Kapitel seines Buches behandelt Descartes Gleichungen als Objekte des Rechnens:

Wenn man die beiden Gleichungen

$$x - 2 = 0 \quad \text{und} \quad x - 3 = 0$$

miteinander multipliziert, so erhält man

$$x^2 - 5x + 6 = 0$$

oder

$$x^2 = 5x - 6,$$

und dies ist eine Gleichung, in der die Größe *x* sowohl den Wert 2 als auch den Wert 3 haben kann.

x kann „sowohl 2 als auch 3" sein, ist also *nicht unbedingt eindeutig bestimmt*. Natürlich sind auch mehr als zwei solche Werte für *x* möglich – man muss nur mehr als zwei solcher Gleichungen multiplizieren.

„Negative" *Zahlen* aber hat Descartes nicht – *natürlich* nicht, denn seine „Zahlen" sind *Strecken*. Wenn das Rechnen ein anderes Ergebnis liefert, etwa bei der Gleichung

$$x + 5 = 0,$$

dann hat diese Gleichung eine „falsche Lösung", und diese „falsche Lösung" ist: 5. – Ergebnis also:

Descartes' „x" bezeichnet eine oder mehrere unbekannte Zahlen.

Was *Zahlen* aber *sind,* das brauchte Descartes nicht zu sagen: Er hatte sie in *Strecken* überführt – und was *Strecken* („Längen") sind, das konnte man schon bei Euklid nachlesen. Auch, dass es „rationale" und „irrationale" – bei Euklid: „inkommensurable" – Strecken gibt, steht schon dort.

Bis man sagen konnte, was „irrationale" *Zahlen* sind, sollte es noch 212 Jahre dauern. Dazu kommen wir erst ziemlich zum Schluss, in den Kap. 13 und 14.

Zugrunde gelegte Literatur

René Descartes (1628). *Regeln zur Leitung des Geistes.* In *René Descartes: Ausgewählte Schriften,* S. 67–155. Reclam, Leipzig, 1980. Deutsch von Arthur Buchenau 1907.

René Descartes (1633). *Le Monde ou Traité de la Lumiere – Die Welt oder Abhandlung über das Licht.* VCH Verlagsgesellschaft, Weinheim, 1989. Deutsch von G. Matthias Trapp.

René Descartes (1637a). *Discours de la methode.* Ian Maire, Leyde, 1637. URL http://gallica.bnf.fr/ ark:/12148/btv1b86069594.r=descartes+discours.langDE.

René Descartes (1637b). *Geometrie.* Wissenschaftliche Buchgesellschaft, Darmstadt, Nachdruck der 2. Aufl. von 1923, Leipzig, 1981. Deutsch von Ludwig Schlesinger 1894.

René Descartes (1641). *Meditationen über die Grundlagen der Philosophie,* Bd. 27 der *Philosophischen Bibliothek.* Verlag von Felix Meiner, Hamburg, 1972. Deutsch von Artur Buchenau 1915.

Karin Reich und Helmuth Gericke 1973. *François Viète, Einführung in die Neue Algebra.* Werner Fritsch, München.

Johannes Tropfke 1922. *Geschichte der Elementar-Mathematik,* Bd. 3. Walter de Gruyter, Berlin und Leipzig.

François Viète 1646. *Opera mathematica.* Nachdruck Georg Olms Verlag, Hildesheim, New York, Leiden, 1970 (Vorwort und Register von Joseph Ehrenfried Hofmann).

Zahlen, Strecken, Punkte – aber keine krummen Linien

3

3.1   Mathematik braucht Systematik

Descartes hat der Mathematik im Jahr 1637 die rein symbolische Formel erfunden. Das konnte ihm erst gelingen, nachdem er das „Homogenitätsgesetz" als kraftlos entlarvt hatte, als eine unnötige Beschränkung des Denkens.

Die *Qualität* einer Idee erweist sich erst im Laufe der Zeit. Die *Neuigkeit* einer Idee ist ihrer Anerkennung und Verbreitung oft hinderlich. Denn nicht jeder mag Neues, das Festhalten am Gewohnten ist üblicher.

Thomas Hobbes war ein Zeitgenosse von Descartes: Er wurde acht Jahre früher geboren und starb 29 Jahre nach ihm. Die vornehme englische Enzyklopädie *Britannica* nennt Hobbes einen Philosophen und politischen Theoretiker; Hobbes selbst verstand sich auch als einen kompetenten Mathematiker. In dieser letzten Rolle ist Hobbes allerdings der Mathematikgeschichte bislang nicht bekannt. Das ist gut begründet und soll hier auch nicht hinterfragt werden.

Aber Hobbes kann als Zeuge dafür dienen, dass ein für sein neues Denken in einigen Gebieten (wie Philosophie, Politik) zu Recht geschätzter Denker auf einem anderen Gebiet (Mathematik) eine klägliche Figur machen kann.

Angesichts einer Rechnung wie $9 \cdot \sqrt{2} = \sqrt{9^2 \cdot 2} = \sqrt{81 \cdot 2} = \sqrt{162}$ fragt er im Jahr 1662, wie dies möglich sei, ist doch das erste Produkt ein Rechteck und das zweite eine Strecke:

> Ich sehe, dass die Rechnung in Zahlen stimmt, obwohl sie in Strecken falsch ist. Der Grund dafür kann kein anderer sein als ein Unterschied zwischen der Multiplikation von Linien oder Flächen und der Multiplikation innerhalb derselben Linien oder Flächen.

© Springer-Verlag GmbH Deutschland, ein Teil von Springer Nature 2019
D. D. Spalt, *Eine kurze Geschichte der Analysis*,
https://doi.org/10.1007/978-3-662-57816-2_3

Hobbes konnte im Jahr 1662 nicht ohne das Homogenitätsgesetz denken – *obwohl* es Descartes im Jahr 1637 als überflüssige Denkhürde entlarvt hatte.

3.2   Wahre und falsche Wurzeln

Mit der rein symbolischen Gleichung hat Descartes der Mathematik neue Gegenstände erfunden. Was tut ein Mathematiker am liebsten? Er rechnet. Wenn es neue Gegenstände gibt, rechnet er mit diesen, oder er versucht es zumindest.

So auch Descartes. Als Erstes multipliziert er seine neuen Gegenstände, die Gleichungen. Die Gleichung

$$x - 2 = 0$$

ist sehr einfach. Ihre Lösung ist klar: $x = 2$. Descartes behält den traditionellen Namen für die Lösungen einer Gleichung bei und sagt: 2 ist die „Wurzel" der Gleichung.

Die Gleichung

$$x - 3 = 0$$

hat die Wurzel 3. – Und jetzt kommts: Mit den Gleichungen wird *gerechnet*. Sie werden miteinander *multipliziert*. Das haben wir schon im vorigen Kapitel gesehen. Das *Produkt* dieser beiden Gleichungen ist:

$$(x - 2) \cdot (x - 3) = x^2 - 5x + 6 = 0.$$

Aus dem Anfang lesen wir direkt ab: Es hat die *beiden* Wurzeln 2 und 3. Denn ein Produkt $a \cdot b$ ist immer dann 0, wenn mindestens einer der beiden Faktoren 0 ist, a oder b.

3.2.1   Was sind falsche Wurzeln? Und wozu braucht man sie?

Jetzt aber wählen wir statt der Gleichung $x - 3 = 0$ die Gleichung

$$x + 3 = 0.$$

Welche Wurzel hat diese Gleichung? Wir heute sagen: die Wurzel -3. Das sagt Descartes aber nicht! Sondern Descartes sagt: Diese Gleichung hat die „falsche" Wurzel 3.

Warum spricht Descartes so?

Nun, er hat die Arithmetik in die Geometrie überführt und die *Zahlen* als *Strecken* genommen. 3 als Strecke – das ist leicht (wenn man eine „Einheit" hat, aber die hatte er vorausgesetzt). Aber -3? Welche *Strecke* soll denn das sein?

Wir – sofern wir Mathematik (oder Physik oder eine Ingenieurwissenschaft) als Beruf haben – antworten heute wie aus der Pistole geschossen: „Die entgegengesetzte Strecke!"

Das ist uns andressiert. Wir haben gelernt: Eine Gerade hat eine Richtung. Aber das ist *keineswegs* klar! Eine *Strecke* hat nicht *von sich aus* eine *Richtung*. (Vielleicht hat sie deren zwei. Jedenfalls nicht *eine*. Das mit den Richtungen hatte zwar der niederländische Ingenieur Simon Stevin im Jahr 1586 vorgeschlagen, doch den Philosophen Descartes interessierte das im Jahr 1637 keineswegs.)

Wer „entgegengesetzt" sagt, muss *allen* Geraden (oder Strecken) eine eindeutige *Richtung* gegeben haben. Für den gibt es also nicht *Geraden,* sondern nur *gerichtete Geraden.*

Das hat Descartes nicht getan. Wozu auch? Wozu brauchen in der Geometrie Geraden eine Richtung? Gar nicht! Euklid kennt keine Geraden mit Richtung. Wir werden sehen, dass auch zwei Generationen später Leibniz nicht auf die Idee kam, in die Geometrie gerichtete Geraden einzuführen. Aber: ohne „gerichtete" Geraden keine „entgegengesetzte" Strecke! Erst das Rechnen *mittels* Geraden verlangt eine Richtung; das einfache Rechnen mit Strecken jedoch nicht. Das zeigt Descartes.

Wir lernen über unser heutiges Denken: Wir setzen *ganz unbemerkt* manches voraus, dessen wir uns gar nicht bewusst sind. Beispielsweise, dass Geraden *immer* eine *Richtung* haben. Das kann man tun, klar. Aber zwingend ist solches Denken nicht – wie uns Descartes zeigt.

„Negative" Strecken *gibt es in der klassischen Geometrie nicht – und auch nicht bei* Descartes.

Folglich hat die Gleichung $x + 3 = 0$ nicht die „negative" Wurzel -3, sondern die „falsche" Wurzel 3. Warum auch nicht?

Wenn wir jetzt das Produkt

$$(x - 2) \cdot (x + 3) = x^2 + x - 6 = 0$$

betrachten, so hat es die („wahre") Wurzel 2 und die „falsche" Wurzel 3.

3.2.2 Aus falsch mach wahr

Die „falschen" Wurzeln sind natürlich ein Schönheitsfehler.

Descartes hat zwei Ideen, wie man sich ihrer entledigen könnte.

1. *Vertausche die Rechenzeichen bei den Gleichungsgliedern* x, x^3, x^5 *usw.*
   Also: Statt
   $$x^2 + x - 6 = 0$$

   betrachte
   $$x^2 - x - 6 = 0$$

Da $x^2 - x - 6 = (x + 2) \cdot (x - 3)$ gilt, hat diese Gleichung die („wahre") Wurzel 3; allerdings auch die „falsche" Wurzel 2. Wie gewonnen, so zerronnen: Was aus falschen Wurzeln wahre macht, macht zugleich aus wahren falsche.

Kann man denn da gar nichts machen? Doch, man kann:

2. *Vermehre die Wurzeln um eine genügende Größe.*

Vermehren wir also die Wurzeln unserer Ausgangsgleichung

$$(x - 2) \cdot (x + 3) = x^2 + x - 6 = 0$$

mit der „wahren" Wurzel 2 und der „falschen" Wurzel 3 um, sagen wir, 4:

$$y = x + 4.$$

Dann müssen wir ein bisschen rechnen:

$$(x - 2) \cdot (x + 3) = ([y - 4] - 2) \cdot ([y - 4] + 3)$$
$$= \quad (y - 6) \quad \cdot \quad (y - 1) \quad = y^2 - 7y + 6 = 0,$$

und in der Tat haben wir jetzt zwei „wahre" Wurzeln unserer Gleichung: 6 und 1.

Die letzte Idee funktioniert immer: Immer können wir eine genügend große Zahl finden, um die wir alle Wurzeln der Gleichung vermehren können, sodass die Gleichung *nur* „wahre" Wurzeln hat. In diesem Sinne brauchen wir also die „falschen" Wurzeln nicht. Sie sind verzichtbar.

3.3 Der geometrische Nutzen der Gleichungen

In seiner *Geometrie* rühmt sich Descartes dafür, ein Problem lösen zu können, vor dem die antiken Mathematiker kapitulieren mussten. Er tut dies zu Recht; allerdings ist das Problem so kompliziert, dass ich es hier nicht darstellen kann. Wir müssen uns auf die Grundzüge der Sache beschränken.

3.3.1 Die Analyse: vom Problem zur Gleichung

Descartes erläutert, wie er das Problem anpackt (alle *Hervorhebungen* sind hinzugefügt):

> Zuvörderst setze ich die Aufgabe als bereits gelöst voraus und betrachte, um mich aus dem Gewirre aller dieser Linien herauszufinden, *eine der gegebenen,* etwa AB, und *eine der gesuchten,* etwa BC, als *Fundamentallinien,* auf die ich alle übrigen zu beziehen trachte.
> Es werde der zwischen den Punkten A und B gelegene Abschnitt, die Linie AB, mit x und BC mit y bezeichnet [...]

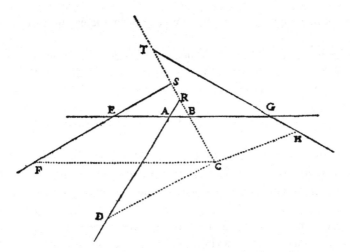

Abb. 3.1 Das Pappos-Problem oder: Descartes' Koordinatensystem. (*Discours* 1637, S. 309, 311)

Wir registrieren zwei wichtige Aspekte. Der Erste ist Descartes' *Methode*. Wir hatten das bereits in Abschn. 2.2.2: *Betrachte das Problem als gelöst, benenne die Größen und suche die Zusammenhänge zwischen ihnen.* Diese Methode heißt seit der Antike „Analyse".

Der zweite Aspekt ist: Descartes führt hier etwas ein, dessen genauere Ausgestaltung später „Koordinatenachsen" heißt. Hier sind es die „Fundamentallinien" AB und BC; die „Punkte" auf AB nennt Descartes „x", die auf BC heißen „y".

Das ist sehr viel Neues auf einmal!

1. Uns stört sofort, dass die „Achsen" AB und BC nicht senkrecht zueinander sind, denn üblicherweise kennen wir das so. Bei Descartes ist es aber anders: Der Winkel zwischen den Achsen ist nicht unbedingt ein rechter.
2. „x" und „y" sind jetzt nicht mehr „Unbekannte" (unbekannte *Zahlen*), sondern „Beliebige" – nämlich *beliebige Punkte*.
3. Der Schnittpunkt B der Achsen ist *kein „Ursprung"* der Koordinaten, kein „Nullpunkt". Denn Descartes rechnet (das sieht man im Weiteren, wir zeigen das hier nicht) stets mit *positiven* Längen. Natürlich *addiert* oder *subtrahiert* er sie – aber *positiv* sind sie bei ihm immer. (Na ja, *fast* immer.)

Wir machen es uns jetzt einfach und überspringen den mühseligen Weg, den Descartes geht, um das Problem zu lösen. Wir sehen uns gleich seine Lösung an. Sie steht im zweiten Kapitel der *Geometrie* und lautet:

$$y = m - \frac{n}{z}x + \sqrt{m^2 + ox - \frac{p}{m}x^2}.$$

Dabei sind m, n, o, p und sogar z (!) bestimmte Größen, die er im Laufe seiner Analyse eingeführt hat.

Auch dies ist übrigens eine *homogene* Gleichung. Descartes schreibt sie nicht so elegant, wie das hier geschehen ist, sondern verwendet noch den alten Stil: „mm" statt „m^2" usw.

Zu dieser Gleichung sagt Descartes:

Dies ist die Länge der Linie BC, wenn AB oder x unbestimmt gelassen wird.

Damit hat Descartes das Ende seiner *Analyse* des Problems erreicht: Er hat eine Gleichung gefunden, die besagt, wie die „Unbestimmten" (x und y) miteinander zusammenhängen. Rechnerisch betrachtet (oder hochgestochen formuliert: rein algebraisch) hat er damit das Problem *gelöst*.

Im *klassischen* Sinn jedoch ist das erst die halbe Miete: Nach der *Analyse* des Problems muss man *beweisen*, dass das Problem mit dem erhaltenen Ergebnis auch *wirklich* gelöst ist. Anders formuliert: Man muss aus dem erhaltenen Ergebnis das Problem wieder *zusammensetzen*. Dieser Prozess des Zusammensetzens heißt seit alters: „Synthese". Erst die Synthese zeigt, dass die Analyse *richtig* war.

Und das ist ja auch klar: Es handelt sich doch um Geometrie, nicht um Rechnen (Arithmetik)! Descartes muss also noch *das geometrische Objekt* vorzeigen, das das ursprüngliche – *geometrische!* – Problem löst.

Erst wir, die wir heutzutage die Mathematik nicht mehr als *Geometrie* sehen (wie die klassische Antike oder wie Descartes), sondern eher als *Algebra,* sind der Auffassung, die obige Gleichung sei die *Lösung* des Problems. Nach den Standards der Antike wie auch Descartes' ist das jedoch nicht der Fall.

3.3.2 Zwischenüberlegung: Kontinuität

Descartes muss also noch die *Linie zeichnen,* die zu der von ihm gefundenen Gleichung gehört. Aber *Linien* unterscheiden sich kategorial von *Punkten:* Linien sind *kontinuierlich,* Punkte nicht.

Dass Linien *kontinuierliche* Gebilde sind, heißt: Sie können sich nicht kreuzen, ohne einander zu schneiden.

Bei zwei *Punktreihen* ist das keineswegs garantiert: An der Kreuzungsstelle könnte eine der beiden – oder sogar beide! – gerade keinen Punkt aufweisen. Dann würden sie *sich kreuzen, ohne einander zu schneiden.*

Das ist der klassische Gegensatz zwischen *diskret* (eine Reihe aus Punkten) und *kontinuierlich.*

Euklid handhabt Geraden und Kreise. (a) Mit seinem Parallelenpostulat garantiert er, dass sich zwei nicht parallele Geraden *schneiden*. Dass ein Kreis (b) eine (genügend nahe) Gerade bzw. (c) einen anderen (genügend nahen) Kreis *schneidet*, verlangt er nebenbei. Mehr muss Euklid über Kontinuität nicht wissen, denn andere Linien braucht er nicht.

Aus der Kontinuität der Kreise folgt die der Ellipsen, Parabeln und Hyperbeln.

Denn bei diesen Figuren handelt es sich um *Kegelschnitte:* Ein gewöhnlicher gerader Kegel entsteht durch die Drehung einer Geraden bei festgehaltenem Punkt (der Kegelspitze) entlang eines Kreises im Raum. Die Kontinuität der Kegelfläche ist daher eine Folge der Kontinuität von Gerade und Kreis.

Eine Ebene ist kontinuierlich. Daher ist auch die Schnittlinie einer Ebene mit einer Kegelfläche kontinuierlich. Diese Schnittlinien aber sind die *Kegelschnitte:* Ellipse, Parabel oder Hyperbel. Die Kontinuität dieser Linien folgt somit aus den Euklid'schen Forderungen. (Diese Gedankenführung wird Menaichmos, einem Freund Platons, zugeschrieben.)

Gerade und Kreis können mit Lineal und Zirkel konstruiert werden. Die vorangegangenen Überlegungen zeigen daher, dass nach den antiken Maßstäben auch die Kegelschnitte *konstruierbare* kontinuierliche Linien sind.

3.3.3 Die Synthese: von den Punkten zur krummen Linie? (I)

Descartes hat als Lösung des Problems die Gleichung

$$y = m - \frac{n}{z}x + \sqrt{m^2 + ox - \frac{p}{m}x^2}$$

gefunden. Sie ist das Resultat seiner Analyse. Diese Gleichung besagt, wie zu jeder *konkretisierten* Unbestimmten x eine Wurzel y gefunden werden kann (oder vielleicht zwei?). Diese beiden Zahlen x, y bezeichnen Längen (siehe Abb. 3.1) – oder, da vom Punkt B aus gemessen wird: Punkte – auf den „Fundamentallinien" AB und BC. Wir kennen das Koordinatenverfahren: Zur Fundamentallinie BC ziehen wir eine Parallele durch den Punkt x auf AB; ebenso ziehen wir zur Fundamentallinie AB eine Parallele durch den Punkt y auf BC. Das Ergebnis ist *ein* Punkt. Dieser eine Punkt steht für das Wurzelpaar x, y, das zuvor errechnet wurde.

Und wie weiter? Wie kommen wir vom Punkt zur Linie?

Nun, wir haben nicht nur *einen* Punkt, sondern wir haben *ganz viele* Punkte: Zu *jeder* Zahl x finden wir eine Zahl y.

(Vielleicht nicht zu *jeder*, denn unter dem Wurzelzeichen darf nichts Negatives stehen – aber doch sehr viele; sogar unendlich viele. Denn zu je zwei zulässigen Zahlen x – und die wird es wohl geben! – gibt es unendlich viele dazwischen, und die sollten ebenfalls zulässig sein.)

Die Frage lautet also eher: Wie kommen wir von den unendlich vielen Punkten zur Linie? An dieser Stelle ist Descartes schmallippig. Er schreibt lapidar:

Indem man [auf] der Linie [also: AB] x der Reihe nach unendlich viele verschiedene Größen beilegt, erhält man auch unendlich viele für die Linie y, und auf diese Weise unendlich viele Punkte von der Beschaffenheit [. . .], mithilfe deren alsdann die gesuchte krumme Linie beschrieben (descrire) werden kann.

Oder:

Ich denke, Hinlängliches gegeben zu haben, indem ich zeigte, wie man eine unendliche Anzahl von Punkten dieser Linien konstruieren und diese somit beschreiben (descrire) kann.

3.3.4 Die zulässigen krummen Linien

„... und somit beschreiben kann": *Was* kann Descartes „beschreiben"? Das sagt er ganz zu Beginn des zweiten Kapitels:

Um die Linien zu ziehen (tracer), die ich hier einzuführen beabsichtige, bedarf es keiner weiteren Voraussetzung als der, dass es möglich sei, zwei oder mehrere Linien aufeinander zu bewegen, und dass durch deren Schnittpunkt eine andere Linie beschrieben wird [. . .]

Mit dieser Kennzeichnung engt Descartes den Bereich der Geometrie (für ihn: die Mathematik) gegenüber der Tradition ein. Denn er lässt hier nur *eine* Bewegung zum „Ziehen" der Linien zu:

Die Spirale, die Quadratix [. . .] können nur durch zwei voneinander verschiedene Bewegungen, die in keiner genau messbaren Beziehung zueinander stehen, beschrieben werden.

(Eine Spirale entsteht, indem sich ein Radius um einen Punkt dreht und auf diesem Radius der Zeichenstift nach außen wandert. Dreh- und Wandertempo sind voneinander unabhängig, stehen also in einem willkürlichen Verhältnis zueinander. Da er dieses Verhältnis nicht „klar und deutlich" zu erkennen vermag, ist die Spirale für Descartes kein in der Mathematik zugelassener Gegenstand. Ähnlich ist es bei der Quadratix.)

Die zulässigen Linien nennt Descartes „geometrisch" (für ihn also gleichbedeutend mit: „mathematisch").

Descartes hat eine weitere Forderung an die zulässigen Linien, nämlich

dass zwischen allen Punkten der als geometrisch zu bezeichnenden Linien, d. h. also derjenigen, die ein genaues und scharfes Maß zulassen, und allen Punkten einer geraden Linie notwendig eine Beziehung bestehen muss, die vollständig durch eine und nur eine Gleichung dargestellt werden kann [. . .]

Mit anderen Worten: „Geometrisch" („mathematisch") sind für Descartes nur die Linien, die er durch eine „Gleichung" beschreiben kann.

In Descartes' Gleichungen kommen die Unbestimmten nur als Summanden, Faktoren oder im Nenner eines Bruchs vor, niemals jedoch in einem Exponenten. Daher können wir in heutiger Sprache sagen: Descartes' zulässige („geometrische") Linien sind die *algebraischen* Kurven. Die *transzendenten* Kurven schließt Descartes aus der Geometrie (Mathematik) aus – also jene, bei deren Gleichung das x im Exponenten steht.

3.3.5 Die Synthese: von den Punkten zur krummen Linie? (II)

Nochmals: Wie kommen wir von der Gleichung zur Linie? Das ist noch immer unklar. Und das *bleibt* bei Descartes auch unklar!

Denn erstaunlicherweise lässt es Descartes gelegentlich bei den gefundenen Punkten bewenden und betrachtet die betreffende Linie als *schon allein durch die Punkte gegeben*. So konstruiert er Punkte eines Ovals durch die Schnitte zweier Kreise mit den Mittelpunkten F und G:

Er beendet das Verfahren mit dem Halbsatz:

> [...] und so kann man beliebig viele Punkte finden, indem man immer andere Linien parallel
> zu 7 8 und andere Kreise mit den Mittelpunkten F und G zieht.

Für heutige Augen mag das vielleicht genügen (warum das so ist, werden wir später verstehen), doch für die klassischen Standards der Descartes-Zeit kann davon keine Rede sein. Dass sich die Kreise um F und G – bei geeigneten Größenverhältnissen – schneiden, ist durch Euklid gesichert. Die von Descartes konstruierten Punkte des Ovals sind also sicher. Aber woher wissen wir, ob einer dieser Punkte auf der Geraden AR liegt? Vielleicht verpassen sämtliche Schnittpunkte der genannten Kreise diese Gerade? Dass sich Gerade und

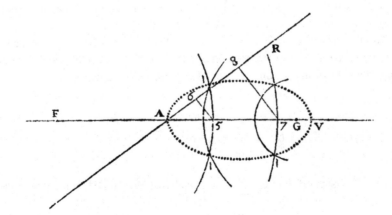

Abb. 3.2 Punktweise Konstruktion eines Ovals. (*Discours* 1637, S. 352, 358)

genügend naher Kreis schneiden, hat Euklid verlangt. In der Abb. 3.2 sieht es zwar nicht so aus – aber das hat keine Beweiskraft! Nur dann, wenn gesichert wäre, dass die Oval*linie* konstruierbar ist, wäre auch ihr Schnittpunkt mit der Geraden AR gesichert, nämlich als Treffpunkt zweier Kontinua.

Doch Descartes kann diese Ovallinie nicht zeichnen.

Diese Unfähigkeit Descartes' ist für ihn deshalb besonders unangenehm, weil er zu Beginn seines Buches der antiken Mathematik *genau diesen* Vorwurf macht. Recht früh in seinem Buch schreibt er:

> Da es aber alle Male unendlich viele Punkte gibt, die den aufgestellten Forderungen genügen können, so wird zweitens verlangt, die Linie zu zeichnen, auf der alle diese Punkte liegen müssen; Pappos behauptet, dass diese einer der drei Kegelschnitte sei [. . .]; er unternimmt es aber weder, die Linie in diesem Falle zu bestimmen oder zu zeichnen, noch sie zu untersuchen, wenn die Aufgabe in einer größeren Anzahl von Linien gegeben ist. Er fügt nur hinzu, dass die Alten eine Linie gefunden hätten, von der sie zeigten, dass sie für diesen letzteren Fall von Nutzen [. . .] sei. Dies gab mir Gelegenheit, zu versuchen, ob man mit der Methode, derer ich mich bediene, ebenso weit zu gehen vermag, wie jene gewesen sind.

„Ebenso weit" – ja, aber nicht weiter.

3.4   Descartes' geometrische Erfolge und sein Scheitern

Im zweiten Kapitel haben wir gesehen, wie Descartes die Arithmetik (die Zahlen und das Rechnen mit ihnen) in die Geometrie eingebettet und dass er die rein symbolische Formel erfunden hat.

In diesem Kapitel ist beschrieben, dass Descartes ein vorgelegtes geometrisches Problem *analysiert* – d. h. dass und wie er es in seine Formelsprache übersetzt, die *Gleichung* dazu aufstellt.

Doch den klassischen Ansprüchen zufolge ist eine *Analyse* eines Problems – auch wenn sie erfolgreich ist – nicht ausreichend. Vielmehr muss dieser Analyse eine *Synthese* folgen: eine Konstruktion des Problems aus den durch die Analyse gefundenen Bausteinen.

Bei der Synthese aber scheitert Descartes, jedenfalls im Allgemeinen. Es gelingt ihm nicht, eine Methode zu finden, um ausgehend von einer Gleichung *immer* die betreffende *Linie* zu ziehen.

Descartes hat nicht unser Koordinatensystem erfunden.

In manchen Fällen ist er erfolgreich, aber nicht in allen. (Das wurde hier nicht referiert, denn es ist ein wenig verwickelt.)

In seiner sehr eingehenden Studie zu Descartes' Buch stellt der Mathematikgeschichtler Henk Bos zu Descartes' *Konstruktionen* der gesuchten Kurven fest:

Die rekonstruierten Argumente in den obigen Lösungen hängen nicht von der Kenntnis der Kurvengleichungen ab. Sie können vollständig ohne Hilfe der Algebra zustande gebracht werden.

Salopp formuliert: In der *Analyse* topp – in der *Synthese* flopp!

Aber *konnte* das eigentlich anders sein? Descartes' „*x*" sind *Zahlen* oder *Strecken;* im besten Fall lassen sich mit „*x*" und „*y*" *Punkte* bestimmen, vielleicht sogar unendlich viele. Aber *Punkte* sind keine *Linien.* Diskretes ist nicht kontinuierlich. Was Descartes offenkundig fehlt, ist ein *kontinuierliches* „*x*".

Zugrunde gelegte Literatur

Henk J. M. Bos 2001. *Redefining geometrical exactness. Descartes' transformation of the early modern concept of construction.* Springer, New York, Berlin, Heidelberg usw.

Florian Cajori 1929. Controversies on mathematics between Wallis, Hobbes and Barrow. *The Mathematics Teacher*, 22: S. 146–151.

René Descartes 1637a. *Discours de la methode.* Ian Maire, Leyde. URL http://gallica.bnf.fr/ark:/12148/btv1b86069594.r=descartes+discours.langDE.

René Descartes (1637b). *Geometrie.* Wissenschaftliche Buchgesellschaft, Darmstadt 1981. Nachdruck der 2. Aufl. von 1923, Leipzig. Deutsch von Ludwig Schlesinger 1894.

Thomas Hobbes 1662. Seven philosophical problems and two propositions of geometry. In: William Molesworth (Hg.), *The English Works of Thomas Hobbes*, Vol. VII. John Bohn, London 1845. Zweiter Nachdruck: Scientia Verlag, Aalen, 1966.

Markus Schmitz 2010. *Analysis – eine Heuristik wissenschaftlicher Erkenntnis.* Verlag Karl Alber, Freiburg im Breisgau.

Simon Stevin 1586. *De Beghinselen der Weeghconst.* Christoffel Plantijn, Leyden. URL http://www.google.com/books?id=_wo8AAAAcAAJ&hl=de.

Linien und Veränderliche

4

4.1 Aus Zwei mach Unendlich: Leibniz' Weltauffassung

In Descartes haben wir einen radikalen Kritiker des bestehenden Denkens kennengelernt. Mit Gottfried Wilhelm Leibniz (1646–1716) wenden wir uns nun einem ebenso radikalen Diplomaten zu, der darauf aus war, die in der Welt vorfindlichen Gegensätze zu versöhnen.

Leibniz zufolge hat der Gott die Welt geschaffen (und zwar die beste aller möglichen Welten). Diese Welt besteht aus Urbausteinen oder Atomen. Leibniz nennt sie „Monaden" und sagt:

> Die *Monade*, von der wir hier sprechen wollen, ist nichts anderes als eine einfache Substanz, die als Element in das Zusammengesetzte eingeht; einfach sein heißt so viel wie: ohne Teile sein.

Alle Monaden unterscheiden sich voneinander:

> Es muss sogar jede einzelne Monade von jeder anderen verschieden sein. Denn es gibt niemals in der Natur zwei Wesen, die einander vollkommen glichen und bei denen sich nicht ein innerer oder ein auf eine innere Bestimmtheit gegründeter Unterschied entdecken ließe.

Monaden sind Wesen; einfache Wesen. Letztlich

> lässt sich in der einfachen Substanz nichts finden als eben dieses: Wahrnehmungen und ihre Veränderungen. In diesen allein können die *inneren Tätigkeiten* der einfachen Substanzen bestehen.

Leibniz betrachtet es als eine „metaphysische Notwendigkeit",

© Springer-Verlag GmbH Deutschland, ein Teil von Springer Nature 2019
D. D. Spalt, *Eine kurze Geschichte der Analysis*,
https://doi.org/10.1007/978-3-662-57816-2_4

dass jedes geschaffene Wesen, folglich auch die geschaffene Monade, der Veränderung unterliegt und dass diese Veränderung in jeder Monade kontinuierlich vor sich geht.

Diese Kernaussagen finden sich in einer kleinen Schrift aus dem Jahre 1714, die vier Jahre nach Leibniz' Tod unter dem Titel *Monadologie* publiziert wurde.

Dieses Denken ist dem von Descartes radikal entgegengesetzt. Wo Descartes zwei *Substanzen* dachte (Ausdehnung und Denken), denkt Leibniz (potenziell) unendlich viele (die Monaden). Oder so: Wo Descartes *Prinzipien* hatte, hat Leibniz *Individuen*.

Leibniz' sonstige Auffassungen von der Welt stehen in keinem engen Zusammenhang mit seinem mathematischen Denken; auf die Ausnahme werde ich noch zu sprechen kommen. Fundamental ist aber dies: Monaden *sind* nichts anderes als: *Wahrnehmung* und deren *Veränderung.* Leibniz denkt sich also *alles* als *veränderlich.* Und weil das so ist, ganz fundamental so ist, deswegen sagt Leibniz das nicht beständig dazu. Aber auch wenn er es nicht ausdrücklich sagt, so *ist* es doch so, *meint* er es doch so. Das werden wir alsbald sehen.

4.2   Leibniz' mathematische Schriften

Zu keiner Zeit seines Lebens war Leibniz hauptberuflich Mathematiker. Dennoch war er – gemeinsam mit Isaac Newton – einer der beiden Erfinder der bis heute wirkmächtigsten mathematischen Theorie.

Leibniz hat seine Erfindung in einem ausführlichen Artikel niedergelegt, dem längsten mathematischen Text, den er je verfasst hat. Der sollte in Paris gedruckt werden, nachdem Leibniz die Stadt bereits verlassen hatte. Das geschah jedoch nicht, und das Manuskript ging schließlich verloren. Es neu zu schreiben lehnte Leibniz viele Jahre später ab – die Zeit sei bereits darüber hinweggegangen.

Unter den unglaublich vielen hinterlassenen Papieren von Leibniz gibt es aber Entwürfe jenes Artikels. Ein Auszug aus einem solchen Entwurf wurde erstmals im Jahr 1934 von Lucie Scholtz in ihrer Dissertation veröffentlicht, eine Gesamtfassung erstmals 1993 von Eberhard Knobloch und inzwischen (2012) auch in Leibniz' *Schriften;* auch eine deutsche Übersetzung von Otto Hamborg gibt es (seit 2007 über das Internet, seit 2016 in Buchform).

Die Lektüre von Leibniz' Papieren (die nicht ganz einfach ist; meist schrieb er in Latein) widerlegt alle Vorurteile, die Heutige meistens gegenüber Früheren haben: Sie seien weniger klug gewesen als wir heute, ihre Ideen vager, ihre Argumente diffuser – erst wir heute könnten alles genau und präzise sagen.

Der Punkt ist: Die Früheren hatten nicht „vagere" Begriffe und „diffusere" Argumente – sondern nur *ganz andere.* Wenn man sich darauf einlässt, diese *anderen Begriffe* akzeptiert und den *anderen Argumenten* folgt, stellt man fest: Leibniz hat nicht unscharf argumentiert. Ganz im Gegenteil: Leibniz hat seine mathematische Erfindung äußerst pfiffig gestaltet.

Und seine Beweisführungen sind, heute beurteilt, so präzise, wie es ihm seine Begriffswelt gestattet.

Dazu im Folgenden drei Beispiele: Konvergenz, Integral und Differenzial.

4.3   Das Leibniz'sche Konvergenzkriterium: frisch vom Erfinder!

4.3.1   Konvergenz unendlicher Reihen

Noch heute wird im Grundkurs der höheren Mathematik das „Leibniz'sche Konvergenzkriterium" gelehrt. Es handelt von unendlichen Reihen wie etwa:

$$1 - \tfrac{1}{2} + \tfrac{1}{4} - \tfrac{1}{8} + - \dots$$

oder

$$1 - \tfrac{1}{3} + \tfrac{1}{5} - \tfrac{1}{7} + \tfrac{1}{9} - + \dots$$

„Reihen" sind *unendliche* Summen. Man kann sie also nicht direkt *ausrechnen.* Dennoch haben sie oft einen *Wert,* eine *Summe.* Das gilt für die beiden oben. Allerdings nicht immer: Die Reihen

$$1 - 2 + 3 - 4 + - \dots$$

oder

$$1 + 4 + 8 + 16 + \dots$$

haben *keine* Summen; gemeint ist natürlich: keinen *endlichen* Wert.

Wenn man ein bisschen darüber nachdenkt, kommt man vielleicht auf die Idee: Vielversprechende Kandidaten für summierbare Reihen sind solche, die zwei Bedingungen erfüllen: (i) ihre Summanden – man spricht auch von ihren „Gliedern" – *werden i m m e r kleiner,* und zwar *beliebig klein;* (ii) ihre *Vorzeichen wechseln.*

Denn dann ist das erste Glied zu groß für die Summe, weil davon noch das zweite Glied *abgezogen* wird: Die Summe der ersten beiden Glieder aber ist zu klein, weil noch das dritte Glied dazu *addiert* wird: die Bedingung ii. Usw. Und: Die *Änderung* der schrittweise errechneten Summen wird immer kleiner, und sogar beliebig klein: die Bedingung i.

Dieses zuletzt betrachtete Phänomen: „eine Summe wird immer *genauer* bestimmt, wenn die Änderungen, die man konkret errechnen kann, *kleiner werden als jede angegebene Größe*", heißt heute „Konvergenz". Leibniz selbst und seine Zeit hatten diesen Namen noch nicht.

Leibniz war der Erste, der diese neuartigen Gegenstände der Mathematik („konvergente Reihen") systematisch beschrieben hat.

4.3.2 Leibniz' Formulierung seines Lehrsatzes

Leibniz gab in seinem Manuskript die folgende Darstellung:

Wenn eine Größe A gleich einer Reihe $b - c + d - e + f - g$ usw. ist,

$$A = b - c + d - e + - \ldots,$$

die in der Weise bis ins Unendliche abnimmt, dass die Glieder schließlich kleiner werden als eine beliebige gegebene Größe, wird

$+ b$	größer als A sein, sodass die Differenz kleiner ist als c	
$+ b - c$	kleiner …	… kleiner ist als d
$+ b - c + d$	größer …	… kleiner ist als e
$+ b - c + d - e$	kleiner …	… kleiner ist als f

Und allgemein wird der Teil der durch abwechselnde Additionen und Subtraktionen gebildeten abnehmenden Reihe, der mit einer Addition endet, größer als die Summe der Reihe sein, der mit einer Subtraktion endet, wird kleiner sein; der Fehler aber oder die Differenz wird immer kleiner als das Glied der Reihe sein, der dem Teil unmittelbar folgt.

Bis auf die Formelzeile „$A = b - c + d - e + - \ldots$" und die letzten drei „kleiner ist als" rechts in der Tabelle ist dies *genau* das, was Leibniz in seinem Manuskript schreibt. Präziser geht es nicht. Leibniz schreibt hier *ganz genau* auf, was eine „unendliche Reihe" mit „wechselnden Vorzeichen" und „beständig abnehmenden" Gliedern, die „kleiner werden als eine beliebige gegebene Größe", ist.

Es ist nicht unbillig, diese Darstellung Leibniz' als den folgenden Lehrsatz *zu lesen:*

▶   Satz. *Wenn die Glieder einer Reihe*

$$b - c + d - e + - \ldots$$

ins Unendliche abnehmen (d. h. sie werden schließlich kleiner als eine beliebige gegebene Größe), dann hat diese Reihe eine endliche Summe A.

Denn Leibniz lässt es nicht bei dieser Darstellung bewenden, sondern er schließt daran einen ganz detaillierten Beweis.

4.3.3 Leibniz' Beweis seines Lehrsatzes

Leibniz' Beweis besteht aus einer Vorüberlegung und vier Einzelschritten.

Die Vorüberlegung: Da die Größe der Glieder abnimmt, wird *insgesamt* mehr addiert als subtrahiert. Addiert wird $b + d + f + \ldots$, subtrahiert wird $c + e + g + \ldots$ Und es ist $b > c$ und $d > e$ und $f > g$ usw. Leibniz schreibt in diesem Manuskript keine Größer-Zeichen, in anderen aber sehr wohl.

Insbesondere gilt also:

$$A < b.$$

1. Nun der erste Beweisschritt: Wegen der letzten Ungleichung können wir bilden:

$$b - A.$$

(Wir sehen: Auch Leibniz handelt nach Möglichkeit nur von positiven, von *wirklichen* Zahlen!) Das bedeutet:

$$b - A = b - (b - c + d - e + f - g + - \ldots) = c - d + e - f + g - + \ldots < c,$$

die letzte Ungleichung $<$ aus demselben Grund, wie in der Vorüberlegung $A < b$ erhalten wurde!

2. Der zweite Beweisschritt: Die Vorüberlegung hat zu $A < b$ geführt. Sie führt *genauso* zu

$$A > b - c.$$

Oder nicht? – Doch! – Also darf die Differenz $A - (b - c)$ gebildet werden (ist auch eine wirkliche Zahl):

$$A - (b - c) = d - e + f - g + - \ldots < d,$$

die letzte Ungleichung wieder nach der Vorüberlegung.

3. Leibniz' dritter Beweisschritt: Wie schon zweimal, ergibt sich als neuer Ausgang:

$$A < b - c + d.$$

Also können wir $(b - c + d) - A$ bilden. Wir rechnen:

$$b - c + d - A = e - f + g - + \ldots < e;$$

der letzte Schritt gemäß dem Argument in der Vorüberlegung.

Leibniz führt noch einen vierten Beweisschritt durch, aber den können wir uns hier sparen, der ist jetzt klar.

Im Ergebnis hat Leibniz also eine Folge von Ungleichungen erhalten:

$$A < b$$

$$b - A < c$$

$$A - (b - c) < d$$

$$(b + c - d) - A < e$$

$$A - (b + c - d + e) < f$$

$$\ldots$$

Links steht ab der zweiten Zeile der Fehler, der entsteht, wenn man statt der gesamten Reihe nur ihren Anfang bis zum n. Glied nimmt, rechts steht, dass dieser Fehler *immer* kleiner ist als das $(n + 1)$-te Glied. Da aber vorausgesetzt wurde, dass die Glieder „schließlich kleiner werden als eine beliebige gegebene Größe", überträgt sich – *wie obige Ungleichungen beweisen* – diese Eigenschaft von den einzelnen Reihengliedern auf den *Abbruchfehler:* Auch er wird also „beliebig klein".

Was will man mehr?

Genauer, *strenger* kann man nicht argumentieren.

Auch heute nicht. Leibniz hat das in seinem Manuskript aus dem Spätsommer 1676 so getan.

4.3.4 Reflexion über Leibniz' Tun

In dem eben referierten Text hat Leibniz erstmals in der Menschheitsgeschichte jenen Sachverhalt *so genau wie irgend möglich* untersucht, den wir heute „Konvergenz" einer „(unendlichen) Reihe" nennen. (Das Attribut „unendlich" ist eigentlich überflüssig, weil schon im Namen „Reihe" enthalten, aber es ist so schön bombastisch.)

Den Namen „Konvergenz" hat Leibniz dabei nicht benutzt. Aber Namen sind – in der Wissenschaft, auch in der Mathematik – nicht wichtig. Wichtig ist allein die Sache, und die hat Leibniz vollkommen klar dargestellt.

Jetzt die philosophische Frage: Was hat Leibniz hier getan? Was hat er untersucht?

Meine Antwort: Ganz offenkundig hat Leibniz hier eine *veränderliche Größe* studiert, nämlich die *schrittweise berechnete Summe* einer Reihe. Wir nennen das heute die „Partialsummen" (auf deutsch: „Teilsummen"). Und wir haben dafür eine Standardbezeichnung: s_n. Wir schreiben:

$$s_1 = a$$
$$s_2 = a - b$$
$$s_3 = a - b + c$$
$$s_4 = a - b + c - d$$
$$s_5 = a - b + c - d + e$$
$$\ldots$$
$$s_n = a - b + c - + \ldots \pm n$$

Dieser Gegenstand, die „Partialsumme" s_n, ist offenkundig eine *veränderliche* Größe. Klar: Leibniz hatte nur die rechten Seiten der obigen Gleichungen. Die aber hatte er, unzweideutig; und also auch den Gegenstand – Namen (wie „s_n") sind Schall und Rauch.

Ohne dies zu thematisieren studiert Leibniz *veränderliche* Größen.

Diese Argumentationsweise ist so faszinierend, so *klar* mathematisch, dass kein Mensch auf die Idee kam, sie als „unmathematisch" zu brandmarken und zu sagen: Aber nach den Maßstäben der Antike ist das doch keine Mathematik! – Zumindest traute sich niemand, eine solche Idee auszusprechen oder gar aufzuschreiben, jedenfalls, soweit das heute bekannt ist.

4.3.5 Eine Idee, die Leibniz nicht denken konnte. Und warum er das nicht konnte

Heutzutage machen wir uns den gerade studierten Sachverhalt an folgendem Bild klar:

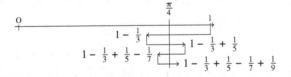

Da *sieht* man mit einem Blick, worum es geht. Aber:

Ein solches Bild kann Leibniz nicht zeichnen.

Denn dieses Bild verlangt zweierlei: (a) Längen haben *eine Richtung*. Und: (b) *Es gibt* „negative" Zahlen.

Aber *eigentlich* hat eine Länge keine Richtung! Und wenn negative Zahlen wirkliche *Zahlen* wären, dann würden einige seit mehr als zweitausend Jahren (mindestens seit Euklid!) anerkannten Gesetze nicht mehr gelten.

Eines dieser Gesetze lautet:

$$\text{Wenn} \quad \frac{a}{b} = \frac{c}{d} \quad \text{und wenn} \quad a > c \quad \text{gelten, dann gilt auch} \quad b > d.$$

Wenn aber -1 eine *Zahl* ist, folgt nach diesem Gesetz:

$$\text{Weil} \quad \frac{1}{-1} = \frac{-1}{1} \quad \text{und} \quad 1 > -1 \quad \text{gelten, gilt auch} \quad -1 > 1.$$

Dann sind also *zugleich* $1 > -1$ *und* $1 < -1$ *wahr*. So etwas nennt man einen Widerspruch, und Widersprüche müssen in der Mathematik *bedingungslos* vermieden werden (weil man sonst *alles* beweisen kann, auch das Falsche!).

Der Mathematiker des ausgehenden 17. und beginnenden 18. Jahrhunderts muss sich also *entscheiden:* Sollen solch altehrwürdige Gesetze weiterhin Gültigkeit haben, oder soll -1 eine richtige *Zahl* sein?

Leibniz war ein unfassbar kreativer Kopf – aber kein Revolutionär; sondern Diplomat. Er vermied die Revolution (die Abschaffung der Gültigkeit der alten Gesetze) – lobte aber dennoch das Neue, indem er es in salbungsvolle Worte kleidete:

> Indessen möchte ich nicht bestreiten [...], dass -1 eine Größe kleiner als Nichts ist; dies muss nur richtig verstanden werden. Solche Aussagen sind *erträglich wahre,* wie ich mit dem großen Joachim Jungius zu sagen pflege; die Franzosen würden sie *passabel* nennen. Einer strengen Überprüfung halten sie freilich nicht stand, sie haben dennoch einen großen Nutzen für das Rechnen und sind von hohem Wert für die Erfindungskunst sowie für universale Konzepte.

Das klassische Diplomatensprech: sowohl/als auch; -1 ist kleiner als 1/aber das muss richtig verstanden werden; zur Sicherheit berufe ich mich auf eine Autorität (auch wenn die kaum jemand kennt; ersatzweise auf eine diffuse); eigentlich darf das nicht sein/aber es hat großen Nutzen.

Ganz hohe Politik ist das, was Leibniz da im April 1712 in einer angesehenen Fachzeitschrift drucken lässt.

Quintessenz:

> Wer „negative" Zahlen als *richtige* Zahlen zulässt, der muss die Gültigkeit gewisser althergebrachter Gesetze beschneiden.

Er oder sie sagt dann etwa: Dieses Gesetz gilt *nur* für positive Zahlen, und alles ist gut; die erkennbaren Widersprüche sind vermieden. (Hoffentlich gibt es keine anderen, an die wir noch nicht gedacht haben!)

4.4   Die exakte Berechnung krummlinig begrenzter Flächen: das Integral

4.4.1   Der Anfang ist einfach

Jahrtausendelang haben es die Babylonier ganz anders gemacht, aber die klassische griechische Kultur lehrte folgende Weise der Flächenberechnung:
Das geht nur bei *Rechtecken*. Die Fläche ist

Länge mal Breite.

Daraus muss alles Weitere abgeleitet werden, etwa: Die Fläche des *rechtwinkligen Dreiecks* ist

$\frac{1}{2}$ mal Grundseite mal Höhe.

4.4.2   Das Problem

Was aber, wenn nicht alle Begrenzungslinien gerade sind?

4.4.3   Leibniz' Lösung – im Original!

Für einen solchen Fall hat Leibniz folgende erstaunliche Idee.

Ich gebe hier Leibniz' Originalfigur wieder, lasse jedoch alles weg, was für die Grundüberlegung nicht benötigt wird, z. B. den Konstruktionsweg. Die Figur ist immer noch kompliziert genug (Abb. 4.1).

Es geht um die Fläche, die von der krummen Linie D_1, D_2, D_3, D_4 und den drei Geraden $\overline{D_1 B_1}$, $\overline{B_1 B_4}$ und $\overline{B_4 D_4}$ eingeschlossen ist. Die Punkte D_n sind *irgendwelche* Punkte auf der krummen Linie.

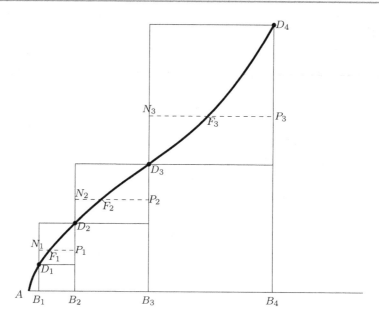

Abb. 4.1 Leibniz' Figur zur Flächenberechnung (entschlackt), 1676

1. Als *erste Schätzung* der Fläche nimmt Leibniz die Treppe B_1, N_1, P_1, N_2, P_2, N_3, P_3, B_4, B_1. – Der Einfachheit halber kennzeichnen wir die einzelnen Stufen dieser Treppe im Weiteren durch ihre – gestrichelten – „Trittflächen", also durch $N_1 P_1$ usw.
2. Sehen wir uns jetzt den *Fehler* dieser Schätzung an! Er setzt sich aus *Teilfehlern* zusammen:

   a. Die erste Stufe $N_1 P_1$ ist um das (nicht überall geradlinig begrenzte) Dreieck $D_1 N_1 F_1$ *zu groß* – und um das Dreieck $F_1 P_1 D_2$ *zu klein*. Leibniz ist großzügig und sagt: Auf jeden Fall ist dieser *erste* Teilfehler *kleiner als das ganze Rechteck* zwischen D_1 und D_2. – Das ist wirklich *sehr* großzügig, oder?
   b. Dasselbe dann bei der nächsten Stufe $N_2 P_2$: Auch hier ist der durch die Schätzung entstandene *zweite* Teilfehler sicher *kleiner als das Rechteck* zwischen D_2 und D_3.
   c. Usw.
3. Wie groß ist also der *Gesamtfehler*, maximal? Garantiert kleiner als die *Summe* der Teilfehler; also ganz sicher kleiner als die Summe der Rechtecke D_1, D_2; D_2, D_3 und D_3, D_4.
4. Wie können wir nun diesen *Gesamtfehler* seinerseits abschätzen? Die Gesamt*höhe* ist klar (falls die Linie nicht vom Steigen ins Fallen wechselt, oder umgekehrt; sonst unterteilt man sie so): die Höhe von D_1 bis D_4. Und als *Breite* nimmt Leibniz zur Sicherheit die *größte* der Stufenbreiten $\overline{B_1 B_2}$, $\overline{B_2 B_3}$ und $\overline{B_3 B_4}$. – Im Beispiel hier ist das $\overline{B_3 B_4}$.

Ergebnis: Der *Gesamtfehler* der ersten Schätzung ist ganz sicher kleiner als das *Produkt aus der Höhe von D_1 nach D_4 und der maximalen Breite der* $\overline{B_n B_{n+1}}$.

5. Jetzt kommt die entscheidende Idee, auf die alles angelegt war:

Die Punkte D auf der krummen Linie stehen ganz in unserem Belieben. Wir können davon so viele wählen, wie wir wollen. Wenn wir, sagen wir, k viele wählen, in gleichen Abständen, dann können wir es so einrichten, dass die Treppenstufen $\overline{B_1 B_k}/(k-1)$ breit sind.

Das aber hat zur Folge, dass der *Gesamtfehler* dieser k-ten Schätzung sicher kleiner ist als das Rechteck aus der Breite $\overline{B_1 B_k}/(k-1)$ und der Höhe $\overline{D_1 D_k}$.

Während also die Höhe des Rechtecks immer gleich bleibt, wird dessen Breite *immer kleiner*, je mehr Punkte D gewählt wurden. Und der *Gesamtfehler* der k-ten Schätzung ist sicher kleiner als diese Rechtecksfläche.

Also wird auch das Produkt dieser beiden Werte immer kleiner: Wenn im Produkt $b_k \cdot h$ der eine Faktor b_k kleiner wird, der andere aber fest bleibt (die Höhe), wird auch das Produkt kleiner.

Und der Gesamtfehler der Schätzung ist allemal noch kleiner.

6. Wie klein?

Offenbar gibt es für die Größe – besser: Kleinheit – dieser Rechtecksfläche keine Grenze nach unten; außer natürlich der Null. Leibniz schreibt im Originalton:

> Die Punkte D können einander so nahe und in so großer Anzahl angenommen gedacht werden, dass die geradlinige treppenförmige Fläche sich von der vierlinigen Fläche $D_1 B_1$ $B_4 D_4 D_3$ usw. D_1 selbst *um eine Größe*[*] *unterscheidet, die kleiner ist als eine beliebige gegebene.*

Das bedeutet: Der *Gesamtfehler*, der durch die Berechnung der Treppenfläche statt der gesuchten auch krummlinig begrenzten Fläche entsteht, kann *kleiner gemacht werden* als jede vorgegebene Genauigkeit.

Ist das der Jackpot? Haben wir nun die Fläche? – Ja und nein. Was wir ganz sicher haben, das ist ein *Berechnungsverfahren*: Leibniz kann die Fläche so genau *ausrechnen*, wie er will.

Aber Rechnen zu können bedeutet nicht, einen Begriff zu haben. Dem Ingenieurwissen reicht das Rechenverfahren, aber die Mathematik braucht Begriffe! Hier also: einen – geeigneten – Zahlbegriff. Den jedoch kann Leibniz nicht vorweisen. Verständlicherweise, denn es zeigt sich, dass die Mathematik für dessen Entwicklung noch zwei Jahrhunderte benötigt (Kap. 14 und 13). Und in gewissem Sinne läuft diese Lösung Leibniz' Denken zuwider, denn sie verlangt die Akzeptanz des aktual Unendlichen in der Mathematik (dazu Kap. 6).

---

*Man kann auch „Quantität" übersetzen.

4.4.4 Ausblick

Mit dieser Konstruktion hat Leibniz im Jahr 1676 einem Begriff den Weg geebnet, der später „Integral" hieß; und zwar das „Integral" jener „Funktion", deren grafische Veranschaulichung die „krumme Linie" Leibnizens ist.

Die Namen „Integral" und „Funktion" hat auch Leibniz schon verwendet, aber in anderer Bedeutung.

(a) Unter „Funktion" verstand Leibniz eine Vielzahl von Strecken, die sich zu einer krummen Linie in Bezug auf geradlinige Achsen konstruieren lassen: Abszisse, Ordinate, Tangente, Normale, Subtangente, Subnormale, Resecta, ... – lauter geometrische Spezialkonstruktionen, die in der damaligen Zeit vielfach studiert wurden.

> Für Leibniz war „Funktion" ein ziemlich unbestimmter Begriff.

(b) Der *Name* „Integral" wurde von Johann Bernoulli erfunden und von dessen Bruder Jakob im Jahre 1690 erstmals in Druck gegeben. Ein *Zeichen* dafür: „$\int$" ließ Leibniz erstmals im Jahr 1686 drucken, und zwar im Zusammenhang mit seinem Zeichen für das „Differenzial" „d" – ein Begriff, der gleich im nächsten Abschnitt behandelt wird. „dx" und „dy" sind hier als *eine* Größe zu lesen! „d" ist ein *Operator!*

> Wenn man die differenziale Gleichung $p\,dy = x\,dx$ in die summatorische verwandelt, gilt $\int p\,dy = \int x\,dx$. Nun ist nach dem, was ich in der Tangentenmethode dargelegt habe, offensichtlich, dass $d(\frac{1}{2}xx) = x\,dx$; also gilt umgekehrt $\frac{1}{2}xx = \int x\,dx$ (denn wie Potenzen und Wurzeln in gewöhnlichen Rechnungen, so sind für uns Summen und Differenzen oder $\int$ und d reziprok).

Im Jahr 1691 erschien dann erstmals jenes Integralzeichen im Druck, das wir noch heute verwenden: $\int$. Den Namen „Integral" las Leibniz erstmals in einem 1690 erschienen Aufsatz von Jakob Bernoulli.

Aber die *Sache,* die oben vorgestellt wurde, nämlich die exakte Berechnung einer auch krummlinig begrenzten Fläche, wurde *in dieser Präzision* erst 176 Jahre später wieder zum Gegenstand der Mathematik gemacht. Dieser Nach-Erfinder war Bernhard Riemann, und nach ihm heißt der Gegenstand heute: „Riemann-Integral". Zuvor war Cauchy ähnlich verfahren (Abschn. 11.11).

Wir konnten sehen: Bereits Leibniz hat diesen Begriff *in aller Präzision* gebildet – allerdings ohne die heute dabei üblichen Begriffe „Funktion", „unendliche Reihe" und „Konvergenz". Geht auch!

Wäre Leibniz' Plan aufgegangen und sein Manuskript damals publiziert worden: Die Entwicklung der Mathematik wäre sicher anders verlaufen.

4.5 Leibniz' saubere Konstruktion des Differenzialbegriffs

4.5.1 Ein publizistischer Fehlstart

Den von ihm in den 1670er Jahren erfundenen Gegenstand „Differenzial" publizierte Leibniz im Oktober des Jahres 1684. Freilich *erläuterte* er ihn dort nur sehr vage. Noch schlimmer: Leibniz vertat sich dort sogar, sodass der verständige Leser wählen musste, ob die gesamte Abhandlung falsch sei oder nur die Definition des Grundbegriffs; und im letzteren Fall musste sich der Leser die *richtige* Bestimmung von „Differenzial" selbst überlegen.

Klar, dass dieser Aufsatz kaum Wirkung erzielte. Woher die verständigen Leser nehmen? Jakob Bernoulli bemühte sich ab 1687 um ein Verständnis dieses Textes. Aber erst zwei oder drei Jahre später hatte er die Sache durchschaut und konnte die neue Methode selbst nutzen. Und weiterentwickeln, im Dialog mit seinem jüngeren Bruder Johann – und mit Leibniz.

4.5.2 Ein publizistischer Fehlstart – Neuauflage

Die Differenzialrechnung besteht aus dem *Begriff* „Differenzial" sowie den *Rechenregeln* dafür. Ohne diese Rechenregeln hat der Begriff keine Verwendung.

Diese Rechenregeln *und ihre genaue Begründung* blieb Leibniz dem Publikum seiner Zeit schuldig. Er verfasste auch dazu (natürlich) ein Manuskript, gab das aber nicht zum Druck. Als es 1846 schließlich gedruckt wurde, zusammen mit vielen anderen Manuskripten zum Thema, nahm es niemand zur Kenntnis. Dasselbe Schicksal erfuhr die englische Übersetzung dieses Manuskriptes, die im Jahr 1920 angefertigt wurde. Erst im Jahr 1972 (durch Henk Bos) und dann wieder 2013 (durch Richard T. W. Arthur) haben Mathematikhistoriker dazu publiziert.

4.5.3 Die saubere Konstruktion, Teil 1

Nach dem Bisherigen ist es nicht verwunderlich: Für Leibniz ist das „Differenzial" ebenfalls ein *geometrischer* Begriff. Genauer: Mithilfe des „Differenzials" soll es möglich werden, eine *Tangente* an eine beliebige krumme Linie anzugeben.

Eine „Tangente" ist eine Gerade, welche die Kurve *berührt*, d. h. sich an die Kurve *anschmiegt*. *Berühren* heißt in der Regel: *nicht schneiden;* die Kurve liegt auf nur einer Seite der Geraden. Allerdings gibt es merkwürdige Kurven – sodass *manchmal* eine „Tangente" die Kurve doch schneidet.

Leibniz überlegt sich folgende Konstruktion (Abb. 4.2). Die Abszisse x wird von ihm nach oben, die Ordinate y nach rechts abgetragen (wir heute machen das andersherum). Gegeben sei eine Parabel

$$y = \frac{x^2}{a},$$

Abb. 4.2 Leibniz'
Tangentenberechnung

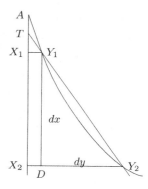

also die krumme Linie in der Figur. Leibniz wählt $AX_1 = x$ und $X_1Y_1 = y$. Vom Punkt Y_1 wird das Lot Y_1D auf eine größere Ordinate X_2Y_2 gefällt. Die *Differenz* von AX_2 und AX_1 nennt Leibniz nun das „Differenzial" dx, die *Differenz* von X_2Y_2 und X_1Y_1 nennt er das „Differenzial" dy. – Soweit die Benennungen, jetzt die Rechnerei. Die Kurvengleichung ist

$$y = \frac{x^2}{a}.$$

Jetzt *verändert* Leibniz x zu $x + dx$ und entsprechend y zu $y + dy$. Rechnerisch hat das Folgen, denn aus der vorigen Gleichung wird:

$$y + dy = \frac{(x + dx)^2}{a} = \frac{x^2 + 2x\,dx + dx^2}{a}.$$

Ziehen wir davon jetzt die vorige Gleichung ab, gibt das:

$$dy = \frac{2x\,dx + dx^2}{a} = \frac{2x + dx}{a} \cdot dx \qquad \text{oder} \qquad \frac{dy}{dx} = \frac{2x + dx}{a}.$$

Dabei sind dx und dy *veränderlich*. Und zwar sollen sie – das erwarten wir aber schon! – *beliebig klein* werden: *kleiner als jede vorgegebene Größe*.

Damit würde der Zähler des letzten Bruches *immer genauer* $= 2x$. Allerdings droht ein Problem mit dem dx im Nenner links. Denn *Null* darf im Nenner eines Bruches keinesfalls stehen! Aber wenn dx die Null nicht *wirklich* erreicht, wird der Zähler rechts nicht $= 2x$.

Was tun?

4.5.4 Zwischenspiel: Die allgemeine Regel – das Kontinuitätsgesetz

Leibniz benötigt jetzt ein Argument, das es ihm erlaubt, das, was solange gilt, wie $dx \neq 0$ ist, auch noch auf den Fall $dx = 0$ *auszudehnen*.

Ein solches Argument hat Leibniz nun wirklich parat. Es ist das „Kontinuitätsgesetz". Dieses Denkgesetz hat für den Philosophen Leibniz eine solch *allgemeine* Wirkkraft wie später für Hegel die dialektische Methode, sagt der Mathematikhistoriker und Leibniz-Spezialist Herbert Breger. Es ist ein „universales Schema des Denkens und der Erkenntnis". Und wie bei Leibniz nicht anders zu erwarten, ist es absolut diplomatisch – und nicht etwa logisch: Das Kontinuitätsgesetz *verbindet Gegensätze,* statt vor ihnen zu *kapitulieren,* wie das die Logik tut.

> Leibniz' Kontinuitätsgesetz besagt, allgemein gesprochen: Unterschiedliches, gar Widersprüchliches kann aus einem gemeinsamen Prinzip erzeugt (oder verstanden) werden.

Das ist die Grundidee. Je nach Erforderlichkeit kann oder muss man ihm natürlich eine präzisere Formulierung geben.

Für die Begründung des Differenzialbegriffs hat Leibniz seinem Kontituitätsgesetz in dem betreffenden Manuskript folgende Form gegeben:

> Wenn irgendein stetiger Übergang in einer gewissen Grenze endet, soll es erlaubt sein, ein gemeinsames Denkgesetz zu begründen, in dem die letzte Grenze mit umfasst werden soll.

Das hilft ihm hier aus der Patsche.

4.5.5 Die saubere Konstruktion, Teil 2

Leibniz betrachtet das Differenzialdreieck $Y_1 D Y_2$. Seine Idee ist es, ihm ein Hilfsdreieck gegenüberzustellen, das zwei Eigenschaften hat: (a) Es ist dem Differenzialdreieck*ähnlich.* (b) Es hat eine *unveränderliche* Seite.

Dieses Hilfsdreieck entsteht durch die Verlängerung der Seite $Y_2 Y_1$ bis zum Punkt T auf der Achse $A X_2$.

Das Hilfsdreieck $T X_1 Y_1$ hat dieselben Winkel wie das Differenzialdreieck, ist ihm also *ähnlich.*

Nun wird der Punkt Y_2 auf der krummen Linie (im Beispiel: die Parabel) auf den Punkt Y_1 zubewegt. Was geschieht?

Der Punkt T wandert auf der Abszissenachse $A X_2$ hin oder her, während die Seite $X_1 Y_1$ fest bleibt. Aber immer bleiben Differenzialdreieck $Y_1 D Y_2$ und Hilfsdreieck $T X_1 Y_1$ einander ähnlich (falls Letzteres kein Dreieck bleibt, muss man neu überlegen).

Wenn nun der Punkt Y_2 mit dem Punkt Y_1 zusammenfällt, dann liegt genau jene Situation vor, die durch die zuletzt angegebene Präzisierung des Kontinuitätsgesetzes erfasst ist: Das Zusammenfallen der Punkte Y_2 und Y_1 stellt die *Grenze* dar, bei deren Erreichen das Differenzialdreieck *verschwunden* ist. Aber das Hilfsdreieck überlebt den Zusammenfall von

Y_2 mit Y_1 – denn da seine Seite $X_1 Y_1$ *unveränderlich* ist, verschwindet es nicht auch, sondern bleibt erhalten. *Dieses Hilfsdreieck T $X_1 Y_1$ stellt also das g e m e i n s a m e P r i n - z i p dar, das s o w o h l das kleiner werdende Differenzialdreick a l s a u c h dessen Verschwinden erfasst.*

Nun sind beide Dreiecke ähnlich. Also gilt

$$\frac{D\,Y_2}{Y_1\,D} = \frac{dy}{dx} = \frac{X_1\,Y_1}{T\,X_1}.$$

Leibniz weiß schon: $\frac{dy}{dx} = \frac{2x + dx}{a}$. Also hat er insgesamt:

$$\frac{dy}{dx} = \frac{X_1\,Y_1}{T\,X_1} = \frac{2x + dx}{a}.$$

Hier kann Leibniz jetzt sein Kontinuitätsgesetz anwenden: Links steht ein Bruch, bei dem Zähler und Nenner gemeinsam verschwinden; in der Mitte steht ein Bruch, dessen *Wert* sich zwar ändert, bei dem aber Zähler und Nenner als Größen *erhalten und endlich* bleiben; rechts steht ein Bruch, bei dem im Zähler das *dx verschwindet,* die beiden anderen Größen x und a aber fest bleiben.

Nun lässt Leibniz dx verschwinden, also: $dx \to 0$. Das Ergebnis ist klar:

$$\frac{dy}{dx} = \frac{2x}{a},$$

und mittels des Kontinuitätsgesetzes vollkommen sauber hergeleitet – obwohl doch links ein Bruch steht, in dem sowohl Zähler als auch Nenner $\to 0$!

Der Witz dabei ist: Hier wird nicht einfach 0 durch 0 geteilt; sondern es wird ein Verhältnis $\frac{dy}{dx}$ betrachtet, bei dem sowohl Zähler als auch Nenner *gemeinsam* (oder: zugleich; aber wir sollten die *Zeit* aus der Mathematik draußen halten!) *verschwinden.* In der Notation nach heutigen Maßstäben: $\lim_{dx \to 0} \frac{dy}{dx} = \frac{2x}{a}$. Durch die Einschaltung des Hilfsdreiecks in seiner Konstruktion hat Leibniz einen festen Punkt, von dem aus er die Welt aus den Angeln heben kann. Nach dem (von ihm aufgestellten) Kontiuitätsgesetz erlaubt dies die genaue Berechnung dieses Verhältnisses dy/dx selbst für den Fall $dx \to 0$ und $dy \to 0$.

4.6   Was ist *x* (und was *dx*) bei Leibniz?

Leibniz entwickelt den Differenzialbegriff als einen Begriff der Geometrie. Dabei bezeichnet er die jeweilige *Länge* auf der Abszissenachse als x. Freilich ist diese Länge nicht unveränderlich fest, ganz im Gegenteil! Bei Leibniz *verändert* sich diese Länge x – etwa, indem sie durch $x + dx$ beschrieben wird.

Bei Leibniz ist x eine *veränderliche Länge;* und *ebenso dx.*

Wir wissen: Bei Descartes war x eine feste Zahl oder Streckenlänge. Leibniz hat diese Descartes'sche Begriffswelt total verändert. Nur der Buchstabe „x" ist geblieben – als ob nichts geschehen wäre. Dabei wurde ganz unter der Hand das *Kontinuum* in die Mathematik eingeführt!

Ebenfalls sehr wichtig: Für Leibniz ist dx eine „veränderliche Größe, die kleiner wird als jede vorgegebene Größe". Auch dieser Eigenschaft gibt Leibniz einen Namen: Er nennt das eine „unendlich kleine" Größe.

Eine „unendlich kleine" Größe bei Leibniz ist also nichts Überirdisches, Unfassliches – sondern einfach nur ein *Spezialfall* der ganz üblichen „veränderlichen" Größen: eben eine, die *beliebig klein* wird (wobei es für Leibniz keine „negativen" Zahlen gibt).

Mit dem Begriff „Grenze" kann man sagen: *Eine „unendlich kleine" Größe bei Leibniz ist eine veränderliche Größe mit der „Grenze" Null.*

Zugrunde gelegte Literatur

Richard T. W. Arthur 2013. Leibniz's syncategorematic infinitesimals. *Archive for History of Exact Sciences*, 67: S. 553–593.

Jakob Bernoulli 1690. Op. XXXIX. Analysis problematis antehac proposti. In: *Opera*, S. T. 1, 421–426. Hæredum Cramer & Fratrum Philibert, Genevæ, 1744. *Acta Erud.*, Mai 1690, S. 217–219; vgl. Bos 1974, S. 21.

Henk J. M. Bos 1974. Differentials, Higher-Order Differentials and the Derivative in the Leibnizian Calculus. *Archive for History of Exact Sciences*, 14: S. 1–90.

Herbert Breger 2016. *Kontinuum, Analysis, Informales – Beiträge zur Mathematik und Philosophie von Leibniz*. Hg.: Wenchao Li. Springer Spektrum, Berlin, Heidelberg.

Arthur Buchenau 1904–06. *Gottfried Wilhelm Leibniz – Hauptschriften zur Philosophie*, 2 Bde, Hg.: Ernst Cassirer, Bd. 107, 108 der Reihe Philosophische Bibliothek. Verlag von Felix Meiner, Hamburg, [3]1966.

Carl Immanuel Gerhardt (Hg.) 1846 . *Historia et Origo Calculi Differentialis a G. G. Leibnitio conscripta*. Hahn'sche Hofbuchhandlung, Hannover. URL https://archive.org.

Joseph Ehrenfried Hofmann 1966. Leibniz als Mathematiker. In: Wilhelm Totok und Carl Haase (Hg.), *Leibniz, sein Leben – sein Wirken – seine Welt*. Verlag für Literatur und Zeitgeschehen, Hannover.

Gottfried Wilhelm Leibniz (1676) 1993. *De quadratura arithmetica circuli ellipseos et hyperbolae cujus corollarium est trigonometria sine tabulis*. In: Eberhard Knobloch (Hg.), Abhandlungen der Akademie der Wissenschaften in Göttingen, Vandenhoeck & Ruprecht, Göttingen.

Gottfried Wilhelm Leibniz (1676) 2012. De quadratura arithmetica circuli ellipseos et hyperbolae. In: Leibniz-Archiv Hannover (Hg.), *Gottfried Wilhelm Leibniz – Sämtliche Schriften und Briefe*, Bd. 6 – 1673–1676 Arithmetische Kreisquadratur der Reihe VII Mathematische Schriften, S. 520–676. N 51, URL http://www.leibniz-edition.de/Baende/ReiheVII.htm.

Eberhard Knobloch (Hg.) 2016. *Gottfried Wilhelm Leibniz: De quadratura arithmetica circuli ellipseos et hyperbolae*. Klassische Texte der Wissenschaft. Springer, Berlin, Heidelberg. Deutsch von Otto Hamborg.

Gottfried Wilhelm Leibniz (1714). Monadologie. In: *Gottfried Wilhelm Leibniz: Vernunftprinzipien der Natur und der Gnade. Monadologie*, Bd. 253 der Reihe Philosophische Bibliothek, S. 26–69. Verlag von Felix Meiner, Hamburg, [2]1982. Deutsch von Herbert Herring 1956. Auch in: Buchenau 1904–06 Bd. II, S. 435–456.

Gottfried Wilhelm Leibniz 2011. *Die mathematischen Zeitschriftenartikel*. Hg.: Heinz-Jürgen Heß and Malte-Ludolff Babin. Georg Olms Verlag, Hildesheim, Zürich, New York.

Lucie Scholtz 1934. *Die exakte Grundlegung der Infinitesimalrechnung bei Leibniz*. Dissertation, Hohe Philosophische Fakultät der Philipps-Universität Marburg. Verlagsanstalt Hans Kretschmer, Görlitz-Biesnitz.

Indivisibel: ein alter Begriff – oder: Woraus besteht das Kontinuum?

5

5.1 Eine moderne Theorie?

Gottfried Wilhelm Leibniz hat eine Theorie erfunden, deren Sprache die heutige Mathematik immer noch benutzt. Wie er, so schreiben auch wir heute noch Differenziale dx, dy und Integrale $\int y\,dx$.

Allerdings *bedeuten* diese Zeichen für uns heute etwas ganz anderes als für ihren kühnen Erfinder Leibniz. (Wobei wir uns erinnern: Das Zeichen „$\int$" hat gar nicht Leibniz erfunden, sondern sein jüngerer Kollege Johann Bernoulli.) Für Leibniz waren das geometrische Größen: Flächen, Linien; heute sind das weitaus abstraktere Konzepte. Das Differenzial „dx" ist heute oft nur ein Rechensymbol ohne jegliche gegenständliche Bedeutung – für Leibniz war es, wie wir gesehen haben, eine „veränderliche (geometrische) Größe", die „beliebig klein wird", „kleiner als jede vorgegeben Größe" und „schließlich verschwindet".

Beim Übergang von Descartes zu Leibniz haben wir gesehen: Die Bedeutung des „x" in den Formeln hat sich total verändert! Bei Descartes war dieses „x" eine unbekannte *Zahl*, die es zu errechnen galt – *eigentlich* jedoch: eine bestimmte *Streckenlänge,* denn für Descartes war die Arithmetik *eigentlich* als Geometrie aufzufassen (wenn auch in einer etwas neuartigen Weise; zum Beispiel musste es eine „Einheit" geben). Bei Descartes also war das „x" eine *Zahl* oder eine *Streckenlänge* – bei Leibniz dagegen war dieses „x" zu einer *veränderlichen Größe* geworden, kurz: zu einer „Veränderlichen".

Schon im nächsten Kapitel werden wir sehen, in welcher Weise der Leibniz'sche Begriff des Differenzials von Johann Bernoulli weiterentwickelt und verändert wurde. Hier nehmen wir das als eine Ankündigung und merken uns schon einmal:

> Die mathematischen Grundbegriffe, mit denen wir es hier zu tun haben, verändern sich im Laufe der Zeit.

© Springer-Verlag GmbH Deutschland, ein Teil von Springer Nature 2019
D. D. Spalt, *Eine kurze Geschichte der Analysis,*
https://doi.org/10.1007/978-3-662-57816-2_5

Wir werden uns also hüten, den Text in einer älteren Quelle einfach in unserer heutigen Deutungsweise zu lesen. Oder wir werden das jedenfalls versuchen, denn so einfach ist es gar nicht, sich von antrainierten Gewohnheiten zu befreien. Sehen wir zu!

5.1.1   Leibniz weiß seine Theorie in einer alten Tradition

Die Grundzüge seiner Erfindung hat Leibniz in den Jahren 1674 bis 1676 in Paris formuliert. Aber natürlich hat er auch danach noch daran gearbeitet. Durch eine erste, kaum verständliche Publikation einiger Ideen im Jahr 1684 (wir haben das in Abschn. 4.5.1 erwähnt) wurden zwei andere sehr fähige Mathematiker darauf aufmerksam: das Bruderpaar Johann und Jakob Bernoulli. Danach entwickelte dieses Triumvirat die Leibniz'schen Grundideen äußerst kreativ weiter.

Noch im Jahr 1692 spricht Leibniz von seiner Lehre als „unserer *Analysis der Indivisibeln*". Damit nennt er fast zwanzig Jahre nach seiner Erfindung nochmals die Denktradition, aus der er einst geschöpft hat: die „Lehre von den Indivisibeln". Worum es sich dabei handelt, soll in diesem Kapitel angedeutet werden. Nur angedeutet, denn die Sache selbst ist so verwickelt, dass ihre Details nicht hierhin passen. Aber die Grundideen sind sehr wohl wichtig, um zu sehen: Leibniz hat seine Erfindung keineswegs von Null aus gemacht. Leibniz war durch die Vorarbeiten anderer schon ein gutes Stück weit auf dem Weg zu seiner Erfindung gebracht worden. Allerdings war es erst er, der diese Vorarbeiten in eine gänzlich neue und dann erfolgreiche Richtung zu führen vermochte. Und in einer etwas anderen Weise auch Newton.

Ehe wir uns dem Begriff mit dem merkwürdigen Namen „Indivisibel" zuwenden, müssen wir uns mit einem anderen, mindestens ebenso alten Gegenstand beschäftigen, dessen Name sogar noch heute geläufig ist und benutzt wird: dem Kontinuum.

5.2   Das Kontinuum und warum es nicht aus Punkten besteht

5.2.1   Was ist das Kontinuum?

Das Kontinuum ist das Zusammenhängende, das Ununterbrochene, das Verbundene. Prototypen dafür sind die Linie, die Fläche, der Raum und auch der Zeitverlauf. – So weit, so gut, so einfach.

Wichtig am Kontinuum ist nun das Folgende: Es ist zwar das Zusammenhängende – aber es kann auch *geteilt* werden.

Der Zeitverlauf wird durch das Jetzt in Vergangenheit und Zukunft geteilt. Die Linie wird durch einen Punkt in „links daneben" und „rechts daneben" geteilt. Die Fläche wird durch eine durchgezogene Linie geteilt. – Auch das ist selbstverständlich und klar.

Für später halten wir fest:

> Das Kontinuum kann geteilt werden.

Und klar ist auch: Das, was das Kontinuum teilt, liegt *im* Kontinuum: Das Jetzt ist ein Moment im Zeitverlauf. Der Punkt, die Fläche sind Grenzsteine im Kontinuum. Kurz: Das, was das Kontinuum *teilt, gehört* zum Kontinuum.

5.2.2   Wie stehen Kontinuum und Punkt zueinander?

Jetzt die Frage: *In welchem Verhältnis stehen Punkt und Kontinuum eigentlich zueinander?*
   Klar ist: *Der Punkt gehört zum Kontinuum,* der Moment gehört zum Zeitverlauf usw. Aber wie ist es andersherum? Gehören *nur* Punkte zum Kontinuum?
   Vielleicht will man diese Frage mit „Na klar!" beantworten. Was soll es denn sonst noch im Kontinuum geben?
   Aber so einfach ist das nicht! Denn Punkt und Kontinuum unterscheiden sich in einer *wesentlichen* Eigenschaft: Das Kontinuum ist teilbar – das hatten wir gerade; der Punkt aber ist nicht teilbar – denn genau so ist er definiert:

> Ein *„Punkt"* ist, was keinen Teil hat.

Das ist die *Definition* von „Punkt". Sie steht schon bei Euklid. Das ist dessen allererste Definition, sein allererster Satz überhaupt.
   Was aber keinen Teil hat, das ist natürlich nicht teilbar!
   Demnach unterscheiden sich Kontinuum und Punkt wesentlich voneinander: Das Kontinuum ist teilbar, der Punkt ist es nicht.
   Was folgt daraus?

5.2.3   Das Kontinuum besteht nicht aus Punkten

Das Begriffspaar Teil/Ganzes gehört zu den ältesten Formen des philosophischen Denkens der abendländischen Kultur, der philosophischen Ordnung der Welt. Eine der Grundfesten dieser Denkart ist die folgende Selbstverständlichkeit:

> „Teil" ist nur etwas, das die *Wesens*eigenschaft des Ganzen hat.

Dieser Grundsatz galt in der abendländischen Philosophie unangefochten bis zum Beginn des 20. Jahrhunderts, bis zum Aufkommen der Mengenlehre.

Wenn wir diesen sehr grundlegenden Satz des philosophischen Denkens jedenfalls der westlichen Kultur als gültig anerkennen, gelangen wir nach dem, was wir uns zuvor überlegt haben, zur *zwingenden* Anerkennung des folgenden Lehrsatzes:

> *Das Kontinuum ist nicht aus Punkten (oder Jetzts) zusammengesetzt.*

Rekapitulieren wir den Beweis dieses Lehrsatzes! Er verläuft in vier Schritten:

1. Feststellung: Ein Kontinuum ist teilbar.
2. Feststellung: Der Punkt ist nicht teilbar.
3. Feststellung: Das Kontinuum hat eine Eigenschaft, die der Punkt nicht hat: Teilbarkeit. Das ist eine *wesentliche* Eigenschaft: Es ist für das Kontinuum *wesentlich,* dass man es teilen kann. Alles Zusammenhängende, alles Fortdauernde *kann* man teilen.
4. Feststellung: *Also* kann der Punkt *nicht* „Teil" des Kontinuums sein. – Ende des Beweises!

Wir haben also *ganz streng* den Satz bewiesen: „Das Kontinuum ist nicht aus Punkten (oder Jetzts) zusammengesetzt." Furchtbar einfach war das nicht, aber auch nicht zu schwer. Oder?

Jahrtausendelang hatten diese Denkweise und dieser Lehrsatz in der abendländischen Kultur Geltung.

Aber vor etwa einhundertfünfzig Jahren wurde diese Denkweise als altmodisch und nicht mehr passend für die neue Zeit auf den Müllhaufen geworfen. Darauf kommen wir zurück, jedoch erst ab Kap. 13. Aber schon hier sei es angekündigt: Durch das Aufkommen und die spätere Machtergreifung der Mengenlehre wurde diese traditionelle und jahrtausendelang geltende Denkweise über Bord geworfen.

Aber noch sind wir nicht so weit, nicht bei unserem Gang durch die Geschichte der Analysis und schon gar nicht bei dem kleinen Rückblick ins spätere Mittelalter, den wir jetzt tun wollen.

5.3   Das Indivisibel

Wir erinnern uns: Noch im Jahr 1692 spricht Leibniz von seiner Lehre als „unserer *Analysis der Indivisibeln"*. Der Name ist lateinisch und besagt: „Unteilbares". Diesen Begriff kennen wir heute nicht mehr, und uns kommt der Name komisch vor. Als Latein noch die Sprache der Gelehrten (und der Theologen) war, war dieser Begriff durchaus bekannt.

5.3.1   Thomas von Aquin

Thomas von Aquin, Philosoph und Theologe, gilt als einer der bedeutendsten Kirchenlehrer und Denker seiner Zeit, des späteren Mittelalters also. Schon Thomas von Aquin verwendet den Begriff „Indivisibel". So nennt er den Punkt bzw. den Zeitpunkt des räumlichen bzw. zeitlichen Kontinuums: Das Indivisibel ist der Punkt auf der Linie oder das Jetzt im Zeitverlauf.

5.3.2 Nikolaus von Kues

Nach Thomas von Aquin befassen sich auch andere mittelalterliche Denker mit dem Begriff des Indivisibeln. Einer der berühmtesten ist Nikolaus von Kues, dessen lateinischer Name Cusanus ist.

Cusanus hat vieles mit dem ein Vierteljahrtausend später lebenden Leibniz gemeinsam. Beide waren sie Juristen, Diplomaten und viel auf Reisen. Nikolaus von Kues war ein Gelehrter eines für seine Zeit neuen Typs. Auch ihm ging es, wie später Leibniz, um Erneuerungen des Denkens. Eine seiner revolutionären Lehren war: „Der Mensch ist das Maß aller Dinge!" Indem Cusanus diesen gewöhnlich auf Protagoras zurückgeführten Satz erneut propagierte, widersprach er der Tradition, die seinen Zeitgenossen heilig war.

Er formulierte auch ein Denkprinzip. Es wird „Koinzidenzlehre" genannt und besagt, knapp angedeutet: Die Vernunft ist die Einheit jener Gegensätze (auch: der Widersprüche!), die für den Verstand unvereinbar sind. – Das erinnert uns sofort an das Leibniz'sche Kontinuitätsgesetz (Abschn. 4.5.4).

Jenen Mathematikern, die eine Einheit von Widersprüchen für Teufelszeug halten, seien die Worte eines Philosophen unserer Tage (und großen Cusanus-Forschers), Kurt Flasch, vor Augen gehalten:

> Wer sich einmal mit dem Widerspruch vertraut gemacht hat, der das Denken *ist*, hat begriffen, dass Widerspruchsfreiheit kein Wahrheitskriterium bei philosophischen Forschungen sein kann.

Denn, so Flasch:

> Das Denken ist zugleich Ruhe und Bewegung; beides ist von ihm zu behaupten; wer hier Unterscheidungen anbringen will, um den Widerspruch loszuwerden, verstößt gegen die Einfachheit des Denkens.

(Achtung: „einfach sein" meint hier nicht „leicht sein", sondern ist in der Leibniz'schen Bestimmung zu lesen: „einfach sein" heißt: „ohne Teile sein" – Abschn. 4.1.)

Es sei wenigstens ein Satz von Nikolaus von Kues zum Indivisibel angeführt, entnommen aus seinen *Mutmaßungen* von ca. 1440/44:

> Der Verstand ist aber von so feiner Natur, dass er gleichsam im unteilbaren Mittelpunkt die ganze Kugel schaut.

Der „unteilbare Mittelpunkt" ist der „puncto centrali indivisibili".

5.3.3 Buonaventura Cavalieri

Der (jüngere) Zeitgenosse Galileis, Buonaventura Cavalieri (1598?–1647), hat das „Indivisibel" zu einem Anfangsbegriff einer mathematischen Theorie der Flächenberechnung gemacht. Diese Theorie ist in zwei Büchern niedergelegt. Aber natürlich hat Cavalieri noch nicht die erst 1637 von Descartes publizierte Formelsprache verwendet, sodass diese Texte schon ihrer Form nach für uns nicht leicht verständlich sind.

Die Mathematikhistorikerin Kirsti Andersen hat sich jedoch der Mühe unterzogen, Cavalieri eingehend zu studieren, und seine Lehren für uns verständlich dargelegt. Auf sie beziehe ich mich jetzt.

1. Cavalieri erklärt in einem Brief an Galilei vom 2. Oktober 1634 klipp und klar: „Ich erkläre ganz sicher nicht, das Kontinuum aus Indivisibeln zusammenzusetzen."
2. Cavalieris Grundidee ist es, Flächen miteinander zu *vergleichen* – und aus solchen Vergleichen Rückschlüsse auf die Flächeninhalte zu ziehen.

Sein Grundprinzip funktioniert so (Abb. 5.1): Er bewegt ein „Maß" durch zwei Flächen und *vergleicht* das Geschehen. Dabei interessiert er sich für die von ihm erfundene Gesamtheit namens „alle Linien". (Bei einer Fläche ist die Linie das maßgebende) „Indivisibel".)

Die Linie IK oben ist das Maß. Die obere Ebene bewegt sich nach unten. Dann bilden die beiden schraffierten Rechtecke „alle Linien"; im Falle des Rechtecks KM im „geraden Durchgang", im Fall des Rechtecks KO im „schiefen Durchgang". Diese beiden Gesamtheiten „alle Linien" betrachtet Cavalieri als gleich:

$$\mathcal{O}_{KM}(l)_{\text{gerader Durchgang}} = \mathcal{O}_{KO}(l)_{\text{schiefer Durchgang}}$$

Das bedeutet aber natürlich keineswegs, dass auch die *Flächeninhalte KM* und *KO* gleich sind. Denn der „Durchgang" des „Maßes" ist unterschiedlich: bei KM ist er „gerade", bei KO jedoch „schief". Außerordentlich wichtig ist also der *Vergleich* der beiden „Durchgänge" miteinander, also das *Verhältnis*, das sie bilden.

Abb. 5.1 Cavalieri: gerader und schiefer Durchgang. (*Exercitationes* 1647, S. 15)

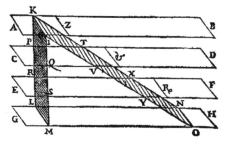

Heute beschreiben wir dieses Verhältnis durch den Sinus des Neigungswinkels des Rechtecks KO. Das tut Cavalieri nicht.

Das Entscheidende ist jetzt, dass Cavalieri *nicht* sagt, diese Gesamtheit „alle Linien" sei die Fläche. Das wäre Unsinn. (Das *beweisen* wir gleich unten!) Stattdessen betrachtet Cavalieri das Verhältnis zweier solcher Gesamtheiten:

$$\mathcal{O}_{KM}(l) : \mathcal{O}_{KO}(l) \quad \text{oder allgemeiner} \quad \mathcal{O}_{F_1}(l) : \mathcal{O}_{F_2}(l) \,.$$

Und *nur dieses Verhältnis* vergleicht er dann mit dem Verhältnis der betrachteten Flächeninhalte, und zwar dann, wenn beide Flächen in derselben Ebene liegen. Der Fall des „schiefen Durchgangs" ist also ausgeschlossen. Dann gilt:

$$\mathcal{O}_{F_1}(l) : \mathcal{O}_{F_2}(l) \;=\; F_1 : F_2 \,.$$

Also: Das Verhältnis der Gesamtheiten „alle Linien" zweier Flächen F_1 und F_2 ist dasselbe wie das Verhältnis der Inhalte dieser Flächen.

Diese letzte Gleichheit beweist Cavalieri dann in aller Strenge, das heißt: nach den Maßstäben Euklids.

Wie er das tut, soll uns hier nicht interessieren. Wir nehmen einfach das Forschungsergebnis von Frau Andersen zur Kenntnis. Es besagt: Auf diese Weise gelingt es Cavalieri, in aller mathematischen Strenge gewisse kompliziert geformte Flächeninhalte zu berechnen. (Dass er sich dabei je nach der *Form* der Fläche immer neue Gedanken machen muss, übergehen wir hier rasch. Seit Leibniz können wir das.)

Hier ging es nur darum, das Prinzip vorzustellen, das Cavalieri erfunden hat. Das Bild zeigt den langweiligen Fall, dass die Flächen zweier Rechtecke zu bestimmen sind. Dafür braucht es natürlich kein neues Verfahren, denn wir wissen: Der Flächeninhalt ist Länge mal Breite. Cavalieris Verfahren kommt erst dann zum Zug, wenn es sich nicht um Rechtecke handelt, sondern um krummlinig begrenzte Flächen.

5.3.4 Evangelista Torricelli

Ein weiterer Zeitgenosse von Galilei und Cavalieri ist Evangelista Torricelli (1608–47). Torricelli lehnt erst Cavalieris Theorie ab; später jedoch begeistert er sich für sie und vertritt sie.

Allerdings hat Torricelli Cavalieris Lehre missverstanden. Denn im Gegensatz zu diesem behauptete er, Cavalieris merkwürdige Gesamtheit „alle Linien" sei *identisch* mit dem Flächeninhalt. Anders gesagt: Torricelli verwendete genau jene Gleichung, die Cavalieri tunlichst vermieden hatte, nämlich

$$F = \mathcal{O}_F(l) \qquad\qquad \text{(unerlaubte Gleichung!).}$$

Und da Torricelli seine eigene Lehre weithin bekannt machte und als diejenige von Cavalieri ausgab – sei es unwissend, sei es mit Absicht –, brachte er damit Cavalieri in Verruf.

5.3.5   Warum „alle Linien" nicht der Flächeninhalt ist

Dass diese letzte Gleichung Unsinn ist (und daher von Cavalieri zu Recht vermieden wurde), kann man leicht einsehen.

Betrachten wir ein diagonal geteiltes Rechteck $ABCD$. Wir schließen:

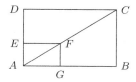

1. Jeder Linie EF entspricht eine Linie FG.
2. Jede Linie EF steht zu jeder Linie FG im Verhältnis EF zu FG oder, was dasselbe ist, im Verhältnis AB zu BC.
3. *Wenn* nun $\mathcal{O}_F(l) = F$ gilt, *dann* müssen sich auch die *Flächen* der beiden großen Dreiecke ADC und ABC wie AB zu BC verhalten.
4. Aber sie sind *offensichtlich* gleich – Widerspruch!

Da die beiden ersten Feststellungen unzweifelhaft korrekt sind, kann der Fehler nur im dritten Schritt stecken. Also *muss* die Gleichung $\mathcal{O}_F(l) = F$ falsch sein.

Torricellis Lehre taugt nicht! Das liegt allerdings nicht daran, dass er „Indivisibeln" verwendet hat. (Denn auch Cavalieri hat Indivisibeln verwendet und damit eine *richtige* Lehre entwickelt.) Sondern das liegt daran, dass Torricelli die Indivisibeln *falsch* verwendet hat. Falsch heißt: Torricelli hat „alle Indivisibeln" mit dem „Flächeninhalt" gleichgesetzt. Das Kontinuum besteht eben nicht aus Indivisibeln! Diese Tatsache hat Torricelli nicht beachtet.

Torricellis Fehler verschwindet, wenn man die Fläche nicht aus Linien zusammensetzt, sondern aus (sehr kleinen) Flächenteilen: Das Flächenstück $EFGG'F'E'$ besteht aus zwei gleich großen Teilen, die durch FF' getrennt werden. (Denn es ist die Differenz des größeren Rechtecks $AG'F'E'$ und des kleineren $AGFE$, die beide durch die Diagonale halbiert werden.) Wenn nun die Seiten des Flächenstücks EE' und GG' unendlich klein sind, es also als ein Indivisibel genommen wird, dann ergibt diese Betrachtung die Gleichheit der beiden großen Dreiecke!

Übrigens kannte Torricelli dieses Problem!

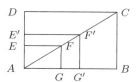

5.4 Newtons Fluxionen und seine Fluxionsrechnung

Es wäre sehr ungerecht, Leibniz' Erfindung der Infinitesimalrechnung zu besprechen (und sehr zu loben) – und dabei kein Wort über Isaac Newton (1643–1727) zu sagen. Denn immerhin hat Newton seine Lehre etwa zehn Jahre früher als Leibniz erfunden.

Allerdings ist Newtons Lehre weit weniger klar formuliert als die Leibniz'sche. Und sie ist viel spezieller als jene. Also jetzt Newtons Lehre, aber nur ganz kurz.

5.4.1 Newtons Methode

Auch Newton arbeitet in seinen Manuskripten mit „Indivisibeln". Er nennt sie meist „infinitely little lines", also „unendlich kleine Linien". Er nutzt sie, um zu neuen Ergebnissen zu gelangen: als Methode der *Erfindung*.

Wenn es ihm in seinen Veröffentlichungen jedoch um die *Rechtfertigung* seiner Resultate geht, sucht Newton diese Begriffe zu vermeiden.

5.4.2 Ein Beispiel

Seit 1981 sind *alle* Arbeitspapiere Newtons veröffentlicht, auch die, die von ihm dafür nicht vorgesehen waren. Jede und jeder kann also heute Newton beim Arbeiten über die Schulter schauen: *Newtons Mathematical Papers,* Bände 1 bis 8.

Ich zeige jetzt an einem Beispiel, wie Newton in seinen damals unveröffentlichten Manuskripten vorgegangen ist. Zum leichteren Verständnis *vereinfache* ich Newtons Beispiel, doch seine Methode bleibt erhalten: Newton geht aus von einer Gleichung wie etwa

$$x^2 - ax + a^2 = 0.$$

Dann sagt er: x ist eine fließende Größe. Sie habe die Geschwindigkeit m. In der „unendlich kleinen" Zeitdauer o wird x also zu $x + mo$. (Denn Länge ist Geschwindigkeit mal Zeit.) Für $x + mo$ gilt dieselbe Gleichung wie für x, also:

$$(x + mo)^2 \quad - a(x + mo) + a^2 =$$
$$x^2 + 2 \cdot x \cdot mo + (mo)^2 - ax - a \cdot mo + a^2 = 0.$$

Ziehen wir jetzt von der letzten Gleichung die aus der obigen Formelzeile ab; es bleibt übrig:

$$2 \cdot x \cdot mo + (mo)^2 - a \cdot mo = 0.$$

Jetzt dividiert Newton alles durch o und erhält:

$$2 \cdot x \cdot m + m^2 o - a \cdot m = 0.$$

Und dann schreibt er eiskalt: Da wir o als unendlich klein angenommen haben, können alle Produkte mit dem Faktor o „für nichts geachtet werden" im Vergleich zu den übrigen. Nach diesem dreisten Argument bleibt ihm also die Gleichung

$$2 \cdot x \cdot m - a \cdot m = 0 \qquad \text{oder einfacher:} \qquad 2x - a = 0\,.$$

Jede Physikerin und jeder Physiker weiß: Newtons Ergebnis ist richtig. Nach mathematischen oder auch philosophischen Maßstäben jedoch bleibt nur ein vernichtendes Urteil über diese Vorgehensweise Newtons. Denn *erst* dividiert er durch die Größe o – wobei er also *unausgesprochen voraussetzt*, dass $o \neq 0$ gilt, denn dividieren durch Null ist verboten. *Nachher* aber tut er so, als ob $o = 0$ sei!

Eine solche Vorgehensweise lässt sich nicht mittels strenger Mathematik oder Logik rechtfertigen – sondern nur durch ihren Erfolg.

Es hat rund hundert Jahre gedauert, bis es den Mathematikern gelang, diese verquere Argumentation Newtons logisch korrekt zu fassen. Heute wissen wir: Leibniz hatte dasselbe Problem – löste es jedoch mit einer raffinierten Idee einwandfrei (Abschn. 4.5).

5.4.3 Fluxionen und Fluenten

Newton nennt seine veränderlichen Größen „Fluxionen" und „Fluenten". Mit „Fluxion" meint er die *Geschwindigkeit* der Veränderlichen x. Manchmal bezeichnet er eine solche Fluxion durch: „$\dot{x}$".

Allgemein formuliert besteht Newtons *erstes* Problem darin, von einer bekannten Veränderlichen ihre Geschwindigkeit zu bestimmen. Newtons *zweites* Problem ist der Umkehrschluss: Wenn die Geschwindigkeit bekannt ist, soll die zurückgelegte Strecke ermittelt werden.

In Leibniz' Theorie ist das leicht zu formulieren:

1. Zu bekanntem y bestimme $\frac{dy}{dt}$.
2. Zu gegebenem $\frac{dy}{dt}$ bestimme y.

Das liegt daran, dass Leibniz *alle* im Problem vorhandenen Größen *aufschreibt*. (Ganz wie es Descartes seinerzeit verlangte!) Da „Geschwindigkeit" *offenbar* mit „Zeit" zu tun hat, schreibt Leibniz auch die Zeit explizit auf: t. Newton aber tut das nicht!

In Newtons Formeln zu Bewegungen kommt die Zeit nicht ausdrücklich vor.

Allenfalls *sehr versteckt*, nämlich wenn er schreibt: „$\dot{x}$". Jeder Physiker und jede Physikerin heute kann das sofort in Leibniz' Sprache übersetzen:

$$\dot{x} = \frac{dx}{dt} \, .$$

Aber diese Sprache kennt Newton nicht, sondern er schreibt: „m" (das haben wir gerade gesehen) oder eben „$\dot{x}$".

Damit haben wir den *zweiten* Mangel aufgedeckt, der Newtons Lehre anhaftet: *Sie ist begrifflich zu eng.*

Für Newtons Theorie *muss* jede Veränderliche von der Zeit abhängen. Aber nicht alle Probleme dieser Welt sind so. Manchmal hängt eine Veränderliche nicht *allein* von der Zeit ab, sondern noch von einer anderen Größe: von der Temperatur, dem Druck, der Geschwindigkeit oder was auch immer.

Insbesondere kann es passieren, dass *eine* Veränderliche von *zwei* Größen abhängt. Bei Leibniz ist das kein Problem: Dort werden *alle* Veränderlichen des Problems aufgeschrieben (wie Descartes es – im Falle *seiner* Problemstellungen – verlangt hat).

Newton hat damit große Schwierigkeiten: Sind zwei Veränderliche im Spiel, muss er *beide* auf die Zeit zurückführen, das so verkomplizierte Problem lösen, und dann die Zeit wieder eliminieren.

So kann man vorgehen. Aber einfach ist das nicht. Kein Wunder also, dass die im Vereinigten Königreich in der Nachfolge Newtons betriebene Mathematik nicht Schritt zu halten vermochte mit der auf dem Kontinent betriebenen Mathematik, die sich der Leibniz'schen Sprache bediente.

Zugrunde gelegte Literatur

Kirsti Andersen 1985. Cavalieri's method of indivisibles. *Archive for History of Exact Sciences*, 31: S. 291–367.

Oskar Becker 1954. *Grundlagen der Mathematik in geschichtlicher Entwicklung.* Karl Alber, Freiburg, München, [2]1964.

Bonaventura Cavalieri 1647. *Exercitationes geometricae sex.* Iacobi Montij, Bologna. URL https://www.e-rara.ch/zuz/content/titleinfo/14611669, http://dx.doi.org/10.3931/e-rara-53675.

François de Gandt 1995. *Force and geometry in Newton's Principia.* Princeton University Press, Princeton, New Jersey.

Kurt Flasch 2001. *Nicolaus Cusanus.* Verlag C. H. Beck, München.

Carl Immanuel Gerhardt (Hg.) 1849–63. *Leibnizens mathematischen Schriften,* 7 Bde. Weidmannsche Buchhandlung, Berlin. URL http://www.archive.org.

Gottfried Wilhelm Leibniz 2011. *Die mathematischen Zeitschriftenartikel.* Hg.: Heinz-Jürgen Heß and Malte-Ludolff Babin. Georg Olms Verlag, Hildesheim, Zürich, New York.

Nikolaus von Kues o. J. *Philosophisch-theologische Werke.* Wissenschaftliche Buchgesellschaft, Darmstadt.

C. R. Wallner 1903. Die Wandlungen des Indivisibilienbegriffs von Cavalieri bis Wallis. *Bibliotheca Mathematica. Zeitschrift für Geschichte der mathematischen Wissenschaften.* Dritte Folge, 4: S. 28–47.

Derek Thomas Whiteside (Hg.) 1967–1981. *The mathematical papers of Isaac Newton,* Bd. 1–8. Cambridge University Press, Cambridge.

Gibt es unendliche Zahlen? – Ein unentschiedener Streit zwischen Leibniz und Johann Bernoulli

6

6.1 Im Briefwechsel

Leibniz und die Brüder Jakob und Johann Bernoulli waren ein Dream-Team. In großem Einvernehmen und sich wechselseitig anspornend haben sie die ursprünglich von Leibniz erfundene Lehre entfaltet und weiterentwickelt und sie auch für Naturwissenschaft und Technik fruchtbar gemacht. Im Laufe der Jahre wurde der deutlich jüngere Bruder Johann der engste mathematische Freund von Leibniz.

In aller Regel ergänzten sich Johann Bernoulli und Leibniz. Wenn dem einen ein Fehler unterlaufen war, den der andere bemerkte, dann war es selbstverständlich, dass der Irrtum eingestanden und korrigiert wurde.

Es gibt jedoch einen mathematischen Sachverhalt, über den sich die beiden nicht zu einigen vermochten. Die Streitfrage lautete: Gibt es unendliche Zahlen?

Neun Monate lang war dieser Streit Gegenstand ihres Briefwechsels, von Juni 1698 bis zum Februar 1699. Die Briefe drehten sich auch um ganz andere Themen, doch dieses Thema zog sich während dieses Dreivierteljahres durch ihre Briefe. Am Ende gelang es den beiden Großmathematikern trotzdem nicht, sich zu einigen.

Ist das nicht verblüffend: zwei gut miteinander harmonierende Mathematiker, die sich in einer mathematischen Streitfrage nicht einigen können? Doch, sehr sogar! – Und deswegen wird das hier dargestellt.

6.2 Der Gegenstand des Streites

Gegenstand dieses freundschaftlichen Streites war die ohne Ende fortgesetzte Halbierung der Eins:

© Springer-Verlag GmbH Deutschland, ein Teil von Springer Nature 2019
D. D. Spalt, *Eine kurze Geschichte der Analysis,*
https://doi.org/10.1007/978-3-662-57816-2_6

$$\frac{1}{2}, \quad \frac{1}{4}, \quad \frac{1}{8}, \quad \frac{1}{16}, \quad \frac{1}{32}, \quad \cdots \qquad \text{(L)}$$

Heutzutage nennt man ein solches unendliches Objekt eine „Folge", damals sprach man von einer „Reihe". Da Namen nichts zur Sache tun, bleiben wir hier beim modernen Namen „Folge".

6.3   Einigkeit

Klar und zwischen beiden Kontrahenten unumstritten ist:

Diese Folge hat *unendlich viele* Glieder.

Denn wären es nur endlich viele, dann gäbe es ein Letztes; das müsste nach dem Bildungsgesetz wieder halbiert werden – und diese Halbierung wäre offenkundig auch *möglich*.

Vornehm kann man das auch *per Widerspruch beweisen:* Angenommen, es wären nur endlich viele Glieder. Dann könnte man sie abzählen. Sagen wir, wir zählten bis m. Dann hieße das letzte Glied $\frac{1}{2^m}$:

$$\frac{1}{2}, \quad \frac{1}{4}, \quad \frac{1}{8}, \quad \frac{1}{16}, \quad \frac{1}{32}, \quad \cdots \quad \frac{1}{2^m}.$$

Nach dem Bildungsgesetz gäbe es dann aber ein nächstes Glied:

$$\frac{1}{2}, \quad \frac{1}{4}, \quad \frac{1}{8}, \quad \frac{1}{16}, \quad \frac{1}{32}, \quad \cdots \quad \frac{1}{2^m}, \quad \frac{1}{2^{m+1}},$$

und also wäre $\frac{1}{2^m}$ im Widerspruch zu unserer Annahme *nicht* das letzte Glied gewesen! Also *muss* unsere Annahme falsch sein. Und die war: Es gibt nur endlich viele Glieder.

6.4   Johann Bernoullis erstaunliche Position

Johann Bernoulli präsentiert in seinem Brief vom **26. August 1698** folgende überraschende Gedankenkette:

1. Diese Folge L *hat* unendlich viele Glieder. Also *gibt es* unendlich viele Glieder.
2. Wenn es *unendlich viele* Glieder gibt, ist „Unendlich" eine Zahl – und also *gibt es* auch ein *unendlichstes* Glied.
3. Wenn es *ein* unendlichstes Glied gibt, dann natürlich auch noch weitere.

Also muss man die Folge der Halbierungen *eigentlich* so aufschreiben, mit einer unendlich großen Zahl i:

$$\frac{1}{2}\,,\;\frac{1}{4}\,,\;\frac{1}{8}\,,\;\frac{1}{16}\,,\;\frac{1}{32}\,,\;\cdots\;\frac{1}{i}\,,\;\frac{1}{2i}\,,\;\frac{1}{4i}\,,\;\cdots \qquad\qquad \text{(B)}$$

Eine völlig neuartige Idee! Dergleichen war (soweit wir wissen) zuvor nie gedacht worden.

Johann Bernoulli hat seine Idee nicht in dieser Formel aufgeschrieben. Aber ziemlich sicher hat er so *gedacht*. (Das kann man daran sehen, dass sein großer Schüler Leonhard Euler so etwas aufgeschrieben hat, wenn auch erst viel später. – Eulers Handhabung kommt in Abschn. 8.6.2 zur Sprache.)

6.4.1   Johann Bernoullis Vorsicht

Johann Bernoulli hatte einen guten Grund dafür, die Formelzeile B *nicht* aufzuschreiben. Denn Johann Bernoulli kannte natürlich seinen Leibniz. Er wusste: Leibniz denkt sehr philosophisch und ist deshalb davon überzeugt, dass es keine *unendlichen* „Ganzheiten" gibt. Also muss man mit „unendlich großen" Zahlen bei Leibniz *vorsichtig* sein. („Ganzheit" heißt: keine bloße Gesamtheit, sondern ein wirkliches Gesamtding, das seine Teile *in besonderer Weise* enthält.)

6.5   Ein weiterer gemeinsamer Standpunkt …

Beiden ist freilich sonnenklar: Schon rein mathematisch gedacht *kann* es keine „größte Zahl" geben.

Gäbe es sie nämlich, dann nennen wir sie i und addieren 1 – und schwupps haben wir eine größere Zahl! Erneut ein Widerspruchsbeweis: Wir haben die *Annahme* „Es gibt eine größte Zahl" zu einem Widerspruch geführt – also *muss* diese Annahme falsch sein: *Es gibt keine* größte Zahl.

Wir halten das fest:

Es gibt keine größte Zahl.

6.6   … mit unterschiedlichen, sogar gegensätzlichen Konsequenzen

Aber aus diesem mathematisch zwingend bewiesenen Satz ziehen Leibniz und Johann Bernoulli nicht nur *unterschiedliche* Konsequenzen, sondern sogar *vollkommen gegensätzliche:*

> ### DIE KONTROVERSE ÜBER UNENDLICHE ZAHLEN
> Leibniz sagt: Also gibt es *überhaupt keine* unendlichen Zahlen.
>   Johann Bernoulli sagt: *Es gibt sehr wohl* unendliche Zahlen – *bloß keine größte,* sondern eben unendlich viele, immer mehr.

Das heißt: Für Leibniz ist die Folge aller Halbierungen (nur) L, für Johann Bernoulli ist sie jedoch *mehr,* nämlich B.

6.7   Johann Bernoullis Position im Streit

Johann Bernoulli glaubt, seine Position mathematisch beweisen zu können. Am **8. November** schreibt er an Leibniz: „Wenn die unendlich kleinen Glieder der Folge nicht existieren, dann existieren nicht alle." Das heißt: Für Johann Bernoulli ist *einzig* die Folge B richtig, nicht aber die Folge L. Denn L enthält *nicht alle* Glieder.

Am **18. November** hält Leibniz dagegen: „Diese unendlich kleinen Glieder sind nicht möglich."

Das allerdings ist starker Tobak. Leibniz behauptet nicht nur, im Recht zu sein (also: die fragliche Folge *hat* die Form L und nicht B), sondern darüber hinaus, er könne auch *beweisen,* dass er recht habe.

Leider verrät Leibniz nicht, *wie* sein Beweis lautet. Das ist sehr schade. Denn bis auf den heutigen Tag ist ein solcher Beweis nicht bekannt. (Ich halte dafür: Er ist gar nicht möglich.)

6.7.1   Johann Bernoulli argumentiert

Am **6. Dezember** argumentiert Johann Bernoulli für seinen Standpunkt wie folgt: „Wenn die Glieder *der Zahl nach* unendlich sind, muss notwendig auch ein unendlichstes Glied existieren; und das muss unendlich mal kleiner sein als ein endliches Glied."

Bis auf den Nachsatz ist dies dasselbe Argument, das er bereits am 26. August vorgebracht hat.

6.7.2   Leibniz hält dagegen

Leibniz ist damit nicht einverstanden. Am **17. Dezember 1698** bezweifelt er die Tragfähigkeit von Johann Bernoullis Argument: „Auch wüsste ich nicht, was uns hindern sollte, uns die Folge durchweg aus der Größe nach endlichen, jedoch der Zahl nach unendlichen Gliedern zusammengesetzt zu denken."

6.8   Johann Bernoulli tritt den Beweis für seine Sichtweise an

Am **7. Januar 1699** formuliert Johann Bernoulli seine Antwort.

> Diesen Satz beweise ich mühelos in folgender Weise: Wenn *zehn* Glieder vorhanden sind, so existiert notwendig das *Zehnte*, wenn *hundert*, so notwendig das *Hundertste*, wenn *tausend*, so notwendig das *Tausendste*, wenn also der Zahl nach *unendlich viele* Glieder vorliegen, so existiert das *Unendlichste* (infinitesimale) Glied.

Wir sehen: Jetzt hat Johann Bernoulli seine *bloße Behauptung* vom 26. August 1698 *mit einem Argument gestützt.* Ist das ein zwingender Beweis?

6.8.1   Leibniz bezweifelt diesen Beweis

Leibniz lässt sich jedoch nicht überzeugen und erwidert am **23. Januar 1699:**

> Hier indes wird man einwenden dürfen, dass der Schluss vom Endlichen auf das Unendliche in diesem Falle keine zwingende Kraft besitzt und dass, wenn man sagt, dass es unendlich viele Glieder gibt, damit nicht eine bestimmte *Anzahl* bezeichnet, sondern nur gesagt sein soll, dass es mehr gibt, als jede beschränkte Zahl auszudrücken vermag.

Leibniz ist also der Überzeugung: Eine Mengenangabe ist nicht immer eine Zahl, „unendlich" ist keine Zahl.

Diese Antwort wird Johann Bernoulli sehr verblüfft haben. Denn nicht selten hat Leibniz unter Berufung auf genau jenen Grundatz argumentiert, den er hier nicht gelten lassen will. Wir erinnern uns an das *Kontinuitätsgesetz* (Abschn. 4.5.4), das für Leibniz so große Bedeutung und Kraft hat. Warum soll dieser Grundsatz *hier* nicht gelten?

Wohl deswegen unterstützt Leibniz seinen Zweifel durch folgendes nachgeschobenes Argument:

> Mit demselben Rechte könnte man nämlich schließen: Unter zehn Zahlen ist eine die Letzte und diese ist auch die Größte von ihnen; also gibt es auch unter der Allheit der Zahlen eine Letzte, die ebenfalls die Größte von allen Zahlen ist. Dennoch bin ich der Ansicht, dass eine derartige Zahl einen Widerspruch einschließt.

Das ist schlau, denn es wirft Nebel. Johann Bernoullis Argument war: Wenn es *n* viele Glieder gibt, dann gibt es auch das *n*. Glied. Leibniz spitzt dieses Argument zu – und *dann* wird es *offenkundig* falsch; denn Leibniz sagt: Wenn es ein *letztes* Glied gäbe, dann müsste es auch eine *größte Zahl* geben – was bekanntlich falsch ist .

Aber wenn Johann Bernoulli vom *n*. Glied spricht, dann spricht er vom *n*. Glied, nicht von einem „letzten" Glied. Insofern ist Leibniz' Argument zwar *richtig,* aber es trifft Johann Bernoulli nicht.

Bilanz: Am 7. Januar 1699 hat Johann Bernoulli seine Position bewiesen, allerdings *nicht zwingend.* Am 23. Januar hat Leibniz gegen Johann Bernoulli argumentiert, aber *nicht zwingend.*

6.9   Das Ende dieser Debatte: Der Dissens bleibt bestehen!

Johann Bernoullis Beweis ist nicht zwingend – und Leibniz' Entgegnung ebenfalls nicht. Also hat Johann Bernoulli keinen sachlichen Grund zu einer Erwiderung. Und er erwidert auch nicht mehr. (Dabei mag ihn auch der Respekt vor dem Älteren geleitet haben.)

Leibniz aber deutet dieses Schweigen Johann Bernoullis zu seinen Gunsten und glaubt, seinen Sieg feststellen zu dürfen. Am **21. Februar 1699** schreibt Leibniz:

> Sie antworten nicht auf den Grund, den ich dafür angeführt habe, dass der Schluss: „es gibt unendlich viele Glieder, also auch ein infinitesimales Glied " nicht zwingend ist.

Hat Leibniz wirklich einen Grund dafür genannt, dass „der Schluss vom Endlichen auf das Unendliche in diesem Falle keine zwingende Kraft besitzt"? – Nein, das hat er nicht; sondern er hat nur Nebel geworfen.

Leibniz scheint diese Schwäche seiner Position doch zu spüren. Denn er schreibt weiter:

> Ich gebe die *unendliche Vielheit* zu, aber diese Vielheit bildet keine *Zahl* und kein einheitliches *Ganzes.*
>
> Sie bedeutet nichts andres, als dass es mehr Glieder gibt, als durch irgendeine Zahl bezeichnet werden können, genau so wie es eine Vielheit – oder einen Inbegriff – aller Zahlen gibt; diese Vielheit aber ist selbst weder eine Zahl noch ein einheitliches Ganzes.

Leibniz hat hier *zwei* Argumente: (1) Unendlich ist keine *Zahl;* (2) und kein *Ganzes.*

Das *philosophische* Argument („kein Ganzes") hatten wir schon.

Das *mathematische* Argument geht so: Für Leibniz ist „Zahl" etwas, das man zur „Einheit" ins Verhältnis setzen kann: $\frac{5}{1}$; oder $\frac{d}{s}$, wenn d die Diagonale und $s = 1$ die Seite des Quadrats sind. (Oder: $\frac{1 - \frac{1}{3} + \frac{1}{5} - \frac{1}{7} + - \ldots}{1}$ wie in Abschn. 4.3.5.) Offenkundig *passt* Unendlich *nicht* in diesen Zahlbegriff.

Somit sieht Leibniz „Unendlich" nicht als Zahl; und damit hat er – in seiner Denkwelt – recht. Und er ist damit Johann Bernoulli auch überlegen, denn dieser hat keinen alternativen Begriff von „Zahl", nach dem auch Unendlich eine Zahl wäre.

Wir haben zwei Ergebnisse erhalten:

1. Allein aus dem *Begriff* „Unendlich" lässt sich zwingend weder für noch gegen die Existenz „unendlicher" Zahlen argumentieren.
2. Wenn man Leibniz' *Zahlbegriff* zugrunde legt, dann gibt es *keine* „unendlichen" Zahlen.

Wer also Leibniz Paroli bieten möchte, der *muss* einen neuen, anderen Begriff von „Zahl" vorlegen.

6.10 Vorausschau

Wie wir noch sehen werden, wurde der *heutige* Begriff der Zahl erst 200 Jahre später erfunden, erst im Jahr 1872 (weitgehend unbemerkt bereits im Jahr 1849: Abschn. 14.3.3). Das gelang jedoch nur unter der Voraussetzung, dass „unendlich" *mathematisch akzeptiert* wird, zumindest als *Anzahl*begriff; dass es also mathematisch legitim sei, „unendliche" Gesamtheiten in der Mathematik als *wohlbestimmte* Gegenstände zuzulassen.

Diese in der Mathematik ab 1872 erreichte Position ist weder die von Leibniz noch die von Johann Bernoulli. Diese neue Position verlangt *mehr,* als Leibniz zugestehen wollte, nämlich „unendliche" Gegenstände als mathematisch legitim zu handhaben wie andere auch. Diese neue Position verlangt *weniger,* als Johann Bernoulli für seine Mathematik voraussetzte, denn sie bildet keine „unendlichen" natürlichen Zahlen.

6.11 Zur aktuellen Bedeutung dieses Problems: eine Inkonsistenz im heutigen mathematischen Denken

6.11.1 Dezimalzahlen heute: wie damals Johann Bernoulli

So furchtbar theoretisch ist diese Debatte gar nicht; jedenfalls für Mathematikerinnen und Mathematiker. Was ist denn mit der Zahl $\pi = 3{,}14159\ 26535\ 8979\ldots$?

Wir haben eine ganz genaue *Definition* dieser Zahl: Sie ist das Verhältnis vom Halbkreis zum Kreisradius. Aber haben wir sie auch als Dezimal*zahl?*

Diese Dezimalzahl hat unendlich viele Ziffern, die keiner allgemeinen Regel folgen – obwohl sie genau bestimmt sind, jede einzelne.

Dürfen wir also die Zahl π als ein klar *bestimmtes* mathematisches Objekt ansehen, *auch hinsichtlich ihrer Dezimaldarstellung?* Leibniz muss dazu nein sagen, Johann Bernoulli hingegen ja. Für Leibniz ist zwar jede Ziffer dieser Dezimalzahl bestimm*bar;* doch damit ist die gesamte, die ganze Zahl keineswegs *bestimmt*. Für Johann Bernoulli ist das zu spitzfindig; in seiner Denkweise ist damit die gesamte Dezimalzahl *bestimmt*. (Wir bemerken: Der Begriff „bestimmt" ist nicht klar und deutlich bestimmt.)

Heutzutage pflegen wir Johann Bernoullis Position zu teilen. (Es gibt Minderheiten, die das nicht tun.)

6.11.2 Natürliche Zahlen heute: wie damals Leibniz

Wenn wir aber von der Dezimaldarstellung der Zahl π zur Gesamtheit $\{1, 2, 3, \ldots\}$ der natürlichen Zahlen wechseln, dann findet Johann Bernoulli dort auch „unendlich große" Zahlen vor: $\{1, 2, 3, \ldots, i, i + 1, i + 2, \ldots\}$. Leibniz jedoch bestreitet diese entschieden.

Im Fall der natürlichen Zahlen halten wir es heute mit Leibniz.

6.11.3 Fazit: Heute geht in den Grundlagen der Mathematik alles!

Leibniz und Johann Bernoulli hatten hinsichtlich der „unendlichen" Zahlen klare Gegenpositionen: Für Leibniz existieren sie nicht, sind gar „unmöglich" – für Johann Bernoulli sind sie selbstverständlich und „mühelos" anwendbar.

Der heutige Mainstream der Mathematik *vermischt* hingegen munter beide Sichtweisen:

- Über die *Existenz* und die beliebige Verfügbarkeit einer *Dezimalzahl* herrscht Einvernehmen: das ist der Standpunkt von Johann Bernoulli. (Kleinere Zirkel wie etwa die Konstruktivisten denken anders.)
- Bei den *natürlichen* Zahlen liegt die Sache umgekehrt. Hier weigert sich der heutige Mainstream, über „unendliche" natürliche Zahlen zu reden: wie Leibniz. (Auch hier gibt es kleinere Zirkel, die anders vorgehen, namentlich die Vertreter der Nichtstandard-Analysis.)

Der Mainstream ist das geschichtlich Gewachsene. Wir sehen: Als Ganzes genommen ist das heutige Denken der Mathematik nicht konsistent. Nicht einmal die Mathematik! (Das Wort „Ganzes" ist hier natürlich nicht im Leibniz'schen Sinne genommen.)

Zugrunde gelegte Literatur

Arthur Buchenau 1904–06. *Gottfried Wilhelm Leibniz – Hauptschriften zur Philosophie,* 2 Bde, Hg.: Ernst Cassirer, Bd. 107, 108 der Reihe Philosophische Bibliothek. Verlag von Felix Meiner, Hamburg, [3]1966.
Carl Immanuel Gerhardt (Hg.) 1849–63. *Leibnizens mathematische Schriften,* 7 Bde. Weidmannsche Buchhandlung, Berlin. URL http://www.archive.org.

Johann Bernoullis Differenzialregeln – Was heißt „gleich"? 7

7.1 Johann Bernoullis Differenzialregeln – Teil 1: Vorbereitung

7.1.1 Erinnerung an Leibniz

Wir haben gesehen, wie Leibniz den geometrischen Begriff „Differenzial" geformt hat (Abschn. 4.5). Das Leibniz'sche Differenzial dy ist eine Strecke, deren Länge durch einen Grenzprozess im Verhältnis zu einer vorgegebenen (endlichen) Strecke dx ermittelt wird (siehe Abb. 4.2 in Abschn. 4.5.3).

Wenn die geometrische Situation berechnet wird, kommt Leibniz' „Kontinuitätsgesetz" zur Anwendung. Dabei ist es entscheidend, dass dieses Gesetz auf *Verhältnisse* (oder *Brüche*) angewendet wird (die Rechnung in Abschn. 4.5.5).

7.1.2 Johann Bernoullis Verallgemeinerung

Johann Bernoulli wirft die Fesseln der Geometrie ab. Descartes wird wieder verabschiedet. In Leibniz' Differenzialkalkül waren x, y, dx, dy usw. stets *geometrische* Größen. Johann Bernoulli verzichtet auf das „geometrisch" und handelt *allgemeiner* von „veränderlichen" Größen.

(Dass die geometrischen Größen auch schon bei Leibniz *veränderlich* sind, hatten wir uns klar gemacht: Abschn. 4.6. In dieser Hinsicht bietet Johann Bernoulli also nichts Neues.)

© Springer-Verlag GmbH Deutschland, ein Teil von Springer Nature 2019
D. D. Spalt, *Eine kurze Geschichte der Analysis,*
https://doi.org/10.1007/978-3-662-57816-2_7

7.1.3   Von Leibniz' Kontinuitätsgesetz zu Johann Bernoullis erstem Postulat

Wegen des Verzichts auf die geometrische Begrifflichkeit hat Johann Bernoulli auch das Leibniz'sche Kontinuitätsgesetz (Abschn. 4.5.5) nicht mehr zur Verfügung! Dafür braucht er natürlich einen Ersatz.

Diesen Ersatz hat Johann Bernoulli in der Tat. Er formuliert ihn als das erste (von insgesamt drei) Postulaten:

> **ERSTES POSTULAT**
>
> Eine Größe, die vermindert oder vermehrt wird um eine unendlich kleinere Größe, wird weder vermindert noch vermehrt.

Das muss man ganz langsam lesen – und dennoch wird eine Verwunderung bleiben: Eine Größe, die verändert wird, soll *nicht* verändert werden? Geht es noch widersprüchlicher? Die Mathematik muss doch widerspruchsfrei sein! – Was denkt sich Johann Bernoulli da eigentlich?

Das ist eine ganz harte Nuss. Um die zu knacken, brauchen wir einen Zwischenabschnitt.

Die beiden anderen Postulate haben einen geometrischen Inhalt und interessieren uns daher hier nicht.

7.2   Was heißt „gleich"?

7.2.1   Was klar ist

„Gleich" in der Mathematik heißt nicht „identisch". Natürlich nicht, sonst müsste man den Laden sofort dicht machen: Aus Identitäten (wie $4 = 4$ oder $a = a$) lässt sich kein mathematischer Honig saugen.

> **GLEICHUNGEN SIND KEINE IDENTITÄTEN**
>
> Die Mathematik lebt von *Gleichungen,* die k e i n e *Identitäten* sind.
>
> Das mathematische „gleich" heißt genauer: „*in bestimmter Hinsicht* gleich".

Wenn Descartes schreibt „$x = 3$", dann heißt das: „Die Wurzel der Gleichung ist 3." Also: „die Wurzel dieser Gleichung" und die Zahl „3" gehören in diesem Fall zusammen. – Oder vielleicht auch: „Die Strecke x hat die Länge 3." Also: „die Länge dieser Strecke" und die

Zahl „3" sind in diesem Fall verbunden. – Es kommt halt darauf an, worum es gerade geht: ob um das Lösen von Gleichungen oder um die Konstruktion geometrischer Figuren. Oft geht es darum, bestimmten Gegenständen (der Geometrie, z. B. einer Strecke; oder der Algebra, z. B. einer Unbekannten in einer Gleichung) eine Zahl zuzuordnen. Oder es handelt sich um verschiedene Bestimmungen desselben Gegenstandes – die sind dann auch „gleich", etwa $(a + b)^2$ und y.

Descartes schreibt keine Gleichungen wie „$3 = 3$" oder „$x = x$", denn die nutzen ihm in seiner Mathematik nichts. (In der Logik liegen die Verhältnisse anders, aber von der Logik als Fach soll hier keine Rede sein.)

7.2.2 Was Johann Bernoullis erstes Postulat besagt

Jetzt zurück zu unserer Nuss: Johann Bernoullis erstem Postulat. Was er *meint,* ist vielleicht noch zu erraten. Es ist wohl das:

▶ Wenn die Größe x um die Größe dx vermehrt oder vermindert wird (also: $x \pm dx$), dann darf *das* – manchmal – wieder als x behandelt werden.

Oder kürzer:

▶ $x \pm dx$ (ausführlich also: $x + dx$ oder $x - dx$) ist *in bestimmter Hinsicht* gleich x.

Auffällig und wichtig ist nun dies: Johann Bernoulli *schreibt dies n i c h t als Gleichung!* Daran tut er sehr recht. Denn diese Gleichung würde lauten:

$$x \pm dx = x \qquad \text{(unerlaubte Gleichung!)}$$

Warum soll diese Gleichung *unerlaubt* sein? – Ganz einfach: Weil aus ihr *zwingend,* nämlich nach den allgemein gültigen Rechenregeln, diese folgt:

$$\pm dx = 0 \qquad \text{(falsche Gleichung!)}$$

Und die *wollen wir auf keinen Fall haben!* Denn wenn $dx = 0$ ist, fällt die ganze Differenzialrechnung in sich zusammen: Rechnen mit addierter (oder subtrahierter) Null ist unergiebig, genau wie die Verwendung von *Identitäten* – denn das Erste läuft auf das Zweite hinaus: Wenn $dx = 0$ gilt, folgt $x \pm dx = x \pm 0 = x$, und dann besagt das erste Postulat einfach $x = x$. Also nichts Nützliches.

7.2.3 Wie man das schreiben könnte

Wir haben Johann Bernoullis erstes Postulat soweit verstanden, dass es zum einen eine *Art Gleichung* („in gewisser Hinsicht gleich"), zum anderen aber doch *k e i n e Gleichung im herkömmlichen Sinn* ist.

Was heißt das nun?

Die Mathematik hat ab Descartes noch drei Jahrhunderte gebraucht, um auf die Idee zu kommen, dass man auch *mehrere v e r s c h i e d e n e* Gleichheiten *nebeneinander* betrachten kann (siehe vorbereitend Weierstraß: Abschn. 13.4.1; dann Cantor: Abschn. 14.2.4; Ausnahmen bestätigen die Regel: Abschn. 11.5.3).

Natürlich muss man sie auseinanderhalten. Insbesondere darf man die durch Johann Bernoullis erstes Postulat eingeführte *neue Gleichheit* nicht durch das alte „=" bezeichnen. Das haben wir uns gerade überlegt.

> *Also* wählen wir ein *weiteres* Gleichheitszeichen.

Welches? Im Prinzip ist die Form des Zeichens egal. Wir könnten „=*" schreiben; oder „$=_2$" oder „$\approx$"; oder irgendetwas anderes. – Bleiben wir bei „$\approx$". Schreiben wir ab sofort nicht $x \pm dx = x$ (denn das ist *falsch!*), sondern

$$x \pm dx \approx x$$

für Johann Bernoullis erstes Postulat. Dann gibt es keine Probleme. (Wir können das lesen als: „ist fast gleich".)

> Johann Bernoullis *erstes Postulat* lautet (modern geschrieben):
> $$x \pm dx \approx x.$$

Das ist ein gewaltiger Schritt. Nicht für uns, denn wir haben ihn gerade getan. Aber die Mathematik brauchte wie gesagt drei Jahrhunderte, bis ihr dieser Schritt gelang. (Freilich gab es verschämte Vorläufer: Abschn. 11.5.3.)

7.2.4 Worin besteht dieser große Schritt?

Descartes hat uns die *rein formale Gleichung* gelehrt. Die Mathematik des 20. Jahrhunderts (genauer: die *Strukturmathematik*) hat uns die Idee beschert, *mehrere verschiedene* Gleichheitszeichen nebeneinander zu verwenden. Seitdem können wir so etwas Vertracktes schreiben wie

$$(x + dx)^2 - x^2 = x^2 + 2x\,dx + dx^2 - x^2$$
$$= 2x\,dx + dx^2 = (2x + dx)\,dx$$
$$= (x + [x + dx])\,dx$$
$$\approx (x + x)\,dx$$
$$= 2x\,dx\,.$$

Beim Übergang von der dritten zur vierten Zeile, beim *anderen* Gleichheitszeichen, haben wir das erste Postulat verwendet – und nur dort!

Wir halten fest:

> Im 20. Jahrhundert lernte es die Mathematik, mehrere (also *verschiedene*) Gleichheitszeichen *nebeneinander* zu nutzen.

Die *anderen* „Gleichungen" (neben =) nennt man übrigens „Äquivalenzen"; und man spricht statt von „anderen Gleichungen" hochtrabender von „Äquivalenzrelationen". Ein Fremdwort macht die Sache aber weder besser noch einfacher. Der Sache nach ist eine Äquivalenzrelation eine *andere* Gleichung: eine andere Beziehung der Form „gleich in Hinsicht auf …". Einfach eine andere Hinsicht.

7.2.5 Die Gleichheiten müssen miteinander verträglich sein

Will man mit beiden Gleichheiten gemeinsam rechnen, wie das eben geschehen ist, müssen sich beide miteinander vertragen. (Das hätten wir vor der Rechnung noch prüfen müssen!) Vertragen heißt hier: Das eine der beiden „gleich" *muss* das andere nach sich ziehen. Und nur das eine! – Das ist hier der Fall:

> Wenn $a = b$, dann gilt auch $a \approx b$. (Das Umgekehrte gilt natürlich nicht!)

Das erste dieser beiden „gleich" heißt dann „feiner" als das zweite: = ist „feiner" als $\approx$. – Und $\approx$ heißt natürlich „gröber" als =.

7.3   Johann Bernoullis Differenzialregeln – Teil 2: Durchführung

Der Witz – oder die Stärke – bei den „Differenzialen" ist, dass man mit ihnen *gesetzmäßig rechnen* kann. Diese Rechengesetze für die Differenziale heißen merkwürdigerweise nicht „Gesetze", sondern „Regeln".

Schon Leibniz hat diese Differenzialregeln aufgestellt und bewiesen. Da es Leibniz um Geometrie geht, tat er das natürlich in geometrischer Weise, und zwar ganz pedantisch. Das haben wir uns hier erspart.

Stattdessen schauen wir Johann Bernoulli über die Schulter: Welche Differenzialregeln stellt er auf? Und wie beweist er sie?

7.3.1   Regeln 1 und 2 für die Addition und die Subtraktion

Johann Bernoulli schreibt:

Regel 1
Das Differenzial einer Summe ist die Summe der Differenziale jedes einzelnen Summanden.

Sein Beweis geht so:

Das Differenzial der Größe $a + x$ ist dx, wenn a eine *Konstante bedeutet,* wie wir hier und im Folgenden annehmen.

Nämlich werden $a + 0$ und $x + e$ addiert, so wird die Summe $a + x + e$; wird davon der Subtrahend $a + x$ abgezogen, so wird der Rest $e = dx$. Q. E. D.

„Q. E. D." heißt: „Quod erat demonstrandum" und zeigt klassischerweise das Ende des Beweises an: „Was zu beweisen war" (in der *doppelten* Bedeutung dieser Formel: dass das bewiesen werden *sollte* und dass es auch tatsächlich bewiesen *wurde*).

Viel ergänzen muss man zu diesem Beweis wohl nicht. Da a als „Konstante" vorausgesetzt ist, ändert sie sich nicht, d. h. $da = 0$. Im Gegensatz zu x: $dx \neq 0$ (sonst wäre alles nichts, nämlich: $d(a + x) = da + dx = 0 + 0 = 0$).

Eines fällt uns auf – jetzt, nach unserem Ausflug ins 20. Jahrhundert: Johann Bernoulli schreibt in seinem Beweis *gar kein* Gleichheitszeichen; außer am Schluss, aber dort ist es überhaupt nicht notwendig.

Wir heute können das als Gleichung schreiben. Dafür benötigen wir sogar nur das gewöhnliche Gleichheitszeichen (und also *nicht* das *erste Postulat*):

$$d(a + x) = [(a + da) + (x + dx)] - [a + x] = da + dx = 0 + dx = dx.$$

Nicht schwerer ist es, wenn *beide* Summanden Veränderliche sind: $d(x + y) = dx + dy$. Das können wir hier übergehen.

Ebenso den Fall der Subtraktion: $d(x - y) = dx - dy$.

7.3.2   Regeln 3 und 4 für die Multiplikation und die Division

Da haben wir den speziellen Fall $d(x^2) = (x + dx)^2 - x^2$ bereits zwei Seiten zuvor behandelt; und zwar mittels *zweier verschiedener* Gleichheitszeichen! Tragen wir einfach noch nach: Johann Bernoulli führt seinen Beweis erneut, *ohne eine formale Gleichung zu schreiben;* nur wieder ganz zum Schluss tut er das, wo es überflüssig ist.

Dann zeigt Johann Bernoulli: Das Differenzial von x^3 ist gleich $3 \cdot x^2 \cdot dx$. Wieder ohne Gleichungen zu schreiben.

Dann kommt der allgemeine Fall. Und da schludert Johann Bernoulli erstmals, denn er schreibt das Ergebnis wirklich als Gleichung:

$$d(x^p) = px^{p-1}\, dx \qquad\qquad \text{(falsche Gleichung!)}$$

Korrekt wäre

$$d(x^p) \approx px^{p-1}\, dx,$$

aber das kann die Mathematik des 18. (wie auch die des 19.) Jahrhunderts nicht schreiben.

Bei der Regel für die Division schreibt Johann Bernoulli an der entscheidenden Stelle interessanterweise das Folgende:

$$\frac{ey - fx}{yy + fy} = (\text{nach Postulat 1}) \; \frac{ey - fx}{yy} = \frac{y\, dx - x\, dy}{yy}$$

(und also neben $e = dx$ noch $f = dy$). Für uns heute wäre das:

$$\frac{dx \cdot y - dy \cdot x}{y \cdot y + dy \cdot y} \approx \frac{dx \cdot y - dy \cdot x}{y \cdot y} = \frac{y \cdot dx - x \cdot dy}{y \cdot y}.$$

Wo wir heute „$\approx$" schreiben, schrieb Johann Bernoulli damals also „$=$ (nach Postulat 1)". Er hat also tatsächlich einmal ein *anderes Gleichheitszeichen* verwendet!

7.3.3   Regel 5 für das Wurzelziehen

Auch die Regel 5 fürs Wurzelziehen leitet Johann Bernoulli her. Korrekt heißt sie:

$$d\left(\sqrt[p]{x}\right) \approx \frac{dx}{p \sqrt[p]{x^{p-1}}}.$$

Überflüssig zu sagen, dass Johann Bernoulli auch hier das falsche „$=$" schreibt.

7.4   Das erste Buch mit den Differenzialregeln ist von l'Hospital

Johann Bernoulli hat die Differenzialregeln nicht selbst publiziert. Aber er hat den franzö-
sischen Adligen Marquis de l'Hospital unterrichtet. (Das Lehren ließ sich Johann Bernoulli
natürlich bezahlen!) Und dieser Adlige hat dann im Jahr 1696 das erste Lehrbuch der Differenzialrechnung drucken lassen: *Analyse des infiniment petits pour l'intelligence des lignes
courbes* („Analysis des Unendlichkleinen, zum Verständnis der krummen Linien"); natürlich unter seinem Namen, denn er hat es verfasst. Aber er nennt Johann Bernoulli als seinen
Lehrer im Vorwort. Doch *natürlich* ging es l'Hospital um Geometrie („krumme Linien"),
nicht um Algebra – dies Letztere war Johann Bernoullis Erfindung.

(In den frühen 1920er Jahren wurde in der Universitätsbibliothek Basel tatsächlich eine
Abschrift eines Textes gefunden, der mit großer Sicherheit Johann Bernoullis Unterrichts-
material für l'Hospital war.)

Der Marquis de l'Hospital war ein sehr aufmerksamer Schüler. In seinem Buch finden
sich die Differenzialregeln sehr sorgsam aufgeschrieben und bewiesen – und zwar *gänzlich,
ohne ein Gleichheitszeichen zu schreiben!* Sogar dort, wo sein Lehrer Johann Bernoulli in
seinem Manuskript (das ja nicht für den Druck gedacht war!) geschludert hat, ist l'Hospital
korrekt. Dafür verdient er Lob!

7.4.1   Ein Vorläufer von l'Hospitals Buch!

Ganz vollständig (korrekt) ist dieser Bericht oben nicht. Denn ein Jahr vor dem Buch
l'Hospitals, im Jahr 1695, erschien in Amsterdam ein Buch des Niederländers Bernard
Nieuwentijt: *Analysis infinitorum,* also: „Analysis des Unendlichen"; und dieser Autor gibt
im letzten Kapitel seines Buches (ab Seite 278) ebenfalls die Differenzialregeln von Leibniz
wieder. Er hat diese Regeln in der Zeitschrift *Acta eruditorum* gelesen, in dem ersten Artikel,
in dem Leibniz seine Erfindung publizierte. Das war im Jahr 1684 gewesen (Abschn. 4.5).

Interessant ist das Folgende: Nieuwentijt gibt diese Regeln nicht nur wieder, sondern er
begründet sie auch.

Nun hatte Leibniz in seinem Artikel *keine* Begründung seiner Regeln gegeben! Also musste sich Nieuwentijt diese Begründungen selbst ausdenken. Das Problem war: Nieuwentijt
dachte ganz anders als Leibniz.

7.4.2   Eine untaugliche Begründung der Differenzialregeln

Wie begründet Nieuwentijt die Produktregel ?

Zunächst rechnet er, wie es sein muss: Wie Johann Bernoulli (beide haben sie diese Idee
von dem Engländer Isaac Barrow) nennt Nieuwentijt den Zuwachs von x kurz e und den
von y kurz f und rechnet:

$$(x + e)(y + f) - xy = xf + ye + ef.$$

Im letzten Ausdruck lässt Nieuwentijt nun ef einfach weg – und damit hat er die Produktregel bewiesen:

$$d(xy) = x\,dy + y\,dx.$$

Mit welcher Begründung lässt Nieuwentijt ef weg? Mit einer ganz anderen als Leibniz!

In der ersten Definition seines Buches formuliert Nieuwentijt den Grundsatz einer streng erfahrungsbezogenen Philosophie: Für ihn sind *einzig und allein* jene Größen „gegeben", deren Ausmaß „die Grenzen der menschlichen Vorstellungskraft nicht überschreitet". Demzufolge sind natürlich all jene Größen, die für die menschliche Vorstellungskraft zu klein sind, für Nieuwentijt schlichtweg Null.

Bei Leibniz liest Nieuwentijt, dass die Differenziale nicht Null sind. Wenn die Differenziale aber *noch weiter verkleinert* werden – wie das ja bei der Multiplikation zweier Differenziale geschieht: $ef = dx\,dy$ –, dann *muss* dieses Produkt nach Nieuwentijts Vorstellung Null sein. Am Anfang seines Buches hat Nieuwentijt so etwas Ähnliches formuliert und bewiesen; und darauf beruft er sich nun – Ende des Beweises der Produktregel durch Nieuwentijt.

Nieuwentijt will eine Mathematik nur von solchen Größen, welche „die Grenzen der menschlichen Vorstellungskraft nicht überschreiten". Eine solche Denkweise hat für die Differenzialrechnung keinen Platz.

Denn *tatsächlich* sind schon Differenziale „unendlich kleine" Größen. Im Sinne von Leibniz bedeutet das: Sie werden beliebig klein. Daher erscheint es fraglich, ob Differenziale überhaupt noch *in* „die Grenzen der menschlichen Vorstellungskraft" passen.

Tun sie das nicht, müssen sie als Null betrachtet werden – und dann gibt es keine Differenzialrechnung. Passen sie aber (gerade noch so) in „die Grenzen der menschlichen Vorstellungskraft", dann sind aber jedenfalls ihre Produkte (und/oder noch Kleineres) sicher Null – und auch dann ist eine Differenzialrechnung wie bei Leibniz nicht möglich.

Die Geschichte hat es also wieder einmal toll getrieben: Die erste Buchpublikation der Leibniz'schen Differenzialregeln mit Begründungen erfolgte in einem Begriffszusammenhang, in dem sie sinnlos sind. Gut, dass l'Hospitals Buch im folgenden Jahr erschien und eine angemessene und korrekte Darstellung gab.

Zugrunde gelegte Literatur

Gottfried Wilhelm Leibniz 1684. Nova methodus pro maximis et minimis, itemque tangentibus, quae nec fractas, nec irrationales quantitates moratur, & singulare pro illis calculi genus. *Acta eruditorum*, S. 467–473. Zitiert nach: Leibniz 2011.

Gottfried Wilhelm Leibniz 2011. *Die mathematischen Zeitschriftenartikel.* Hg.: Heinz-Jürgen Heß and Malte-Ludolff Babin. Georg Olms Verlag, Hildesheim, Zürich, New York.

Marquis de l'Hospital 1696. *Analyse des infiniment petits pour l'intelligence des lignes courbes.* François Montalant, Paris, [2]1716. URL http://gallica.bnf.fr/ark:/12148/bpt6k205444w, http://www.archive.org/details/infinimentpetits1716lhos00uoft.

Bernard Nieuwentijt 1695. *Analysis infinitorum, seu curvilineorum proprietas ex polygonorum natura deductae.* Joannem Wolters, Amsterdam. URL http://dx.doi.org/10.3931/e-rara-10853.

Paul Schafheitlin 1924. *Die Differentialrechnung von Johann Bernoulli aus dem Jahre 1691/92, Vorlesungen über Differentialrechnung.* Akademische Verlagsgesellschaft, Leipzig.

Euler verabsolutiert das formale Rechnen 8

8.1 Auch die Mathematik hatte im 18. Jahrhundert einen absoluten Monarchen

Leonhard Euler (1707–1783) dominierte die Mathematik des 18. Jahrhunderts. Der Hofstaat dieses jahrzehntelang absoluten Herrschers der Mathematik waren die wissenschaftlichen Akademien in Petersburg (der neuen Hauptstadt des grundlegend umformierten russischen Staates) – von 1731 bis 1741 und wieder ab 1766 – und, in der Zwischenzeit, Berlin. (Europa mit einem Netz neu zu gründender wissenschaftlicher Akademien zu überziehen, war Leibniz' Idee gewesen.) An einer Universität hat Euler nie gelehrt.

Leonhard Euler hinterließ das weitaus größte mathematische Schriftwerk, das wir heute kennen: vorliegend in mehr als hundert großformatigen Wälzern. Und das, obwohl er 1766 vollständig erblindete: Er diktierte dann seine Texte. Das zeigt: Ein mathematischer Ausnahmedenker hat ein Ausnahmegedächtnis.

Euler lernte (ab dem Alter von 13) fünf Jahre lang an der Basler Universität Mathematik bei Johann Bernoulli – neben seinem Hauptstudienfach Theologie. Der sehr beschäftigte Johann Bernoulli empfahl dem Studenten Euler bestimmte Werke zum Studium, hatte jedoch keine Zeit, ihn privat zu unterrichten. Sonnabends aber durfte Euler Johann Bernoulli Fragen stellen – und bemühte sich, möglichst wenig zu fragen.

8.2 Die Erfindung des Zentralbegriffs der Analysis: „Funktion"

Funktion ist seit Euler der Zentralbegriff der Analysis.

© Springer-Verlag GmbH Deutschland, ein Teil von Springer Nature 2019
D. D. Spalt, *Eine kurze Geschichte der Analysis,*
https://doi.org/10.1007/978-3-662-57816-2_8

Das Wort „Funktion" wurde bereits von Leibniz benutzt, jedoch meist in sehr unbestimmter Weise (Abschn. 4.4.4). Johann Bernoulli gab diesem Wort eine präzisere Bedeutung. In einer 1718 gedruckten Abhandlung (also zwei Jahre, bevor Euler seinen Unterricht bei ihm aufnahm) schreibt er:

> Man nennt hier *Funktion* einer veränderlichen Größe eine in beliebiger Weise aus dieser veränderlichen Größe und aus Konstanten zusammengesetzte Größe.

Johann Bernoulli hatte die Grundbegriffe der Leibniz'schen Theorie aus der Geometrie herausgelöst und statt von „Abszissen", „Ordinaten" usw. allgemeiner von „veränderlichen Größen" gesprochen (Abschn. 7.1.2). Nun formt er aus diesen „Größen" einen neuen Begriff: die „Funktion". Die „Größen" sollen eine „Funktion" *zusammensetzen*.

Sein Schüler Leonhard Euler akzeptiert diese Idee. Im Jahr 1748 erscheint Eulers *Introductio in analysin infinitorum* (in heutigem Deutsch: „Einführung in die Analysis des Unendlichen"; Eulers Zeitgenossen und direkte Nachfahren übersetzten „Introductio" mit „Einleitung"). Das erste Lehrbuch der Analysis setzt für viele Jahrzehnte die Standards.

8.3   Die Bausteine der Funktion: die Größen

8.3.1   Was ist eine Größe?

Was eine „Größe", jenseits der Geometrie, sein soll, das hat uns Johann Bernoulli nicht verraten. Euler ist da kaum auskunftsfreudiger. Allenfalls beiläufig spricht Euler einmal davon, dass „jede Größe ohne Ende vermehrt oder vermindert werden kann", und meint damit, dass dies *ihrer Natur nach* möglich sei. (Übrigens steht das nicht in seinem Lehrbuch der Analysis, sondern in dem der Differenzialrechnung, das 1755 erschien.)

An diesem Beispiel erkennt man: Euler hat kein philosophisches Talent. In der genannten Formulierung sagt Euler, *welche Eigenschaft* eine „Größe" haben soll; doch *was* sie sein soll, sagt er dort nicht.

8.3.2   Die erste Art von Größen. Eulers Kennzeichnung der Größe ist unzulänglich

Wir wissen also nicht, *was* Euler unter einer „Größe" verstanden hat. Was wir bisher wissen, ist: Für Euler ist „Größe" ein Etwas, das „ohne Ende vermehrt oder vermindert werden kann".

Umso überraschter lesen wir nun aber die allererste Definition, die Euler in seinem Analysis-Lehrbuch gibt:

> *Eine b e s t ä n d i g e G r ö ß e ist eine bestimmte Größe, die immer denselben Wert behält.*

Die Begriffe „Größe" und „beständige Größe" sind *Setzungen* Eulers. Man kann diesen Namensgebungen die Sprachlogik entgegenhalten. Denn diese verlangt, dass eine „beständige Größe" jedenfalls eine „Größe" ist. Nun soll der „beständigen Größe" aber ausgerechnet jene Grundeigenschaft *fehlen,* mit der Euler eine „Größe" *gekennzeichnet* hat: dass sie „ohne Ende vermehrt oder vermindert werden kann"!? – Prägnant: Sprachlogisch dürfte es „beständige Größen" nicht geben.

Doch Euler hat diese Begriffe gesetzt. Daher bleibt uns nur das wenig freundliche Urteil:

> Durch die Namensgebung „beständige Größe" kaschiert Euler den Mangel, keinen allgemeinen Größenbegriff bestimmt zu haben.

So sicher wir in diesem Urteil sein dürfen, so wenig nutzt es uns bei unserer Euler-Lektüre. Denn Euler hat diesen Mangel seiner Grundbegriffe ignoriert – und also so getan, als ob er nicht existierte. Uns bleibt einzig übrig, darauf zu achten, ob dieser Mangel in Eulers Begriffswelt eine (mathematische) Konsequenz hat. (Hat er wohl nicht.)

Eine „beständige Größe" behält „immer denselben Wert". Was ein „Wert" eigentlich sei, wollen wir Euler lieber nicht fragen; sondern uns mit der Beobachtung begnügen, was Euler unter diesen Begriff fasst. Das sind zuallererst die *Zahlen.* Aber es kommt noch etwas hinzu – wir müssen aufpassen.

8.3.3 Die zweite Art der Größen

Neben den „beständigen" Größen, also jenen, die „immer denselben Wert" haben, gibt es noch eine zweite Art der Größe. Das schreibt Euler in der zweiten Definition seines Analysis-Lehrbuches:

> *Eine v e r ä n d e r l i c h e G r ö ß e ist eine unbestimmte oder allgemeine Größe, welche alle bestimmten Werte ohne Ausnahme in sich begreift.*

„Veränderlich" heißt für Euler also: *unbestimmt* oder *allgemein.* Die „veränderliche" Größe ist für Euler die *allgemeine* Größe. Der Sprachlogik zufolge ist demnach die „beständige" (oder: „bestimmte") Größe eine *besondere* Größe. Eine „veränderliche" Größe umfasst also *sämtliche* „beständigen" (oder: „bestimmten") Größen.

Die veränderlichen Größen benennt Euler der Descartes'schen Tradition folgend mit den letzten Buchstaben des Alphabets, in manchen Fällen klein geschrieben: z, y, x usw., in anderen groß: Z, Y, X (Abschn. 8.5).

8.3.4 Eulers algebraischer Begriff der Funktion

Nun Eulers Bestimmung des seitdem *zentral* gewordenen Begriffs der Analysis:

Eine *Funktion* einer veränderlichen Größe ist eine veränderliche Größe, welche durch einen *analytischen Ausdruck* beschrieben (dargestellt) ist, der auf irgendeine Weise aus der veränderlichen Größe und aus Zahlen oder aus konstanten Größen zusammengesetzt ist.

Um genau zu sein: *Exakt* so hat es Euler nicht formuliert. Aber das, was er formuliert hat, läuft auf eben dies hinaus, wenn man philosophisch genau ist.

Statt „analytischer Ausdruck" kann man auch einfacher „Rechenausdruck" sagen. Gemeint ist das, was als Erster Descartes konstruiert hat: eine Formel aus *Buchstaben* (in zweierlei Bedeutung: Bestimmte und Unbestimmte), *Zahlen* und *Rechenzeichen*. Rechenausdrücke sind also etwa:

$$a + 3z; \quad az - 4zz; \quad az + b\sqrt{aa - 4zz}; \quad c^z \quad \text{usw.}$$

Diese Rechenausdrücke *sind* nicht die „Funktion", sondern sie *beschreiben* sie nur, *stellen* sie *dar*. Der „Rechenausdruck" ist Eulers Präzisierung dessen, was sein Lehrer Johann Bernoulli „zusammengesetzt aus" genannt hat.

8.3.5 Einfache, aber wichtige Konsequenzen aus Eulers Bestimmung des Funktionsbegriffs

Beachten wir drei einfache, aber wichtige Konsequenzen aus Eulers Bestimmung des Funktionsbegriffs.

1. *Ob* ein Rechenausdruck *wirklich* eine „Funktion" beschreibt, muss im Einzelfall geprüft werden. Ein Beispiel: Wenn in dem Rechenausdruck c^z speziell $c = 1$ gesetzt wird, wird dieser zu 1^z. Aber 1^z ist immer 1, egal, welchen bestimmten Wert die veränderliche Größe z hat. *Demzufolge* ist der Rechenausdruck 1^z keine „veränderliche" Größe, sondern eine „bestimmte". Und folglich *keine* Funktion! Der Rechenausdruck 1^z beschreibt *keine* „Funktion" (sondern eine „beständige" Größe). – Ähnliches gilt für den Rechenausdruck z^0. Denn welchen Wert man z auch zuweist, immer gilt $z^0 = 1$. (Abgesehen vom Fall $z = 0$, denn es ist $0^0 = 0$ – aber *eine Ausnahme von der Regel hat keine Bedeutung für die Regel.*) Daher betrachtet Euler c^z und z^0 nicht als Funktionen, sondern als konstante Größen. – Merke also:

   > *Nicht jeder* Rechenausdruck beschreibt nach Euler eine Funktion!

2. Euler *verlangt ausdrücklich* von der „veränderlichen" Größe, dass sie „alle bestimmten Werte ohne Ausnahme" umfassen soll. Ausführlich behandelt er zur Erläuterung den Rechenausdruck

$$\sqrt{9 - zz}.$$

Da unter der Wurzel etwas steht, das nicht größer ist als 9, scheint dieser Rechenausdruck keine Zahlen zu bedeuten, die größer sind als 3. Doch diese Überlegung ist falsch! Die „veränderliche" Größe soll „alle bestimmten Werte" erfassen – und das heißt für Euler: *alle denkbaren* Zahlen; und also auch z. B. die (zwar *nicht „wirkliche"*, aber doch *„denkbare"*) Zahl $5\sqrt{-1}$! Setzt man aber $z = 5\sqrt{-1}$, so ergibt sich:

$$\sqrt{9 - zz} = \sqrt{9 - \left[5\sqrt{-1}\right]^2} = \sqrt{9 - 5^2 \cdot \sqrt{-1}^2} = \sqrt{9 - (-25)} = \sqrt{36} = 6 > 3.$$

$\sqrt{9 - z^2} = u$ ist gleichbedeutend mit $9 = u^2 + z^2$, einem Ausdruck, in dem z und u ganz gleichberechtigt sind. Wie z *alle* „bestimmten Werte", also jedenfalls alle „denkbaren" Zahlen, sein soll, so ist es auch u. Die durch $u = \sqrt{9 - z^2}$ dargestellte „Funktion" umfasst also *alle* nach Euler „denkbaren" Zahlen.

Wir heute nennen Zahlen, die den Bestandteil $\sqrt{-1}$ enthalten, „komplexe" Zahlen. Da Euler *ausdrücklich* derartige Zahlen in die Funktionsbetrachtung einbezogen wissen will, können wir *in heutiger Sprache* sagen:

> Euler betrachtet *grundsätzlich* komplexe Funktionen.

3. Und ganz wichtig, in unseren Augen heute überraschend:

> Euler unterscheidet nicht zwischen *endlichen* und *unendlichen* Rechenausdrücken. Beides ist ihm gleichberechtigt.

Überraschend ja – doch genau besehen nicht ganz unberechtigt. Zwar könnte man die von Leibniz berechnete Zahl (Abschn. 4.3.5)

$$1 - \tfrac{1}{3} + \tfrac{1}{5} - \tfrac{1}{7} + \tfrac{1}{9} - + \ldots = \tfrac{\pi}{4}$$

als etwas Besonderes ansehen wollen – doch liegt dieses Besondere *keinesfalls* in der Unendlichkeit des Rechenausdrucks *allein* begründet. Das zeigt der ebenfalls unendliche Rechenausdruck links bei

$$1 + \tfrac{1}{2} + \tfrac{1}{4} + \tfrac{1}{8} + \ldots = 2$$

in aller Klarheit, denn 2 ist eine sehr gewöhnliche und ganz unspektakuläre Zahl.

Sehr deutlich zeigt die Gleichung

$$1 + x + x^2 + x^3 + x^4 + \ldots = \frac{1}{1 - x}, \tag{$*$}$$

dass zwischen *endlichen* und *unendlichen* Rechenausdrücken *grundsätzlich* eine Unterscheidung nicht sinnvoll ist.

Diese unendliche Reihe entsteht bei dem gewöhnlichen Divisionsverfahren, wenn man es statt auf *Zahlen* auf den *Rechenausdruck* anwendet:

$$+\ \Big|\ \ 1\ :\ (1-x)\ =\ 1+?$$
$$-\ \Big|\ \ \underline{1-x}$$
$$x$$

Das heißt, die Division von 1 durch die Differenz $1-x$ ergibt im ersten Schritt 1 und lässt dabei den Rest x (weil von 1 das Produkt $1 \cdot (1-x)$ abzuziehen ist: $1 - (1-x) = x$):

$$1\ :\ (1-x)\ =\ 1 + \frac{x}{1-x}.$$

Probe:

$$1 + \frac{x}{1-x} = \frac{1-x}{1-x} + \frac{x}{1-x} = \frac{1}{1-x}$$

– und also stimmt die Gleichung zuvor. – Rechnet man so weiter, erhält man:

$$\frac{1}{1-x} = 1 + \frac{x}{1-x}$$

$$\frac{1}{1-x} = 1 + x + \frac{x^2}{1-x}$$

$$\frac{1}{1-x} = 1 + x + x^2 + \frac{x^3}{1-x}$$

$$\frac{1}{1-x} = 1 + x + x^2 + x^3 + \frac{x^4}{1-x}$$

usw.

8.4   Eulers Bezeichnungsweise der Funktionen

Zunächst und meistens bezeichnet Euler eine allgemeine „Funktion" einer „veränderlichen" Größe x (oder y oder z) durch den entsprechenden Großbuchstaben, also durch X (oder Y oder Z). Er schreibt also etwa: „$Z = \sqrt{9 - zz}$".

Seltener benutzt er dafür den Buchstaben „f" und setzt die veränderliche Größe dahinter: „$f\,x$" ist bei Euler eine Funktion von der veränderlichen Größe x. In solchen Fällen schreibt Euler *keine* Klammern, was wir allerdings heute in der Analysis tun; wir schreiben „$f(x)$". Solche Klammern verwendet Euler nur dann, wann die betreffende veränderliche Größe *zusammengesetzt* ist, also etwa aus der Summe zweier Größen besteht: „$f(x+y)$".

Eulers „x" bezeichnet eine veränderliche Größe.

8.5   Eine Normalform für Funktionen

In seiner Differenzialrechnung beweist Euler, dass man *jede* Funktion einer veränderlichen Größe x nach folgendem allgemeinen Schema darstellen kann:

$$b \,+\, X(x-a) \;-\; \frac{1}{2}P(x-a)^2 \;+\; \frac{1}{2\cdot 3}Q(x-a)^3 \;-\; \frac{1}{2\cdot 3\cdot 4}R(x-a)^4$$
$$+\; \frac{1}{2\cdot 3\cdot 4\cdot 5}S(x-a)^5 \;-\; +\; \text{etc.}$$

Dabei ist a irgendein bestimmter (endlicher) Wert; und auch b, X, P, Q, R, S usw. sind bestimmte Werte, die mittels der Differenzialrechnung aus der vorgelegten Funktion zu berechnen sind.

(Euler ist in seiner Bezeichnungsweise nicht hundertprozentig konsequent; denn *eigentlich* sollten die Großbuchstaben X, P, Q, R, S für *Funktionen* stehen – doch hier stehen sie für *Werte;* wie b.)

Beispielsweise ist b der Wert der vorgelegten Funktion, wenn $x = a$ ist. (Natürlich! Was sonst? Alle anderen Summanden sind in diesem Fall = 0!) X ist der Wert jener Funktion, die wir heute die „1. Ableitung" der gegebenen Funktion nennen (Euler nannte sie anders), ebenfalls für den Wert $x = a$. (Das kann man sich ebenso leicht klar machen wie beim ersten Summanden, wenn man die Differenzialrechnung beherrscht.) – Wir nennen das heute die „Taylorentwicklung" oder die „Taylorreihe" der gegebenen Funktion.

Im konkreten Fall kann diese Summe auch einmal aus nur *endlich* vielen Summanden bestehen.

T

8.5.1   Heutige Probleme mit diesem Lehrsatz bei Euler

Betrachtet man diesen Lehrsatz aus heutigen Augen, dann bringt man gewisse Einwände gegen seine Geltung vor. Man sagt etwa: In manchen Fällen (d. h.: für manche Werte a) stimmt die Gleichung oben nicht!

Ein solches Urteil hat für Euler jedoch keine Gültigkeit. Denn für Euler gilt (wie bei der Feststellung, dass z^0 keine „Funktion" ist): *Eine Ausnahme bestätigt die Regel!* Eulers Lehrsätze der Analysis gelten *im Allgemeinen,* denn Eulers „veränderliche" Größen sind „unbestimmte oder allgemeine" Größen. Dabei kann es durchaus *im Einzelfall* eine Ausnahme geben.

Eulers Analysis handelt von „Veränderlichen" (nicht etwa von deren „Werten"). Seine Lehrsätze daher auch.

8.6   Eine kühne Rechnung mit unendlichen Zahlen

In seinem Analysis-Lehrbuch von 1748 präsentiert Euler einmal eine vollkommen überraschende Art der Rechnung. Das *Ergebnis* dieser Rechnung hat bis heute unbestritten Gültigkeit. Doch *der Weg,* auf dem Euler dieses Ergebnis erhalten hat, gilt in der heutigen Mathematik als fragwürdig, problematisch oder gar als falsch. Diese Rechnung wollen wir uns ansehen!

8.6.1   Von den Zehnerpotenzen zur Exponentialgröße

Unsere Schreibweise der Zahlen, das Dezimalsystem, wird durch die Potenzen der Zahl 10 bestimmt: Alle Zahlen von 1 bis unter $10 = 10^1$ werden mit einer Ziffer vor dem Komma geschrieben; alle Zahlen ab $10 = 10^1$ bis unter $100 = 10^2$ werden mit zwei Ziffern geschrieben; und so weiter für die Zehnerpotenzen 10^3, 10^4 ... Ebenso für die kleineren Zahlen: Mit einer Ziffer hinter dem Komma werden die Zahlen unter 1 ($= 10^0$) bis $\frac{1}{10} = 10^{-1}$ geschrieben; zwei Ziffern braucht man für Zahlen, die kleiner sind als $\frac{1}{10} = 10^{-1}$ bis zu $\frac{1}{100} = 10^{-2}$; usw. Der *Wert* der einzelnen Ziffern der Dezimalzahl wird durch die Stellung dieser Ziffer zum Komma bestimmt, etwa:

$$3; \quad 30; \quad 300; \quad \ldots; \qquad 0,3; \quad 0,03; \quad \ldots$$

Die Entfernung von der ersten Stelle vor dem Komma ist die betreffende Potenz der 10: falls *vor* dem Komma *positiv,* falls *hinter* dem Komma *negativ:*

$$3 \cdot 10^0; \quad 3 \cdot 10^1; \quad 3 \cdot 10^2; \quad \ldots; \qquad 3 \cdot 10^{-1}; \quad 3 \cdot 10^{-2}; \quad \ldots$$

So funktioniert die Exponentialgröße

$$10^z.$$

Je größer der Wert des Exponenten z, desto größer der Wert der Exponentialgröße; und je kleiner (bzw. negativ größer: -3 ist kleiner als -2 ...) ebenso.

Euler betrachtet die Situation natürlich möglichst allgemein und setzt daher statt der Zahl 10 die „beständige" Größe a:

$$a^z.$$

Wir beschränken uns auf die Analogie von a zur 10 und betrachten hier nur den Fall $a > 1$.

8.6.2 Die Exponentialfunktion

Jetzt zu Eulers überraschender und bis heute unbequemer Betrachtungsweise. Euler sagt:

1. Es ist $a^0 = 1$.
2. Wenn der Exponent zunimmt, wächst auch der Wert der Zahl.
3. Wenn der Eponent nur *ganz wenig* zunimmt, genauer: nur „unendlich wenig", dann nimmt auch der Wert der Zahl nur *ganz wenig* zu, genauer: nur „unendlich wenig".

Dies schreibt Euler nun sehr gewitzt auf:

$$a^\omega = 1 + \psi.$$

Hier stehen ω („Klein-Omega") und ψ („Klein-Psi") für zwei *unendlich kleine* Zahlen. Diese beiden bringt Euler nun noch in einen Zusammenhang:

4. $\psi = k \cdot \omega$.

Also hat er nun:

$$a^\omega = 1 + k \cdot \omega.$$

Der beliebige Exponent (z) in a^z wurde also auf einen unendlich kleinen Wert ($z = \omega$) spezialisiert; und eine Grundeinsicht in die Exponentialgröße wurde in die *Form* ihres Wertes gepackt, also in die Form $1 + k \cdot \omega$.

Jetzt fehlt noch eine letzte Idee – der Rest wird dann einfach mathematische Routine sein.

5. Wir müssen vom unendlich kleinen Exponenten ω wieder zurück zum endlichen Exponenten z.

Dies erreichen wir dadurch, dass wir ω mit einer *unendlich großen* Zahl i multiplizieren und $\omega \cdot i$ bilden: $z = \omega \cdot i$. Dies geschieht nun in der letzten Formelzeile – und also im Eponenten (bekanntlich gilt $(a^\omega)^i = a^{\omega \cdot i}$):

$$a^z = a^{\omega \cdot i} = (1 + k \cdot \omega)^i.$$

Jetzt folgt mathematische Routine. Denn rechts steht eine Formel, die wir nach dem allgemeinen binomischen Lehrsatz als eine unendliche Reihe schreiben können:

$$a^{\omega i} = 1 + \frac{i}{1}k\omega + \frac{i(i-1)}{1 \cdot 2}k^2\omega^2 + \frac{i(i-1)(i-2)}{1 \cdot 2 \cdot 3}k^3\omega^3 + \dots$$

Nun erinnern wir uns an die Idee im fünften Schritt ($z = \omega \cdot i$), ersetzen in der Formel rechts ω überall durch $\frac{z}{i}$ und kürzen schon einmal in jedem der Brüche ein i heraus (im zweiten Summanden: $\frac{i}{1}k \cdot \frac{z}{i} = \frac{1}{1}kz$ usw.):

$$a^z = 1 + \frac{1}{1}kz + \frac{1(i-1)}{1 \cdot 2i}k^2z^2 + \frac{1(i-1)(i-2)}{1 \cdot 2i \cdot 3i}k^3z^3$$
$$+ \frac{1(i-1)(i-2)(i-3)}{1 \cdot 2i \cdot 3i \cdot 4i}k^4z^4 + \dots$$

Jetzt kommt Eulers Clou, sein *Kürzungstrick:* In jedem der Brüche steht die unendlich große Zahl i ebenso oft im Zähler wie im Nenner. Da $i-1$ fast gleich i ist (denn i ist unendlich groß), $i-2$ ebenso usw., kürzt Euler jeweils i gegen $i-1$, gegen $i-2$ usw. heraus. Es bleibt einfach übrig:

$$a^z = 1 + \frac{kz}{1} + \frac{k^2z^2}{1 \cdot 2} + \frac{k^3z^3}{1 \cdot 2 \cdot 3} + \frac{k^4z^4}{1 \cdot 2 \cdot 3 \cdot 4} + \dots$$

Wenn man k spezialisiert, dann legt man dadurch auch den Wert von a fest. Das zu $k=1$ gehörige a nennt man Euler zu Ehren heute die „Euler'sche Zahl" und bezeichnet sie mit „e". Es ist daher

$$e^z = 1 + \frac{z}{1} + \frac{z^2}{1 \cdot 2} + \frac{z^3}{1 \cdot 2 \cdot 3} + \frac{z^4}{1 \cdot 2 \cdot 3 \cdot 4} + \dots$$

Auch dem mathematischen Laien könnte es einleuchten: Diese unendliche Reihe ist *unproblematisch.* Genauer: Sie hat für jeden Wert von z (wir reden natürlich nur von *endlichen* Werten) *bestimmt* einen im Prinzip berechenbaren endlichen Wert! Denn die Nenner der Brüche rechts wachsen so schnell wie irgend möglich: Egal, welchen Wert z hat, *irgendwann* wird im Nenner ein Faktor auftauchen, der größer ist als dieser Wert von z – und ab dann werden die Werte dieser Brüche *rasant* immer kleiner werden (warum eigentlich?), schließlich beliebig klein. Und seit Leibniz wissen wir (richtig?): Solche Veränderlichen, deren Änderungen schließlich „beliebig klein" werden, sind (meistens) okay – denn wir haben sie so genau, wie wir sie brauchen.

Ein technisches Detail sei angemerkt: Das „rasant" oben ist leider entscheidend! Wenn die Summanden *zu langsam* kleiner werden – wie das etwa bei $1 + \frac{1}{2} + \frac{1}{3} + \frac{1}{4} + \frac{1}{5} + \dots$ der Fall ist –, dann genügt das *nicht* dafür, dass die Reihe einen endlichen Wert hat. Das Obige ist also nur *grob gesprochen* ausreichend genau.

(So ist die Summe der n Glieder $\frac{1}{n+1} + \frac{1}{n+2} + \dots + \frac{1}{2n}$ sicher größer, als wenn man n-mal nur den kleinsten, also den letzten Summanden nimmt, also größer als $n \cdot \frac{1}{2n}$ (ausführlicher in Abschn. 8.11.1). Dies Letzte ist aber $\frac{1}{2}$! Mit anderen Worten: Wenn man in der Reihe $1 + \frac{1}{2} + \frac{1}{3} + \frac{1}{4} + \frac{1}{5} + \dots$ nur weit genug geht, addieren sich die jeweiligen Glieder *immer wieder* zu $\frac{1}{2}$; und somit ist die Summe dieser Reihe letztlich *größer als* $1 + \frac{1}{2} + \frac{1}{2} + \dots$ – und also nicht endlich!)

8.6.3 Der Geniestreich – oder: Eulers Schummelei

In Eulers Rechnung steckt ein Wurm. Denn Euler kürzt i gegen $i - 1$; dann dies *und* i gegen $i - 2$; dann alles dies *und* i gegen $i - 3$; usw.

Aber das ist doch *falsch!* Denn es setzt: (a) $i - 1$ und i gleich und also: $-1 = 0$; (b) und *außerdem* $i - 2$ gleich i und also: $-2 = 0$; (c) und *ebenso* $-3 = 0$ und immer so weiter! Alle diese Gleichungen sind nicht nur jede für sich falsch, sondern sie widersprechen sogar einander!

Nun kann man sagen: Ja, schon – aber diese Fehler sind doch *unendlich klein!* Wir heute könnten das so aufschreiben (denn i ist unendlich groß):

$$i - 1 \approx i, \quad i - 2 \approx i, \quad i - 3 \approx i \quad \text{usw.}$$

und dann ist alles gut.

Mitnichten! Denn Euler muss einräumen: Sein Kürzungstrick produziert in *jedem* der Brüche einen Fehler – wenn auch nur einen *unendlich kleinen.* Aber es sind unendlich viele Brüche – und damit auch *unendlich viele solcher Fehler!* Und die Integralrechnung beruht gerade darauf, unendlich viele unendlich kleine Größen zu etwas *Endlichem* aufzusummieren (wir haben das bei Leibniz in Kap. 6 nachvollzogen).

Ergebnis: Eulers Rechnung ist nicht falsch. (Das müssen wir hier den Spezialisten abnehmen: Wenn man für z irgendwelche Zahlenwerte einsetzt, dann *stimmen* die Werte auf beiden Seiten der von Euler ermittelten Gleichung oben haargenau überein.) Aber sie ist *nicht lückenlos begründet.* Es fehlt ein Argument Eulers dafür, dass sich *in diesem Fall* unendlich viele unendlich kleine Fehler *nicht* zu einem endlichen Fehler aufsummieren.

Die heutige Leserschaft mag sich so trösten: Es sei $k = 1$ spezialisiert. Das allgemeine Glied $\alpha_n(z) = \frac{1(i-1)(i-2)\ldots(i-(n-1))}{1 \cdot 2i \ldots ni} z^n$ ist kleiner als das allgemeine Glied $\beta_n(z) = \frac{z^n}{n!}$ der e^z-Reihe, jeweils dem Betrag nach. Letztere konvergiert bekanntlich – das zeigt etwa das Quotientenkriterium. Also konvergiert auch die Reihe der $\alpha_n(z)$ für endliches z, sagen wir gegen $A(z)$. Wegen der Konvergenz der beiden Reihen gibt es zu endlichem $\varepsilon > 0$ endliches m_0, sodass für $m > m_0$ gilt: $\left| \sum_0^m \alpha_n(z) - A(z) \right| < \varepsilon$ und $\left| \sum_0^m \beta_n(z) - e^z \right| < \varepsilon$. Da beide Teilsummen $\sum_0^m$ nur endlich viele Summanden haben, sind sie (wie ihre Summanden) unendlich nahe beisammen, ihre Differenz also sicher $< \varepsilon$. Daher ist $|A(z) - e^z| < 3\varepsilon$ und somit Eulers Fehler wirklich unendlich klein: $A(z) \approx e^z$. – Beachte aber: *Einen (i r g e n d e i n e n !) Begriff „Konvergenz" hat Euler in seinem Analysis-Buch nicht!*

8.7   Eulers Zahlbegriff

Leonhard Euler hat unfassbar viel gerechnet (mit der Hand!), wohl mehr als jeder andere Mathematiker bisher. Er hat sowohl mit Zahlen gerechnet als auch mit Formeln. Eine seiner Rechnungen mit Formeln haben wir gerade studiert. Ein Beispiel seiner Rechnungen mit Zahlen wird hier nicht gegeben, denn das hat nichts mit den *Grundbegriffen* der Analysis zu tun, um deren Entwicklung es hier geht.

Dass Euler kein philosophisches Talent hatte, wurde bereits gesagt. Daher wundert es auch nicht, dass er sich über das Wesen der Zahl, also über den Zahlbegriff, nicht weiter ausgelassen hat. Bei diesem Thema bleibt Euler pragmatisch. So hat er keine Scheu, mathematische Gesetze durch Rückgriff auf alltägliche Dinge und Umgangsweisen zu *begründen.* (Philosophisch betrachtet ist das eine Katastrophe.) Beispielsweise rechtfertigt er die Multiplikationsregel für negative Zahlen (wie: „Minus mal plus gibt minus.") durch die Deutung von negativen Zahlen als *Schulden;* und die schwierigste dieser Regeln („Minus mal minus gibt plus,") *dekretiert* er einfach: „Ich sage, es muss das Gegenteil herauskommen."

Die „irrationalen" Zahlen präsentiert Euler einfach unter rechnerischem Aspekt: als *Wurzeln:* $\sqrt{2}$, $\sqrt{3}$, $\sqrt{5}$ (solche Unregelmäßigkeiten stören ihn in keiner Weise) usw.; daneben gibt es aber auch $\sqrt[3]{2}$, $\sqrt[3]{3}$ usw. und natürlich auch $\sqrt[4]{2}$ … und immer so weiter. Ein riesiger Zoo, von Übersicht oder Systematik keine Rede. Für das (formale) Rechnen aber genügt das.

Und ebenso kann auch $\sqrt{-a}$ den üblichen Rechenregeln unterworfen werden, ohne dass daraus Probleme entstehen. Also ist der Großrechner Euler damit voll zufrieden.

Dass Euler auch *unendliche* (natürliche) Zahlen nutzt, haben wir bei seiner Behandlung der Exponentialfunktion bewundert. Eulers Lehrer Johann Bernoulli hatte sich jedenfalls Leibniz gegenüber noch gescheut, solche Gegenstände *innerhalb von Formeln* aufzuschreiben, und beschränkte sich auf *rein verbale Äußerungen* dazu (Abschn. 6.4). Euler kennt solche Scheu nicht – und kann auch *zeigen,* welche fruchtbaren mathematischen Resultate mithilfe dieser Formeln erzielt werden können.

Dass „unendlich große" natürliche Zahlen pure *Setzungen* des mathematischen Denkens sind und nicht klar und deutlich *definiert* werden können, konnten wir dem Disput von Leibniz und Johann Bernoulli entnehmen (siehe Abschn. 6.2).

Total unglücklich, geradezu schändlich ist daher Eulers oft sehr sorglose, eigentlich lieblose Darstellungsweise der „unendlichen" Zahlen. So schreibt er doch wörtlich:

> Folglich kann man mit Grund sagen, dass 1 durch 0 dividiert eine unendlich große Zahl oder ∞ anzeige.

Und kurz danach setzt er sogar noch eins drauf und schreibt:

> Denn da $\frac{1}{0}$ eine unendlich große Zahl andeutet, und $\frac{2}{0}$ unstreitig zweimal so groß ist; so ist klar, dass auch sogar eine unendlich große Zahl noch 2-mal größer werden könne.

Was er *meint,* ist klar: $2i > i$ („i“ für „infinitus“, lateinisch: „unendlich“). Aber nicht einmal einem Euler kann man die widersinnige Denkweise $\frac{1}{0} < \frac{2}{0}$ unwidersprochen durchgehen lassen, da daraus durch Bildung der Kehrwerte unausweichlich der Unsinn $0 = \frac{0}{1} > \frac{0}{2} = 0$, im Klartext also $0 > 0$, herzuleiten ist – was mathematisch nicht sein darf.

Selbst die größten Geister haben ihre Schwäche! Uns bleibt nur das Urteil:

> Zur Klärung des Zahlbegriffs hat Euler keinen Beitrag geleistet.

Aber etwas Positives können wir aus dieser total verkorksten Passage bei Euler doch gewinnen: Offenbar gibt es neben den „Zahlen“ noch etwas weiteres, das bei ihm als „Wert“ fungiert, nämlich ∞. Schließen wir also mit einem positiven Ergebnis:

> Für Euler zählt neben den „Zahlen“ auch ∞ zu den „Werten“.

8.8   Eine Analysis ohne Stetigkeit und Konvergenz

Heutige Mathematikerinnen und Mathematiker wundern sich hoffentlich: Eulers Analysis kommt ganz ohne die beiden Begriffe aus, die in der gegenwärtigen Analysis von größter Bedeutung sind: *Stetigkeit* und *Konvergenz*. Obwohl sicher niemand *alle* Lehrbücher der Analysis gelesen hat, die es heute gibt, darf man dennoch seinen Kopf darauf verwetten: Ganz sicher enthält jedes dieser Bücher diese beiden Begriffe. Eulers Lehrbuch jedoch nicht.

Dies ist einer der eher seltenen Fälle im Leben, in dem sich die Warum-Frage leicht und klar beantworten lässt. Frage: Warum kommt Euler in seiner Analysis ohne Begriffe der *Stetigkeit* und der *Konvergenz* aus? Antwort: Weil beide Begriffe, *Konvergenz* wie *Stetigkeit,* mathematische Sachverhalte formulieren, in denen es um *Werte* geht – doch *Werte* spielen in Eulers Analysis als Einzelne keine Rolle; sondern immer *nur als Gesamtheit.*

Wir erinnern uns: Euler verlangt von einer „veränderlichen“ Größe, sie solle „alle bestimmten Werte ohne Ausnahme“ umfassen (Abschn. 8.3.3). Allenfalls in der Gestalt der „beständigen“ Größe (und auch natürlich als *Zahlen*) tauchen in Eulers Analysis *Werte* auf – jedoch nicht, wie heute, als *konstituierende,* als *Grund*-Begriffe.

> Eulers Analysis ignoriert den Begriff *Wert.*

Eine Begründung dafür gibt Euler nicht.

Damit ist Eulers Analysis *grundlegend* einfacher als die Analysis heute. Denn zum einen fehlen ihr eben diese beiden Begriffe *Stetigkeit* und *Konvergenz;* und zum anderen sind diese beiden Begriffe, *jeder für sich,* etwas vertrackt. *Stetigkeit* und *Konvergenz* sind keine alltagstauglichen Begriffe, die zum lockeren Palaver in entspannter Atmosphäre taugen. *Stetigkeit* und *Konvergenz* sind echte technische Fachbegriffe. Es sind Begriffe, logisch etwas verzwickt aufgebaut, die erst die Mathematiker des 19. Jahrhunderts zustande gebracht haben. Wir werden noch sehen, wie das geschah (Abschn. 10.2.3).

Für Eulers Analysis gilt: Ihr *einziger* zentraler Begriff ist „Funktion". Dieser gründet auf Zahlen und auf den Begriff „Größe". Letztere gibt es in zweierlei Ausprägung: als „Beständige" und als „Veränderliche".

Ab dem 19. Jahrhundert wurden die Begriffe *Stetigkeit* und *Konvergenz* für die Analysis geformt und fruchtbar gemacht. Daher sei abschließend gezeigt, wie Euler diese beiden Begriffe verstand. Denn ja, *verwendet* hat er sie schon!

8.9   Stetigkeit bei Euler

Der „Rechenausdruck" ist der Zentralbegriff von Eulers Analysis. Daher liegt die Idee nicht fern, diesen Begriff auch für andere mathematische Gebiete fruchtbar zu machen, beispielsweise für die Geometrie. Dies unternimmt Euler in folgender Weise.

Das Grundobjekt der Geometrie ist im 18. Jahrhundert nicht mehr, wie einst bei Euklid, die Gerade, sondern weit allgemeiner, die *krumme Linie*. Descartes hatte die reine Formel erfunden und gezeigt, wie man durch „x" und „y" gewisse Streckenlängen („Abszissen", „Ordinaten") bezeichnen und daraus durch Verwendung der Rechenzeichen eine *Formel* bilden kann. Leibniz hatte diese x und y verflüssigt. Er hatte die Descartes'sche Deutung, dies seien bestimmte „Zahlen", umgestoßen und x und y als „veränderliche Größen" gedeutet.

Euler bringt nun beides zusammen: Descartes' Formel und den damals aktuellen Grundbegriff der Geometrie, die „krumme Linie". Er bewertet: Die *guten* krummen Linien sind jene, die sich als eine *Formel* beschreiben lassen. Und da die Formel, genauer der „Rechenausdruck", Eulers Lieblingsbegriff ist, gibt er die nahe liegende Definition:

> Eine „krumme Linie" heißt *„stetig"*, wenn sie durch einen Rechenausdruck beschrieben werden kann.

Also zum Beispiel durch: $(x + 2)^2 + 3$.

Das bedeutet in Eulers Denkwelt: Eine „stetige" krumme Linie ist das *geometrische Bild* einer „Funktion". Denn ein „Rechenausdruck" beschreibt für Euler eine „Funktion", ist also ihre *algebraische Gestalt*.

Eulers Betonung bei dieser Definition der „Stetigkeit" liegt ungesagt darauf, dass es ein *einziger* Rechenausdruck sein soll. Denn wie bereits betont, verlangt Euler von einer „Veränderlichen" (also einem „x" in der Formel), dass sie „alle bestimmten Werte ohne Ausnahme" annehmen soll. Demzufolge ist es für Euler *nicht denkbar*, eine *„Funktion" mit einem e i n g e s c h r ä n k t e n Wertebereich* auszustatten – und etwa zu sagen: „Betrachte die Funktion $y = 2x + 1$ für alle Werte von x ab $x = 3$ oder größer." Oder gar: „Betrachte $y = 1$ für alle $x \geq 0$" – womit wir heutzutage die folgende Halbgerade beschreiben (Abb. 8.1):

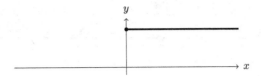

Abb. 8.1 Beispielfunktion 1

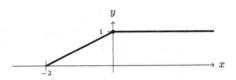

Abb. 8.2 Beispielfunktion 2

Wir sagen:

$$y = \begin{cases} \frac{1}{2}(x+2) & \text{falls} \quad -2 \leqq x < 0 \\ 1 & \text{falls} \quad \;\;\; 0 \leqq x, \end{cases}$$

nutzen also *zwei* „Rechenausdrücke": $\frac{1}{2}(x+2)$ und 1.

Während für uns heute die folgende gebrochene gerade Linie (Abb. 8.2) ganz klar das geometrische Bild einer „Funktion" ist – und zwar das Bild einer *im heutigen Sinne „stetigen"* Funktion! –, liegt Euler diese Betrachtungsweise völlig fern: Für Euler ist *keine* der beiden Linien in den zwei Figuren durch „einen Rechenausdruck" beschreibbar – und demzufolge ist für ihn keine der beiden eine „stetige" *krumme Linie.*

Und Euler hat recht! *Allein* durch *einen* Rechenausdruck ist keine dieser Linien zu beschreiben; sondern es sind noch *weitere Hilfsmittel* dazu nötig, z. B. *(Un-)Gleichungen;* oder etwa eine *grundlegende Änderung des Funktionsbegriffs,* die es erlaubt, die Methode der „Fourieranalyse" einzusetzen. In der Begriffswelt seiner Analysis jedoch hat Euler unbedingt recht: Die Linien in den beiden Figuren sind *in seinem Sinne* nicht stetig.

T

8.10 Eulers *zweiter* Begriff der Funktion

Mit einem einzigen „Rechenausdruck" kommt man in Eulers Denkwelt keineswegs *allen* krummen Linien bei. Sonst wäre Eulers Begriffsbildung „stetig" überflüssig, weil nichtssagend. Das ist Euler natürlich klar.

Doch Euler ist der Letzte, der sich durch Begriffsbildungen in seinem mathematischen Tun einschränken ließe. Wenn er also mit dem Problem konfrontiert ist, *irgendwelche* „krummen Linien" mathematisch zu beschreiben – etwa jene in Abb. 8.3 –, dann geht er anders vor. In solchen Fällen greift Euler nicht auf den von ihm (nach Anregung seines Lehrers

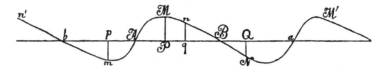

Abb. 8.3 Eulers zweiter Funktionsbegriff (1748/59)

Johann Bernoulli) gebildeten Begriff der Funktion als Rechenausdruck zurück. Stattdessen beschreibt er diese „krumme Linie" so, wie das schon Leibniz getan hat: indem er angibt, wie die „Ordinate" von der „Abszisse" *abhängt*. Euler prägt dazu einen *zweiten* Funktionsbegriff, sogar mit einer eigenen Bezeichnung:

> Wie $f : z$ im Allgemeinen durch die Ordinate einer gewissen krummen Linie [Abb. 8.3] dargestellt werden kann, deren Abszisse z ist, sei $\mathcal{A}\,\mathcal{M}\,\mathcal{B}$ die krumme Linie, deren Ordinaten $\mathcal{P}\,\mathcal{M}$ die *Funktionen*[*] der Abszissen $\mathcal{A}\,\mathcal{P}$ bilden, die durch das Zeichen f : bezeichnet werden, sodass sich $\mathcal{P}\,\mathcal{M} = f : (t\sqrt{/}b)$ ergibt.

Also: Zu der jeweiligen „Abszisse" z, etwa $\mathcal{A}\,\mathcal{P}$, gehört die „Ordinate" $\mathcal{P}\,\mathcal{M}$. Diese „Ordinaten" bilden in ihrer Gesamtheit eine „(geometrische) Funktion", als Formel notiert: $\mathcal{P}\,\mathcal{M} = f : (z)$.

Damit ist Euler natürlich aus dem Schneider. Denn *auf diese Weise* kann er *jede* „krumme Linie" als eine „(geometrische) Funktion" fassen, als eine „Funktion" *in diesem Sinne*, bezeichnet durch „f : ( )". (Die „Ordinaten" werden hier als durch ihre *Endpunkte – n', b, m, $\mathcal{A}$, $\mathcal{M}$, n, $\mathcal{B}$, $\mathcal{N}$, a, $\mathcal{M}'$* – repräsentiert gedacht.)

Diese Idee, je nach Problemstellung zwei verschiedene Funktionsbegriffe zu nutzen, ist ungewöhnlich. Genaue Leser der Euler'schen Texte haben das natürlich bemerkt und Eulers *zweiten, geometrischen* Funktionsbegriff studiert; beispielsweise der Elsässer Mathematiker Louis Arbogast (1759–1803) in seiner Abhandlung *Dissertation über die Natur der willkürlichen Funktionen, die in die Integrale partieller Differenzialgleichungen eingehen* (Original auf Französisch) aus dem Jahr 1791. Später aber geriet dies in Vergessenheit, und in heutigen Geschichtsbüchern der Analysis ist davon nicht die Rede. (Lediglich Prof. Dr. Thomas Sonar hat in sein Buch mit dem pompösen, aber völlig irreführenden Anspruch *3000 Jahre Analysis* eine Andeutung auf diese Besonderheit bei Euler aufgenommen, dabei allerdings vergessen, seine Quelle dafür zu nennen.)

8.10.1 Ausblick

Der Begriff der Stetigkeit ist in der heutigen Analysis zentral. In der Analysis – nicht in der Geometrie. Eulers Begriff der Stetigkeit allerdings bezieht sich auf „krumme Linien" und ist daher eine Eigenschaft *geometrischer* Gegenstände. Mit anderen Worten:

---

*Hervorhebung hinzugefügt.

Der heute übliche Begriff „Stetigkeit" *muss* ein ganz anderer sein, als ihn Euler gebildet hat.

Was er ist und wie er zustande kam, wird noch dargestellt werden (siehe Abschn. 10.3, 11.6.6).

8.11 Konvergenz bei Euler

Eng mit dem Begriff „Konvergenz" zusammen hängt der Begriff „Summe (einer Reihe)", bei Euler genauer: „wahre Summe". Einer nach dem andern.

Der Begriff *Konvergenz* bezieht sich zunächst auf *unendliche* Summierungen; auch „Reihen" genannt (Abschn. 4.3.1). Wir erinnern uns an Leibniz' frühes Untersuchungsobjekt:

$$1 - \tfrac{1}{3} + \tfrac{1}{5} - \tfrac{1}{7} + \tfrac{1}{9} - + \ldots$$

Für diese unendliche Summierung hat Leibniz durch einen ganz strengen Beweis gezeigt, dass sie einen endlichen Wert hat. Wir können auch sagen: dass sie *konvergiert*.

Euler hat auf eine spektakuläre Weise die *Exponentialreihe*

$$e^z = 1 + \tfrac{z}{1} + \tfrac{z^2}{1 \cdot 2} + \tfrac{z^3}{1 \cdot 2 \cdot 3} + \tfrac{z^4}{1 \cdot 2 \cdot 3 \cdot 4} + \ldots$$

hergeleitet (Abschn. 8.6.2). Diese Reihe hat tatsächlich die Eigenschaft, stets zu einem endlichen Wert zu führen, egal welchen (endlichen) Wert z bezeichnet. (Und in Klammern wurde bei dieser Gelegenheit oben *bewiesen,* dass keineswegs *jede* unendliche Reihe, die danach aussieht, eine *endliche* Summe hat, misslicherweise nicht die Reihe $1 + \tfrac{1}{2} + \tfrac{1}{3} + \tfrac{1}{4} + \tfrac{1}{5} + \ldots$; wir kommen gleich darauf zurück.)

Heutzutage firmiert dieses Thema unter dem Namen „Konvergenz": Nur im heutigen Sinne *konvergente* Reihen haben eine *endliche* Summe, die anderen nicht.

8.11.1 Konvergenz und Divergenz

Bei Euler ist das anders! Auch Euler prägt einen Begriff von *Konvergenz,* allerdings eine andere Form, einen anderen Begriff, als er heute üblich geworden ist. In einer Abhandlung mit dem Titel *Über divergente Reihen* gibt Euler folgende Definition:

Wir nennen Reihen *konvergent,* wenn ihre Glieder beständig kleiner werden und endlich völlig verschwinden wie bei

$$1 + \tfrac{1}{2} + \tfrac{1}{4} + \tfrac{1}{8} + \tfrac{1}{16} + \tfrac{1}{32} + \text{ usw.,}$$

deren Summe unbezweifelbar = 2 ist.

Denn je mehr Glieder man wirklich addiert, desto mehr nähert man sich der 2; wenn man hundert Glieder addiert, ist der Fehler zur Zwei sehr gering, nämlich ein Bruch, dessen Nenner aus 30 Ziffern besteht und dessen Zähler 1 ist.

Leider ist diese Definition weniger klar, als das wünschenswert ist. Denn Euler scheint hier so zu *tun*, als ob es wichtig sei, dass eine in seinem Sinne „konvergente" Reihe auch eine endliche Summe habe. *Dem ist aber nicht so!*

Man muss dieses Zitat *ganz genau* lesen. Dann bemerkt man:

1. Es besteht aus *zwei* Sätzen.
2. Im ersten Satz gibt es zu Beginn eine *Bestimmung*, die *Definition;* dann jedoch
3. wird sofort ein *Beispiel* angeschlossen, eingeleitet durch die Worte „wie bei".
4. Der zweite Satz bezieht sich bereits und ausschließlich auf das zuvor gegebene *Beispiel.*

Also gehören *das Ende des ersten Satzes* und *dieser zweite Satz* schon nicht mehr zur Definition von „konvergent"! Sondern sie sind eine *Folgerung* daraus, besser: ein *Beispiel* dazu.

Kurz, Eulers Definition lautet einfach:

▶   Wir nennen Reihen *konvergent,* wenn ihre Glieder beständig kleiner werden und endlich völlig verschwinden.

Dass dieses genaue Lesen zum richtigen Ergebnis führt, wird spätestens dann deutlich, wenn wir Eulers Definition des Gegenteils der „Konvergenz" lesen, seine Definition der *„Divergenz":*

Divergent heißen Reihen, deren Glieder nicht gegen nichts streben, sondern entweder niemals unter eine gewisse Grenze abnehmen oder ins Unendliche hinaufwachsen. Solche sind

$$1 + 1 + 1 + 1 + 1 + \text{usw.}$$

sowie

$$1 + 2 + 3 + 4 + 5 + 6 + \text{usw.,}$$

von denen viele Glieder addiert eine immer größere Summe ergeben.

Wieder kommt Euler gleich mit Beispielen, diesmal aber wenigstens erst in einem neuen, eigenen Satz. Und der erste Satz ist unmissverständlich.

Um uns den Unterschied von Eulers „Konvergenz" und der heutigen einzuprägen, halten wir fest:

In Eulers Denkwelt ist die Reihe

$$1 + \tfrac{1}{2} + \tfrac{1}{3} + \tfrac{1}{4} + \tfrac{1}{5} + \dots$$

„konvergent". – Sie hat natürlich keine endliche Summe.

Dieser letzte Satz bedeutet: Welche natürliche Zahl k man auch immer vorgeben mag: stets ist es möglich, eine Nummer p anzugeben, sodass gilt:

$$1 + \tfrac{1}{2} + \tfrac{1}{3} + \tfrac{1}{4} + \tfrac{1}{5} + \dots + \tfrac{1}{p-2} + \tfrac{1}{p-1} + \tfrac{1}{p} > k.$$

Selbst wenn $k = 10^{100}$ ist, trifft das zu – obwohl diese Zahl vermutlich größer ist als die Anzahl aller Atome im Weltall! Und natürlich auch für die Zahl $k = 10^{1000}$, die ganz sicher jenseits von Gut und Böse ist.

Wie bereits in Abschn. 8.6.2 dargestellt liegt das daran, dass man *immer wieder* einen Abschnitt der Reihe findet, der, zusammen genommen, $\tfrac{1}{2}$ ergibt:

$$\tfrac{1}{n+1} + \tfrac{1}{n+2} + \dots + \tfrac{1}{2n} > n \cdot \tfrac{1}{2n} = \tfrac{1}{2}.$$

Und $\tfrac{1}{2}$, oft genug addiert (nämlich: $2k$-mal), erreicht jede beliebige natürlich Zahl k (denn: $2k \cdot \tfrac{1}{2}$ $= k$)! – Für das obige p kann man übrigens die Zahl $2^{2(k-1)}$ wählen und ist dann auf der sicheren Seite. Richtig? – Die Anzahl der zu addierenden Summanden wächst exponentiell: wie 2^x. Dennoch erhält man *immer wieder* den Bruch $\tfrac{1}{2}$ – schon sehr merkwürdig! Dabei werden die einzelnen Summanden sogar *beliebig klein! Wirklich* ein sehr merkwürdiges Rechenphänomen!

8.11.2 Die *wahre Summe*

Euler ist ein absolut *konsequenter Formalist!* Natürlich weiß er um die Bedeutung der *Summe der Reihenglieder.* Gerade bei „konvergenten" Reihen. Im Falle der Reihe $1 + \tfrac{1}{2} + \tfrac{1}{3} + \tfrac{1}{4} +$ $\tfrac{1}{5} + \dots$ ist diese Summe unendlich, als Zeichen bei Euler: „∞".

Aber damit gibt sich ein Euler nicht zufrieden! Mit Blick auf das Beispiel der Reihe $*$ aus Abschn. 8.3.5 und die Rechnungen auf der Folgeseite führt Euler in seiner *Differenzial-rechnung* den Begriff „*wahre Summe*" ein:

Wir werden also diese Schwierigkeiten und anscheinenden Widersprüche gänzlich vermeiden, wenn wir dem Worte *Summe* eine andere Bedeutung geben, als es gewöhnlich zu haben pflegt. Wir wollen also den Ausdruck, aus dessen Entwicklung eine unendliche Reihe entsteht, die *wahre*[†] Summe dieser Reihe nennen.

[†]Dieses Wort ist ergänzt, da es *offenkundig* hier vergessen wurde.

Also: Die „wahre Summe" der Reihe $1+x+x^2+x^3+\dots$ ist $\frac{1}{1-x}$. *Und zwar ganz unabhängig davon, welchen Wert x hat!* Also auch für $x=1$ (für Euler ist doch $\frac{1}{0}=\infty$) und sogar für $x=2$:

$$1+2+2^2+2^3+2^4+\dots = 1+2+4+8+16+\dots = \tfrac{1}{1-2} = \tfrac{1}{-1} = -1.$$

Bei Euler siegt die Formel über die gewöhnliche Arithmetik! Euler akzeptiert es sogar, dass die „wahre Summe" unendlich vieler beliebig groß werdender Zahlen -1 ist. *Ein größeres Ausmaß an Verachtung kann man den Zahlen und der gewöhnlichen Arithmetik wohl kaum entgegenbringen!*

Natürlich akzeptiert *der Rechner Euler*, dass die „gewöhnliche" Summe von $1+2+2^2+2^3+\dots$ nichts anderes ist als ∞. Aber die *Theorie*, die „Algebraische Analysis", ist etwas ganz anderes als Rechnen. In dieser Theorie geht es *nicht* um die gewöhnliche Arithmetik, nicht um die „gewöhnliche" Summe – sondern um die *„wahre Summe"!*

> Für Euler liegt die *Wahrheit* in der *Formel*, im *Rechenausdruck*.

Jene Formulierung in seiner *Differenzialrechnung* war kein vereinzelter Ausrutscher, sondern wirklich *Eulers tiefste mathematische Überzeugung*. 20 Jahre später wiederholt er das Ganze in seiner *Vollständigen Anleitung zur Algebra* und erläutert es dort so, und zwar diesmal in deutscher Sprache (dabei Bezug nehmend auf die beim Divisionsverfahren zustande kommenden „Reste" $\frac{x^{n+1}}{1-x}$, Abschn. 8.3.5):

Das scheint bei dem ersten Anblick ungereimt.

Es ist aber zu merken, dass wann man irgendwo in obiger Reihe will stehen bleiben, darzu allezeit noch ein Bruch gesetzt werden muss.

Also wann wir z. B. bei 64 still stehen, so müssen wir zu

$$1+2+4+8+16+32+64$$

noch diesen Bruch $\frac{128}{1-2}$, das ist $\frac{128}{-1}=-128$ hinzusetzen, woraus entsteht 127−128, das ist −1.

Geht man aber ohne Ende fort, so fällt der Bruch zwar weg, man stehet aber hingegen auch niemals still.

Nehmen wir zur Veranschaulichung noch wenigstens ein zweites Beispiel für eine „wahre Summe" im Euler'schen Sinne:

$$1-2x+3x^2-4x^3+5x^4-+\dots = \frac{1}{(1+x)^2} \tag{†}$$

Die „wahre Summe" dieser Reihe links ist der Rechenausdruck rechter Hand.

T   (Wer etwas Hochschulmathematik gelernt hat, leitet sich das rasch mittels der „Methode der unbestimmten Koeffizienten" her – die anderen akzeptieren diese Gleichung gern ohne Beweis; vielleicht machen sie einfach die Probe?)

Wenn der Rechenausdruck da ist, ist es nicht (allzu) schwer, die zugehörige Potenzreihe aufzuschreiben. Umgekehrt hingegen gibt es jedoch keine Rezepte: *Die „wahre Summe" einer Reihe zu finden, ist stets ein mathematisches Problem.*

Euler hat da ein analoges Problem zu dem, das wir heute (nur) bei den „konvergenten" Reihen haben: Auch wenn wir die Konvergenz der Reihe – in unserem heutigen Sinn! – nachgewiesen haben, kennen wir noch längst nicht ihren Wert! So geht es auch Euler: Es ist eine Kunst, die „wahre Summe" einer Potenzreihe zu ermitteln, also einen ihr gleichen *endlichen* Rechenausdruck. (Das ist ganz unabhängig von der „Konvergenz" der Reihe – diesen Begriff in Eulers oder in unserem heutigen modernen Sinne genommen.) Heutzutage müssen wir den richtigen *Wert* einer „konvergenten" Reihe ermitteln. Euler stellt keine Theorie auf über so etwas Singuläres wie *Werte*. Ihm geht es um Algebra, um das Allgemeine: um die *Formel*.

Klar ist aber: In seinem Begriff der „wahren Summe" bevorzugt Euler *ausnahmsweise* den endlichen Rechenausdruck vor dem unendlichen. (Es wäre auch wirklich überraschend, bei dem Superpragmatiker Euler einmal ein *immer* durchgehaltenes Prinzip zu finden.)

8.12   Fazit zur Algebraischen Analysis Eulers

Für Eulers Form der Analysis hat sich der Name „Algebraische Analysis" eingebürgert. Er passt sehr genau. Unser Fazit zu dieser Theorie lautet:

> Der höfischen Etikette im absolutistischen Königtum entspricht in der Mathematik Eulers der Rechenausdruck, die Formel. Beide, Etikette wie Formel, überformen das gewöhnliche Verhalten bzw. Rechnen – sei das im Einzelfall *in der Sache* noch so absurd, sei das noch so irrational nach dem gewöhnlichen Verstand. Beides wird ebenso starr wie *willkürlich* (nämlich: *regelgeleitet,* im Gegensatz zu: *sachbezogen*) vollzogen.

(Wer etwas Genaueres über die höfische Etikette im absolutistischen Königtum wissen will, sei auf das Standardwerk von Norbert Elias *Die höfische Gesellschaft* von 1969 verwiesen oder neuerdings auf *Das Europa der Könige* von Leonhard Horowski.)

Zugrunde gelegte Literatur

Louis François Antoine Arbogast 1791. *Mémoire sur la nature des fonctions arbitraires qui entrent dans les intégrales des équations aux différentielles partielles.* Académie Impériale des Sciences, St. Pétersbourg.

Johann Bernoulli 1991. Op. CIII. Remarques sur ce qu'on a donné jusqu'ici de solutions des Problêmes sur les isoperimetres, avec une nouvelle methode courte & facile de les resoudre sans calcul, laquelle s'étend aussi à d'autres problêmes qui ont rapport à ceux-là. In: Goldstine 1991, S. 527–568.

Norbert Elias 1969. *Die höfische Gesellschaft.*, Bd. 423 der Reihe Suhrkamp Taschenbuch Wissenschaft. Suhrkamp, Frankfurt am Main, 1981.

Leonhard Euler 1788a. *Leonhard Eulers Einleitung in die Analysis des Unendlichen.* Erstes Buch. Carl Matzdorf, Berlin. URL http://books.google.de/books?id=VwE3AAAAMAAJ&pg=PP2& ots=LNs0o_YK04&lr=, Deutsch: Johann Andreas Christian Michelsen.

Leonhard Euler 1788b. *Leonhard Eulers Einleitung in die Analysis des Unendlichen.* Zweytes Buch. Carl Matzdorf, Berlin. URL http://books.google.de/books?hl=de&lr=&id=EwI3AAAAMAAJ& oi=fnd&pg=PA5&ots=zSybL4AxZo&sig=G-Nioin1m_1c5p6-cGI91jpldWs, Deutsch: Johann Andreas Christian Michelsen.

Leonhard Euler 1828, 1829, 1830. *Leonhard Euler's vollständige Anleitung zur Integralrechnung,* 3 Bde. Carl Gerold, Wien. Deutsch: Joseph Salomon.

Leonhard Euler 1836. *Leonhard Eulers Einleitung in die Analysis des Unendlichen.* Zweites Buch. Neue unveränderte berichtigte Auflage. G. Reimer, Berlin. Deutsch: Johann Andreas Christian Michelsen.

Leonhard Euler 1885. *Einleitung in die Analysis des Unendlichen von Leonhard Euler.* Springer, Berlin, Neudruck 1983. URL http://gdz.sub.uni-goettingen.de/no_cache/dms/load/toc/? IDDOC=264689, Deutsch: H. Maser.

Leonhard Euler (1745/48 E 102) 1945. Introductio in analysin infinitorum.Tomus secundus. In: Andreas Speiser (Hg.), *Leonhardi Euleri Opera Omnia*, Bd. 9 der Reihe I. Orell Füssli, Teubner, Zürich; Leipzig, Berlin. URL http://dx.doi.org/10.3931/e-rara-8740.

Leonhard Euler (1746/60 E 247). De seriebus divergentibus. In: Carl Boehm und Georg Faber (Hg.), *Leonhardi Euleri Opera Omnia*, Bd. 14 der Reihe I, S. 585–617. Teubner, Leipzig, Berlin, 1925. URL http://math.dartmouth.edu/~euler/.

Leonhard Euler (1748/50 E 140). Sur la vibration les cordes. In: Fritz Stüssi (Hg.), *Leonhardi Euleri Opera Omnia*, Bd. 10 der Reihe II, S. 63–77. Teubner, Leipzig, Berlin, 1947. URL http://math. dartmouth.edu/~euler/.

Leonhard Euler (1763/68 E 342). Institutiones calculi integralis, Vol. 1. In: Friedrich Engel und Ludwig Schlesinger (Hg.), *Leonhardi Euleri Opera Omnia*, Bd. 11 der Reihe I. Teubner, Leipzig, Berlin, 1923. URL http://math.dartmouth.edu/~euler/.

Leonhard Euler (1768/69 E 387). Vollständige Anleitung zur Algebra. In: Heinrich Weber (Hg.), *Leonhardi Euleri Opera Omnia*, Bd. 1 der Reihe I. Teubner, Leipzig, Berlin, 1911. URL http:// math.dartmouth.edu/~euler/.

Leonhard Euler 1790–93. *Leonhard Euler's vollständige Anleitung zur Differenzial-Rechnung.* 3 Bde, aus dem Lateinischen übersetzt und mit Anmerkungen und Zusätzen begleitet von Johann Andreas Christian Michelsen. Lagarde und Friedrich, Berlin und Libau. URL http://dx.doi.org/10.3931/e-rara-8624.

Herman H. Goldstine 1991. *Die Streitschriften von Jacob und Johann Bernoulli.* David Speiser (Hg.) *Die gesammelten Werke der Mathematiker und Physiker der Familie Bernoulli.* Birkhäuser, Basel usw.

Leonhard Horowswki 2017. *Das Europa der Könige.* Rowohlt, Reinbek bei Hamburg.

Detlef Laugwitz 1986. *Zahlen und Kontinuum. Eine Einführung in die Infinitesimalmathematik.* Bibliographisches Institut, Mannheim.

Thomas Sonar 2011. *3000 Jahre Analysis.* Springer, Heidelberg, Dordrecht, London, New York.

Detlef D. Spalt 2011. Welche Funktionsbestimmungen gab Leonhard Euler? *Historia mathematica*, 38: S. 485–505. URL http://dx.doi.org/10.1016/j.hm.2011.05.001.

Rüdiger Thiele 1982. *Leonhard Euler.* Bd. 56 der Reihe Biographien hervorragender Naturwissenschaftler, Techniker und Mediziner. Teubner, Leipzig.

9.1 d'Alembert: philosophische Legitimation der Algebraischen Analysis und Rütteln an Eulers Funktionsbegriff

Eulers etwas jüngerer Zeitgenosse Jean-Baptist le Rond d'Alembert (1717–83) war als Mathematiker ebenfalls erstrangig, wirkte darüber hinaus aber auch als Philosoph und als politischer Akteur. Sein Name steht gemeinsam mit dem von Denis Diderot (1713–84) für die in ihrer Wirkung für die Aufklärung kaum zu überschätzende französische *Enzyklopädie,* erschienen in den Jahren 1751–80. (d'Alembert war jedoch bereits 1758 aus der wissenschaftlichen Redaktion ausgeschieden.)

9.1.1 d'Alemberts Nachdenken über den Größenbegriff

Im 1757 erschienenen Band 7 der *Encyclopédie* beginnt d'Alembert seinen Eintrag *Größe* mit folgendem Satz: „Hier eines jener Worte, von dem alle Welt glaubt, eine klare Idee zu haben, das aber dennoch sehr schwer gut zu definieren ist."

9.1.2 d'Alemberts Kritik

d'Alembert beginnt mit jenem Begriff der Größe, den wir bei Euler gefunden haben: Größe ist das, was „ohne Ende vermehrt oder vermindert werden kann."

Zunächst erläutert d'Alembert die Wichtigkeit des „oder" in dieser Kennzeichnung. Hieße es dort stattdessen „und", so fielen weder Null noch Unendlich unter den Begriff der Größe, da Null nicht vermindert, Unendlich nicht vermehrt werden könne. Beides aber hält d'Alembert unzweifelhaft für „Größen".

© Springer-Verlag GmbH Deutschland, ein Teil von Springer Nature 2019   107
D. D. Spalt, *Eine kurze Geschichte der Analysis,*
https://doi.org/10.1007/978-3-662-57816-2_9

Schon an dieser Stelle sehen wir: Das Unendliche denkt d'Alembert nicht wie Euler und Johann Bernoulli, sondern wie Leibniz – denn Euler und Johann Bernoulli können das Unendliche (etwa i) vermehren ($i + 1, i + 2, \ldots$), Leibniz und d'Alembert hingegen können das nicht.

9.1.3   d'Alemberts Größenbegriff

Übergangslos wendet sich d'Alembert dann seinem Verständnis von „Größe" zu und erklärt: „Mir scheint, man kann die *Größe* gut als das definieren, was aus Teilen zusammengesetzt ist."

Damit ist d'Alembert bei Euklid, der zwei Jahrtausende früher festgehalten hatte: „*Zahl* ist die aus Einheiten zusammengesetzte Vielheit." Und: „*Teil* einer Zahl ist eine Zahl, die Kleinere von der Größeren, wenn sie die Größere genau misst."

Der Philosoph d'Alembert erläutert sodann *nebenbei* die grundlegende Legitimation der Algebraischen Analysis:

> Die Größe[*] existiert in allen endlichen Wesen, und sie drückt sich in einer unbestimm-ten Zahl aus, aber sie kann nur auf dem Weg des Vergleichs und in Bezug auf eine andere homogene Größe erkannt und begriffen werden.

Descartes' universelle Einheit wird wieder verabschiedet und dafür das Homogenitätsgesetz reanimiert, natürlich in neuer Bedeutung.

9.1.4   Bewertung: d'Alemberts philosophische Legitimation der Algebraischen Analysis

Natürlich kennen wir d'Alemberts *Absicht* hinter dieser Formulierung nicht. Es kann sehr gut sein, dass er damit nichts anderes sagen wollte als zig Mathematikergenerationen vor ihm: Erst durch die Festlegung des Maßstabs (der „Einheit") steht das Maß der Größe fest. Betrachtet man jedoch die *Sache* (bedenkt also auch den geschichtlichen Moment, in dem d'Alembert schreibt), so kann man diesen Satz d'Alemberts als eine *philosophische Legitimation der Algebraischen Analysis* lesen:

> Nicht um *bestimmte* Werte geht es, sondern um *alle möglichen* Werte, ohne Ausnahme.

So hatte es Euler zu Beginn seines Analysis-Lehrbuches gefordert (Abschn. 8.3.3).

---

*Hier schreibt d'Alembert für „Größe" „quantité", am Satzende hingegen „grandeur".

9.1.5   d'Alemberts Rütteln an Eulers Funktionsbegriff

Euler und d'Alembert rangen lange miteinander um die beste mathematische Beschreibung der schwingenden Saite. Sie konnten sich nicht einigen – jeder hielt seine eigene Lösung für die bessere und die des anderen für zu speziell. Dabei ging es zu wie so oft im richtigen Leben: Die Gesprächspartner redeten aneinander vorbei. Sie verstanden sich wechselseitig nicht. Sie hatten unterschiedliche Auffassungen vom Begriff der Funktion.

Was Euler *in diesem Fall* unter „Funktion" verstand, wurde in Abschn. 8.10 gesagt. Wie dachte d'Alembert?

d'Alembert hatte nicht wie Euler Johann Bernoulli als Mathematiklehrer – und deswegen größeren Abstand von der geometrischen Gründungsphase der Analysis. d'Alembert orientierte sich am algebraischen Funktionsbegriff, den Euler gegeben hatte: Eine „Funktion" wird durch einen „Rechenausdruck" beschrieben. Aber natürlich war es auch d'Alembert klar, dass damit keineswegs alle in der Praxis auftauchenden „krummen Linien" beschrieben werden können – sondern eben nur die schönen. Die hatte Euler „stetig" genannt (Abschn. 8.10).

d'Alembert versuchte in zwei Schritten, diesen algebraischen Funktionsbegriff zu liberalisieren. Seine Grundidee war es, statt nur *eines* Rechenausdrucks deren *zwei* zuzulassen.

1. Zunächst ließ es d'Alembert zu, dass eine „Funktion" auch durch eine *Gleichung* bestimmt werden dürfe. Also mittels zweier Rechenausdrücke, die durch das Gleichheitszeichen verbunden sind.

   Diese Idee hilft aber nicht wirklich weiter. Denn wenn die Unbekannte auf *beiden* Seiten einer Gleichung steht, ist es sehr fraglich, ob es durch Rechnen gelingt, sie auf einer Seite zu isolieren. (Seit dem 19. Jahrhundert weiß man, dass das schon bei Gleichungen fünften Grades misslingen kann. Das 18. Jahrhundert erhoffte sich da weit mehr.) Gelingt dies jedoch nicht: Wie soll man dann die „Funktion" näher untersuchen – wenn man sie doch gar nicht *explizit* hat?

2. Ab dem Jahr 1761 versuchte sich d'Alembert an einer Abänderung des Funktionsbegriffs, und 1780 arbeitete er das genauer aus.

Schrecklich klar ist sein Text nicht. Aber zweierlei lässt sich wohl sagen:

a. Er setzt eindeutig zwei Gleichungen mit aneinandergrenzendem Gültigkeitsbereich zu einer „unstetigen" Funktion zusammen. Er modifiziert also seinen ursprünglichen Funktionsbegriff entscheidend, indem er die „Gleichung" – also seine „Funktion" – in ihrer *Gültigkeit einschränkt*. Für Euler *undenkbar!*

b. Er überträgt den Begriff „unstetig" von „krumme Linie" auf „Funktion". „Unstetig" heißt eine *zusammengesetzte* „Funktion" nach d'Alembert dann, wenn sie eine *einzige* „krumme Linie" beschreiben soll und wenn diese beiden *verschiedenen* „Funktionen" im Treffpunkt (i) denselben „Wert" annehmen sowie (ii) dieselbe rechts- bzw. linksseitige „Ableitung" (Steigung der Tangente) aufweisen.

d'Alembert ist also bestrebt, *innerhalb der Begriffswelt der Algebraischen Analysis* den Funktionsbegriff flexibler zu gestalten. Denn in der von Euler dekretierten Form ist der algebraische Funktionsbegriff wenig praxistauglich.

9.1.6 d'Alemberts Anstoß: Condorcet

Dringt man noch tiefer in die mathematischen Quelltexte des ausgehenden 18. Jahrhunderts ein, kann man Anhaltspunkte dafür finden, dass d'Alembert die Inspiration für seinen letzten Flexibilisierungsschritt von seinem eine Generation jüngeren Zeitgenossen mit dem klangvollen Namen Marie Jean Antoine Nicolas Caritat Marquis de Condorcet (1743–94) erhalten hatte; und zwar aus dessen im Jahr 1774 unter der Überschrift *Von der Stetigkeit willkürlicher Funktionen* publizierten Abhandlung. Doch solche Feinheiten auszubreiten verbietet sich hier.

9.2   Lagrange: Die Totalisierung der Algebra

Der letzte erstrangige kompromisslose Verfechter der Analysis in Euler'schem Zuschnitt war Joseph Louis Lagrange (1736–1813). Sein Lehrbuch erschien im Jahr 1797, bezeichnet als das „Jahr V" nach dem Revolutionskalender, in zweiter Auflage im Jahr 1813. Den Titel gab der deutsche Übersetzer Johann Philipp Grüson (1768–57) in seiner bereits 1798 erschienenen Übersetzung wie folgt wieder: *Theorie der analytischen Funktionen, in welcher die Grundsätze der Differenzialrechnung vorgetragen werden, unabhängig von Betrachtung der unendlich kleinen oder verschwindenden Größen, der Grenzen oder Fluxionen, und zurückgeführt auf die algebraische Analysis.* Spätestens damit ist „Algebraische Analysis" als Name für die Sache kanonisiert. Ein treffender Name.

9.2.1   Lagranges neue Grundlegung der Analysis: die Basis

Der lange Titel des Werkes formuliert dessen Plan. Es geht Lagrange darum, die Funktionenlehre und die Differenzialrechnung so einfach wie irgend möglich darzulegen – und also *unabhängig* von den schwierigen Begriffen „unendlich kleine" Größe, „Grenze" oder (wie bei Newton) „Fluxion": Analysis – so einfach wie irgend möglich. Ein sehr löblicher Plan.

Lagranges Idee ist sehr konsequent. Wir verstehen ihn in drei Schritten.

Erster Schritt. Lagrange beginnt ganz am Anfang: bei Eulers Begriff der Funktion. Euler hatte erklärt: Eine „Funktion" ist eine „veränderliche" Größe, die durch einen Rechenausdruck beschrieben ist. Lagrange radikalisiert dies zu:

Funktion ist ein Rechenausdruck.

Demnach ist *jeder* Rechenausdruck eine „Funktion" – egal ob er eine veränderliche Größe beschreibt oder nicht.

Das war bei Euler anders. Für Euler stellten nur solche Rechenausdrücke eine „Funktion" dar, die eine *veränderliche* Größe beschreiben. Lagrange ist die *Bedeutung* des Rechenausdrucks egal (ob er nur einen oder aber mehrere Werte haben kann), für Lagrange ist *jeder* Rechenausdruck eine „Funktion".

Nun rekapitulieren wir den Euler'schen Begriff „Rechenausdruck".

1. Die einfachsten Rechenausdrücke sind die *Summen* (wir sprechen immer dann von einer „Summe", wenn der Ausdruck durch Additionen *und/oder* Subtraktionen gebildet wird): endlich wie $2 + 3x + 5x^2$ oder unendlich wie $1 - x + x^2 - x^3 + x^4 - + \ldots$

2. Aber auch ein einfacher *Bruch* kann als eine (unendliche) Summe geschrieben werden (Abschn. 8.3.5):

$$\frac{1}{1-x} = 1 + x + x^2 + x^3 + \ldots$$

oder (Abschn. 8.11.2)

$$\frac{1}{(1+x)^2} = 1 - 2x + 3x^2 - 4x^3 + 5x^4 - + \ldots$$

3. Daher ist Euler davon überzeugt, dass sich *jede* Funktion als eine solche (unendliche) *Summe* darstellen lässt. Das notiert er in § 59 seines Analysislehrbuches:

> Alsdann dürfte es zweifellos sein, dass sich jede Funktion von x in einen derartig ins Unendliche fortlaufenden Ausdruck
>
> $$ax^\alpha + Bx^\beta + Cx^\gamma + Dx^\delta + \ldots, \qquad (\ddagger)$$
>
> in welchem die Exponenten $\alpha, \beta, \gamma, \delta \ldots$ irgendwelche Zahlen bedeuten, verwandeln lässt.

Als Exponenten wählt Euler hier griechische Buchstaben: Alpha, Beta, Gamma, Delta. Das können *beliebige* Zahlen sein.

9.2.2 Lagranges Idee

Um seinen Plan umzusetzen, greift Lagrange – sein *zweiter Schritt* – eine Tatsache auf, die ursprünglich Johann Bernoulli (im Jahr 1694) und dann sehr klar und wiederholt Euler vorgetragen hatten. In seiner *Integralrechnung* wiederholte Euler einen Lehrsatz, den er bereits in seiner *Differenzialrechnung* (und auch schon früher einmal, siehe Abschn. 8.5) bewiesen hatte:

T

Satz. Wenn y eine Funktion von z bezeichnet, welche für $z = a$ in b übergeht, und man setzt
$\frac{dy}{dz} = P$, $\frac{dP}{dz} = Q$, $\frac{dQ}{dz} = R$, $\frac{dR}{dz} = S$ *etc., dann gilt allgemein, dass*

$$y = b + P(z-a) - \frac{1}{2}Q(z-a)^2 + \frac{1}{6}R(z-a)^3$$
$$- \frac{1}{24}S(z-a)^4 + \frac{1}{120}T(z-a)^5 - \text{etc.}$$

sei.

Um die Grundidee besser zu verstehen, vereinfachen wir diesen nicht ganz übersichtlichen Rechenausdruck. Wir nennen die Differenz $z - a$ kurz x; und zu den „Differenzialquotienten" $P, Q, R, \ldots$ nehmen wir noch die klar regelmäßig gebildeten Vorfaktoren einschließlich der Vorzeichen hinzu: $1P = p$, $-\frac{1}{2}Q = q$, $\frac{1}{6}R = r$, $-\frac{1}{24}S = s$, ... Dann lautet Eulers Rechenausdruck:

$$f(a+x) = f(a) + p \cdot x + q \cdot x^2 + r \cdot x^3 + s \cdot x^4 + t \cdot x^5 + \text{etc.} \tag{§}$$

Euler hat also bewiesen, dass sich *jede* Funktion, jeder Rechenausdruck, in dieser Weise darstellen lässt. Das Neue bei der obigen Formel ist die linke Seite. Dort steht nicht „$f(x)$", sondern „$f(a + x)$".

Lagranges Idee ist es nun – *dritter Schritt* –, zu beweisen, dass das Modell ‡ nichts anderes ist als die Gl. §. Anders gesagt, Lagrange beweist den folgenden Lehrsatz:

Satz. *J e d e Funktion $f(x)$ lässt sich als Rechenausdruck der Form § schreiben.*

Mit einem Beweis dieses Lehrsatzes eröffnet Lagrange sein Analysislehrbuch.

Wenn Lagrange diesen Satz beweisen kann, gelingt ihm tatsächlich ein großer Coup. Denn *wegen* des von Euler bewiesenen, zuvor wiedergegebenen Lehrsatzes weiß man dann: Der Faktor p beim zweiten Summanden rechter Hand in § ist der erste Differenzialquotient der Funktion (nämlich $\frac{dy}{dz}$); der Faktor q beim dritten Summanden rechter Hand in § ist der zweite Differenzialquotient der Funktion (bei Euler: $\frac{dP}{dz}$), inklusive des Faktors $\frac{1}{1\cdot2}$ und des Vorzeichens $-$; der Faktor r beim vierten Summanden rechter Hand in § ist der dritte Differenzialquotient der Funktion ($\frac{dQ}{dz}$), inklusive des Faktors $\frac{1}{1\cdot2\cdot3}$; usw. Mit anderen Worten: Wenn Lagrange diesen Lehrsatz beweisen kann, dann kann er für jede Funktion auch jeden Differenzialquotienten bilden. *Dann ist mit diesem einen Schlag auch die Differenzialrechnung begründet; und zwar ohne Verwendung der sonst üblichen Begriffe wie „unendlich kleine" Größe usw.*

Übrigens hat Lagrange an dieser Stelle eine neue Bezeichnungsweise eingeführt, die bis zum heutigen Tag genutzt wird. Statt des „ersten Differenzialquotienten" $\frac{dy}{dz}$ der Funktion f schreibt Lagrange einfach „f'"; statt des zweiten Differenzialquotienten $\frac{dP}{dz}$ schreibt er „f''" usw. Die f', f'', usw. heißen bis auf den heutigen Tag die „erste", „zweite", ... „Ableitung" der Funktion f.

9.2.3 Eine zeitgenössische Kritik an Lagranges Durchführung seiner Idee

Der nicht zu den erstrangigen Mathematikern zu zählende August Leopold Crelle (1780–1855) hat Lagranges Lehrbuch im Jahr 1823 in einer neuen deutschen Übersetzung herausgegeben. Crelle fand es angebracht, Lagrange einer Fundamentalkritik zu unterziehen, und schrieb:

> Meines Erachtens ist dieser Beweis, dass die Reihe für die Entwicklung einer beliebigen Funktion $f(a + x)$, die Größe x nur in Potenzen von ganzen positiven Exponenten enthalten kann, erstens unzulänglich, wenigstens schwach und für Prinzipien einer ganzen Wissenschaft viel zu verwickelt; dann aber ist auch, glaube ich, ein Beweis überhaupt *nicht nötig*.

Das ist ganz starker Tobak; und das letzte Urteil ist sehr bemerkenswert: Warum ist der Beweis dieses Lehrsatzes in Crelles Augen „nicht nötig"?

Crelle macht es sich einfach und sagt: Im weiteren Verlauf des Buches wird gezeigt, wie es geht – wenn man aber zeigt, *wie* es geht, dann braucht man nicht zu beweisen, *dass* es geht.

Das ist ein klarer Fall von Selbstbetrug. Denn *natürlich* zeigt Lagrange in seinem Buch nicht, wie *alle* Funktionen in eine solche Reihe entwickelt werden können: Das Buch ist endlich (das Original hat 296 Seiten), aber es gibt unendlich viele Funktionen! Und Lagrange (ein ohne allen Zweifel erstrangiger Mathematiker) hat diese Art von Argument selbstverständlich nicht angeführt. Lagrange war der festen Überzeugung, seinen Satz hieb- und stichfest allgemein bewiesen zu haben.

9.2.4 Lagranges Durchführung seiner Idee

Lagranges Argument für die Richtigkeit seines Satzes ist ganz einfach. Es lautet: Zu zeigen ist doch im Wesentlichen, dass die Alpha, Beta, Gamma, Delta, … in Eulers Rechenausdruck ‡ (Abschn. 9.2.1) nur die natürlichen Zahlen 1, 2, 3, … sein *können*. Das aber ist selbstverständlich, weil (und jetzt kommts!) im Falle eines nicht ganzzahligen Exponenten der betreffende Ausdruck *mehrdeutig* ist – während die vorgelegte Funktion doch eindeutig ist. – Und das wars auch schon!

Lagrange argumentiert also mit folgender Tatsache: $x^{1/2} = \sqrt{x}$ hat zwei Werte ($\sqrt{4} = \pm 2$); $x^{1/3} = \sqrt[3]{x}$ hat drei Werte ($\sqrt[3]{1}$ hat den Wert 1 und die beiden Werte $-\frac{1}{2} \pm \frac{\sqrt{-3}}{2}$) usw. Dies ist wirklich eine Tatsache – sofern man nur die „komplexen" Zahlen akzeptiert, also Zahlen mit dem Bestandteil $\sqrt{-1}$ (wie bei $\sqrt{-3}$, denn es gilt $\sqrt{-3} = \sqrt{3} \cdot \sqrt{-1}$).

9.2.5 Die fundamentale Lücke in Lagranges Beweis

Dennoch hat Lagranges Beweis eine Lücke. Diese Lücke ist sehr grundlegender Natur und lässt sich wie folgt beschreiben: Lagrange gründet seinen Beweis auf das Argument, die „Funktion" $x^{1/2}$ habe *zwei* „Funktionswerte". Richtig ist jedoch nur: Es gibt zwei „Werte" X, die sich nach der Vorschrift $x^{1/2}$ $(= \sqrt{x})$ ermitteln lassen, also $X^2 = x$. (Am Beispiel: Es gelten $2^2 = 4$ und $(-2)^2 = 4$ – *also* sind 2 und -2 die „Werte" X von $x^{1/2} = 4^{1/2} = \sqrt{4}$.) Aber Rechnen ist das eine – und Mathematik ist das andere!

Lagrange will nicht elementar *rechnen*, sondern Lagrange will einen Lehrsatz *beweisen*. Und in seinem Beweis *verwendet* er ganz eindeutig den Begriff „Funktionswert" – indem er behauptet, etwa $x^{1/3}$ habe *drei* Werte. Das ist dann *falsch*, wenn man sich auf die „reellen" Funktionen beschränkt – wie wir das heute gewöhnlich im ersten Semester an der Hochschule tun; denn drei *reelle* Zahlen (also solche ohne den Bestandteil $\sqrt{-1}$), die sich nach der Vorschrift $x^{1/3} = \sqrt[3]{x}$ berechnen lassen, gibt es nicht.

Nun kann man diesem Einwand entgegenhalten: Lagrange unterwirft sich aber dieser Beschränkung auf nur *reelle* Funktionen nicht – also trifft ihn dieser Einwand auch nicht.

Diese Entgegnung ist insofern richtig, als Lagrange in der Tat keine *reelle* Funktionenlehre schreibt, sondern (in heutiger Sprache:) eine *komplexe*. Trotzdem ist diese Entgegnung zu schwach. Denn sie trifft nur das genannte Beispiel (Beschränkung auf eine *reelle* Analysis), nicht jedoch die Sache. Und die Sache bleibt bestehen:

Nirgendwo bestimmt Lagrange den Begriff „Funktionswert".

Aber er *verwendet* ihn! Das ist eindeutig ein Mangel an mathematischer Strenge.

Vielleicht denkt man hier: So etwas Langweiliges, „Funktionswert" – es ist doch *klar*, was damit gemeint ist!

Gegenfrage: Wirklich? Was ist denn der „Funktionswert" von $\frac{1}{x}$ für $x = 0$? Oder für $x = \infty$? Also: Was ist $\frac{1}{0}$, was ist $\frac{1}{\infty}$? Weiter: Was ist der Funktionswert von $\log 0$, von $\tan \frac{\pi}{2}$? Von $\sin \infty$? – *Das ergibt sich nicht durch Rechnen,* sondern dafür braucht es Theorie, das heißt: Wir müssen Mathematik machen!

Daher müssen wir Lagranges Beweis kritisieren, indem wir ihm vorhalten: Nirgendwo hast du erklärt, was du unter dem Begriff „Funktionswert" verstehen willst! Doch einen Beweis auf einen *nicht erklärten* Begriff zu stützen, ist in der Mathematik unzulässig!

Üblicherweise wird Lagrange ganz anders kritisiert. Ihm wird ein technischer mathematischer Fehler vorgehalten: Lagrange habe nicht berücksichtigt, dass die Darstellung § *in einzelnen Fällen* nicht funktioniere.

Aber diese Kritik an Lagrange ist ganz unberechtigt. Einen solchen *technischen* Fehler hat der erstrangige Mathematiker Lagrange nicht begangen. Liest man sein Buch *genau*, so sieht man: Er hat die betreffende technische Problematik sehr ausgiebig behandelt und seine Sicht dazu erklärt. Er weiß also um jenen Sachverhalt – aber dieser Sachverhalt trifft seinen Lehrsatz nicht, widerlegt ihn keineswegs. Denn Lagranges Lehrsatz handelt – wie das schon bei Euler der Fall ist – von „Größen", nicht jedoch von einzelnen „Werten". Heutige Mathematiker (wie auch Mathematikhistoriker und -historikerinnen) verstehen dieses Argument leider oft nicht.

Zugrunde gelegte Literatur

Jean-Baptist le Rond d'Alembert 1757. Grandeur. In: *Encyclopédie, ou Dictionnaire Raisonné des Sciences, des Arts et des Métiers*, Bd. 7, S. 855. Briason, David, Le Breton, Durand, Paris.

Jean-Baptist le Rond d'Alembert 1771. Quantité. In: *Encyclopédie, ou Dictionnaire Raisonné des Sciences, des Arts et des Métiers*, Bd. 13, S. 655. Samuel Fauche, Paris.

Jean-Baptist le Rond d'Alembert 1761. Recherches sur les vibrations des cordes sonores. In: *Opuscules mathématiques*, Bd. I., S. 1–64. David, Paris. URL http://gallica.bnf.fr/ark:/12148/bpt6k62394p.

Jean-Baptist le Rond d'Alembert 1780. Sur les fonctions discontinues. In: *Opuscules mathématiques*, Bd. VIII., S. 302–308. David, Paris. URL http://www.bnf.fr/fr/collections_et_services/reproductions_document/a.repro_reutilisation_documents.html.

Marquis de Condorcet (1771) 1774. Sur la détermination des fonctions arbitraires qui entrent dans les intégrales des équations aux différences partielles. *Histoire de l'Académie Royale des Sciences*, Année 1771, S. 49–74.

Euklid. *Die Elemente, Buch I – XIII.* Nachdruck aus „Ostwald's Klassikern der exakten Wissenschaften", Leipzig (1933–1937). Wissenschaftliche Buchgesellschaft, Darmstadt 1980. Deutsch von Clemens Thaer.

Leonhard Euler 1828, 1829, 1830. *Leonhard Euler's vollständige Anleitung zur Integralrechnung,* 3 Bde. Carl Gerold, Wien. Deutsch von Joseph Salomon.

Leonhard Euler 1885. *Einleitung in die Analysis des Unendlichen von Leonhard Euler.* Springer, Berlin, Neudruck 1983. Deutsch von H. Ma? ser. URL http://gdz.sub.uni-goettingen.de/no_cache/dms/load/toc/?IDDOC=264689.

Leonhard Euler (1763/68 E 342). *Institutiones calculi integralis,* Vol. 1. In: Friedrich Engel und Ludwig Schlesinger (Hg.), *Leonhardi Euleri Opera Omnia*, Bd. 11 der Reihe I. Teubner, Leipzig, Berlin, 1923. URL urn:nbn:de:bvb:12-bsb10053432-6.

Judith V. Grabiner 1981. Changing attitudes toward mathematical rigor: Lagrange and analysis in the eighteenth and nineteenth centuries. In: *Epistemological and social problems of the sciences in the early nineteenth century*, S. 311–330. D. Reidel, Dordrecht, Boston, London.

Joseph Louis Lagrange 1813. *Théorie des Fonctions Analytiques.* In: *Œuvres,* publiées par les soin de J.-A. Serret, Bd. 9. Gauthier-Villars, Paris 1881. Nachdruck Olms, Hildesheim, 1973. URL http://books.google.de/books?id=XGQSAAAAIAAJ&pg=PA4&ots=ZgppL%b1box&dq=lagrange+22theorie+des+fonctions+analytiques22&lr=,http://gallica.bnf.fr/ark:/12148/bpt6k86263h/f1.table. Textversion (Auszüge): URL http://gallica.bnf.fr/ark:/12148/bpt6k88736g. Deutsch: Lagrange 1823.

Joseph Louis Lagrange 1823. *Theorie der analytischen Functionen* J. L. Lagrange's mathematische Werke, Bd. 1. G. Reimer, Berlin. Deutsch von A. L. Crelle.

Bolzano: der republikanische Revolutionär der Analysis 10

10.1 Die Lage

10.1.1 Von den Akademien zur Universität

Die Algebraische Analysis des 18. Jahrhunderts wurde von akademischen Mathematikern getragen: Euler, d'Alembert und Lagrange waren als Mitglieder wissenschaftlicher Akademien prominent, nicht als Universitätslehrer. Das änderte sich mit dem Jahrhundertwechsel, der sich ausbreitenden Industrialisierung des Wirtschaftslebens und der allmählich verstärkten Technisierung. Die Gesellschaft brauchte vermehrt Ingenieure aller Art – und keine neuzeitliche Technik ohne Mathematik. Qualifizierte Ingenieurausbildung wurde notwendig.

Welche Wirkung das im damaligen Zentrum der Mathematikentwicklung, in Paris, hatte, kommt im nächsten Kapitel zur Sprache. Zunächst aber müssen wir einen Abstecher nach Prag und in die böhmische Provinz machen.

10.1.2 Bolzano, der Staatsgefährder

Kaiser Franz trug als Kaiser von Österreich die Ordnungsnummer I., als Deutscher Kaiser die Ordnungsnummer II. Mit Bescheid vom 24. Dezember 1819, eröffnet am 20. Januar 1820, setzte er den Theologen, Philosophen und Mathematiker Bernard Bolzano (1781–1848) von dessen Lehrstuhl der philosophischen Religionslehre an der Universität Prag ab. Bolzano wurde unter Polizeiaufsicht gestellt und erhielt Publikationsverbot. Die Unterstützung des örtlichen Landadels einschließlich der Kirchenvertreter verhinderte Schlimmeres und ermöglichte es Bolzano, wenigstens in Abgeschiedenheit vom Lehrbetrieb seine Studien zu betreiben.

© Springer-Verlag GmbH Deutschland, ein Teil von Springer Nature 2019
D. D. Spalt, *Eine kurze Geschichte der Analysis,*
https://doi.org/10.1007/978-3-662-57816-2_10

Bolzanos Denken sollte unschädlich gemacht werden. Der Österreichische Kaiser wollte um jeden Preis einen solchen Umsturz der gesellschaftlichen Verhältnisse verhindern, wie er sich in Frankreich vollzogen hatte. Bolzanos Reden als Priester wurden als sozialrevolutionär eingestuft, der Beichtvater des Kaisers witterte Staatsgefahr. Hatte nicht 400 Jahre zuvor schon einmal ein Prager Universitätslehrer und Priester die einfachen Leute im dortigen Erzbistum durch seine Predigten begeistert und sich dann zum Feind der Obrigkeit gemausert: Jan Hus (um 1370–1415)?

Dass Bolzano in der Tat ein revolutionärer Denker ersten Ranges war, zeigt sich auch in jenen mathematischen Manuskripten, die er in Abgeschiedenheit von der Gelehrtenwelt zu Papier brachte und die im späteren 20. Jahrhundert im Druck erschienen. Wir kommen darauf zurück.

10.2 Konvergenz im neuen Sinn

Heute gilt „Konvergenz" als ein zentraler Begriff der Analysis. Das war nicht immer so.

10.2.1 Erinnerung an Euler

Was Euler unter dem Begriff „Konvergenz" verstand, haben wir schon gesehen (Abschn. 8.11): Eine Reihe $a_1 + a_2 + a_3 + \ldots$ „konvergiert" (im Sinne Eulers), wenn die a_k beständig abnehmen und beliebig klein werden, also zum Beispiel $1 + \frac{1}{2} + \frac{1}{3} + \frac{1}{4} + \ldots$ (Abschn. 8.11.1). In Eulers Analysis jedoch spielte die „Konvergenz" keine Rolle.

10.2.2 Heute

Heute ist das anders – jedenfalls dann, wenn das Lehrbuch einen wissenschaftlichen Anspruch hat. In diesen Fällen wird der Begriff „Konvergenz" (einer Reihe) früh eingeführt, vor dem Begriff „Stetigkeit" und vor den Techniken der Differenziation und der Integration.

Wendet sich das Lehrbuch an Praktiker, kann das anders aussehen. Oder auch dann, wenn der Autor das Ziel verfolgt, die Analysis nicht als *Vorspiel,* sondern als *erste wirkliche Begegnung* mit Mathematik zu präsentieren.

Ein Autor der letztgenannten Art ist Michael Spivak. Sein Lehrbuch *Calculus* aus dem Jahr 1967 umfasst 29 Kapitel auf gut 500 Seiten, und dort erscheint der Begriff „Konvergenz" erst in Kap. 21 auf Seite 373, erst *nach* den Themen Stetigkeit, Ableitung, Integral. Offenbar lässt sich die heutige Analysis auch ohne den Begriff „Konvergenz" formen.

10.2.3 Die Konvergenz von Folgen: zwei Begriffe!

Im 17. und 18. Jahrhundert arbeiteten die Mathematiker mit *Reihen*: $a_1 + a_2 + a_3 + \ldots$ Heute ist es üblich, vor den Reihen die *Folgen* zu betrachten – das sind die *einzelnen* Summanden einer Reihe in ihrer Aufeinanderfolge: a_1, a_2, a_3,…; sie werden nicht addiert.

Heute wird der Begriff „Konvergenz" einer solchen Folge in zwei Schritten definiert (wir lesen Spivak):

1. „Konvergenz" gegen eine „Grenze":

> Eine Folge a_1, a_2, a_3, … „konvergiert gegen" G (in Zeichen: $\lim_{k \to \infty} a_k = G$), wenn es zu jedem $\varepsilon > 0$ eine natürliche Zahl N gibt, sodass für alle natürlichen Zahlen n gilt:
>
> $$\text{wenn } n > N, \text{ dann gilt } |a_n - G| < \varepsilon.$$
>
> G heißt die „Grenze" der Folge.

Ohne allzu lange über die Details dieser Formulierung nachgedacht zu haben, hat man schnell den Eindruck: Diese Definition sieht jener Forderung sehr ähnlich, die Euler in *seiner* Begriffsbestimmung aufgestellt hatte. Denn Euler hatte verlangt, dass die a_k „beständig kleiner werden und endlich völlig verschwinden" sollen. In Spivaks Sprache formuliert: Euler verlangt, dass die „Folge" der a_k *gegen die „Grenze"* 0 *konvergiert*, $|a_k - 0| < \varepsilon$, geschrieben: $\lim_{k \to \infty} a_k = 0$ – „konvergiert" jetzt im heutigen Sinn.

2. „Konvergenz" ohne Bezugnahme auf eine „Grenze":

> Eine Folge a_1, a_2, a_3, … „konvergiert", wenn es zu jedem $\varepsilon > 0$ eine Zahl N gibt, sodass für alle m und n gilt:
>
> $$\text{wenn } m, n > N, \text{ dann gilt } |a_n - a_m| < \varepsilon.$$

(Heute werden solche Folgen gewöhnlich als „Cauchy-Folgen" bezeichnet. Obwohl Bolzano schneller war, wir sehen das gleich.)

Das ist jetzt aber wirklich verwickelt! Wer soll denn das verstehen? – Die Antwort verschieben wir auf die Lektüre von Bolzano und machen lieber rasch weiter.

Man darf einen Begriff nicht zweimal definieren! Deswegen muss noch das Verhältnis dieser beiden Schritte zueinander geklärt werden. Dazu:

1. *Jede* dieser beiden hervorgehobenen Formulierungen ist eine *mögliche* Definition des heutigen Begriffs „Konvergenz".

2. Die erste Formulierung ist spezieller, die zweite allgemeiner. (Denn nach der ersten Formulierung *hat* man die „Grenze" G – von der zweiten Formulierung ausgehend muss man erst *beweisen*, dass es eine solche „Grenze" G überhaupt gibt.)

3. *Beweisen* wir also, dass beide Formulierungen *für Bolzano* gleichbedeutend sind!

a) *Aus der ersten Formulierung folgt die zweite:* Vorausgesetzt ist also, dass man $|a_n - G|$ ab einer natürlichen Zahl N kleiner als jeden gewünschten (positiven) Wert machen kann. *Also* können wir $|a_n - G|$ wie auch $|a_m - G|$ beide $< \frac{\varepsilon}{2}$ machen, wenn nur $n > N$ und $m > N$ gelten. Die Rechnung ist einfach, wenn man die „Dreiecksungleichung" kennt. (Sie lautet allgemein: $|x \pm y| \leqq |x| + |y|$.) Denn wir haben für $n, m > N$:

$$|a_n - a_m| = |a_n - G + G - a_m| \leqq |a_n - G| + |G - a_m| < \tfrac{\varepsilon}{2} + \tfrac{\varepsilon}{2} = \varepsilon,$$

und das musste bewiesen werden.

b) Jetzt *umgekehrt*. Vorausgesetzt ist also: $|a_n - a_m|$ kann *ab einer natürlichen Zahl N* (formal: für $n > N$ und $m > N$) beliebig klein gemacht werden. Woher jetzt G nehmen und nicht stehlen? – Bolzano hat dazu eine Idee. Er sagt: Man kann G „so genau, als man nur immer will, bestimmen". Und das hält er für ausreichend. – Beurteilen wir das:

(i) Man kann G *wirklich* in jeder gewünschten Genauigkeit bestimmen. Dazu braucht man nur ε geeignet zu wählen. Für die Genauigkeit $\frac{1}{10}$ wähle man etwa $\varepsilon = \frac{1}{10}$. Dann gibt es nach Voraussetzung N, sodass für n und $m > N$ stets $|a_n - a_m| < \frac{1}{10}$ gilt. Wähle also für ein solches $n > N$ einfach $G = a_n$, dann ist garantiert $|G - a_m| < \frac{1}{10}$, wie gewünscht.

(ii) So lange man keine *begriffliche Konstruktion* der „Zahlen" hat, ist bislang kein besseres Argument bekannt.

(iii) Wie wir noch erfahren werden, hat es die Mathematik erst im Jahr 1872 (oder 1849) zu einer *begriffliche Konstruktion* der „Zahlen" gebracht.

(iv) Also hat Bolzano das für seine Zeit bestmögliche Ergebnis erzielt.

Kurz: Auch die Umkehrung ist bewiesen – und sogar von Bolzano höchstpersönlich, im Jahr 1817; wir werden das im übernächsten Abschnitt sehen!

10.2.4 Die Konvergenz von Reihen heute

In seinem Kap. 22 definiert Spivak die „Konvergenz" auch noch für *Reihen*. Spivak ist sprachlich sehr genau und modern. Daher sagt er in seiner Definition nicht, die „Reihe" $a_1 + a_2 + a_3 + \ldots$ „konvergiert", sondern er sagt: Die „Folge" $a_1, a_2, a_3, \ldots$ ist „summierbar" (gemeint ist dasselbe):

Die Folge $a_1, a_2, a_3, \ldots$ ist „summierbar", wenn die Folge $s_1, s_2, s_3, \ldots$ konvergiert, wobei gesetzt ist:

$$s_n = a_1 + \ldots + a_n .$$

In diesen Fällen wird $\lim_{k \to \infty} s_k$ beschrieben durch

$$\sum_{k=1}^{\infty} a_k \quad \text{(oder weniger formal durch: } a_1 + a_2 + a_3 + \ldots)$$

und heißt die „Summe" der Folge $s_1, s_2, s_3, \ldots$

Alles klar? – Vielleicht nicht ganz?!

Man könnte versucht sein zu denken, es gehe bei der „Konvergenz" der Reihe $a_1 + a_2 + a_3 + \ldots$ darum, $(a_1 + a_2 + a_3 + \ldots + a_k)$ für $k \to \infty$ zu untersuchen – aber das ist es nicht! Um zu verstehen, was „$\lim\limits_{k \to \infty} s_k$" wirklich bedeutet, muss man sich in die Definition im voranstehenden zweiten Schritt vertiefen; und dann wirds kompliziert.

Statt lange darüber nachzudenken, wenden wir uns lieber Bolzano zu. Denn Bolzano hat *genau denselben* Begriff („Konvergenz" einer „Reihe", Spivaks „summierbar") bestimmt, doch er hat das sprachlich weitaus geschickter, weitaus verständlicher formuliert.

10.2.5 Die Konvergenz von Reihen bei Bolzano

Im Jahr 1817 erscheint in Böhmen eine mathematische Abhandlung von Bolzano, die damals kaum jemand beachtete (schon gar nicht im fernen Paris), für die Bolzano aber heute gerühmt wird. Und das zu Recht, wie wir bald ahnen werden.

Wenn er auch der Sache keinen Namen gibt (nämlich den Namen „Konvergenz"), lenkt Bolzano die Aufmerksamkeit der oder des Lesenden doch auf diese Eigenschaft, indem er sie „besonders merkwürdig" nennt:

Besonders merkwürdig ist die Klasse derjenigen Reihen, welche die Eigenschaft besitzen, dass die *Veränderung* (*Zu-* oder *Abnahme*), welche ihr Wert *durch eine auch noch so weit getriebene Fortsetzung* ihrer Glieder erleidet, immer *kleiner* verbleibt als eine gewisse Größe, die wieder selbst *so klein, als man nur immer will*, angenommen werden kann, wenn man die Reihe schon vorher weit genug fortgesetzt hat.

Ein langer Satz, verschachtelt (die *Hervorhebungen* sind deswegen hinzugefügt). Das ist bei Bolzano leider üblich. Aber eine faszinierend klar getroffene Bestimmung! Analysieren wir den Satz im Detail.

1. Die alles entscheidende Passage ist die „noch so weit getriebene Fortsetzung". Bolzano schreibt sie als Formel in der Art:

$$a_n + a_{n+1} + a_{n+2} + \ldots + a_{n+r}. \qquad (\P)$$

Bei Spivak steht dafür (Achtung: Es geht bei der Konvergenz der Reihen um die Abschätzung der Größe der Summen s_k und nur *indirekt* um die a_k!):

$$|s_{n+r} - s_n|.$$

Das ist weit weniger verständlich, meint aber dasselbe. Wirklich! (Stimmts? – Ein kleiner Unterschied besteht, doch der ist unerheblich!)

2. „Noch so weit getrieben" heißt: r darf hier beliebig groß werden; es dürfen beliebig viele, *ganz viele* Summanden sein (aber nur *endlich* viele).
3. Von dieser „noch so weit getriebenen Fortsetzung" (das ist die Summe ¶) verlangt Bolzano: Sie muss „immer kleiner verbleiben als eine gewisse Größe, die wieder selbst *so klein, als man nur immer will,* angenommen werden kann". Dies Letztere formulieren wir heute so, wie wir es bei Spivak gelesen haben: „Für alle $\varepsilon > 0$ soll $|\ldots| < \varepsilon$ sein", und die drei Punkte stehen (fast) für die Summe ¶.

Die gestellte Formulierung „für alle …" nennt man heute den „Allquantor". Bolzano formuliert das ganz anders, nämlich so: „… eine gewisse Größe [eben: ε], die wieder selbst *so klein, als man nur immer will,* angenommen werden kann". Also viel weicher als das brachiale „alle": „eine gewisse …, die … angenommen werden kann". (Dass Größen keine *negativen* Werte haben – Spivaks „>0" –, war in der Mathematik zur Zeit Bolzanos selbstverständlich und wurde daher nicht geschrieben.)

4. Der letzte Schliff: Das „angenommen werden kann" hat eine *Generalvoraussetzung:* nämlich dass man die Reihe *vorher* „schon weit genug fortgesetzt hat". Was meint Bolzano damit? – Das n! Mit dieser Formulierung „schon weit genug fortgesetzt hat" meint Bolzano: *Damit das* alles, was wir bisher überlegt haben (also dass die Summe $a_n + a_{n+1} + a_{n+2} + \ldots + a_{n+r}$ immer – für jedes r also – kleiner bleibt als die beliebig klein angenommene Größe) auch wirklich gilt, muss das n z u v o r *groß genug* gewählt worden sein.

Auch dieser Aspekt wird heute mittels eines *Quantors* formuliert, und zwar mit dem anderen, dem „Existenzquantor": „Es gibt eine Zahl N, sodass …". Bolzano formuliert wieder einfacher: „muss das n groß genug gewählt worden sein". Gesagt wird dasselbe – bei Spivak in einer normierten, gestelzten Sprache, bei Bolzano in einfacherer Prosa; wenn auch keineswegs in der *Umgangssprache:* das geht bei einem so diffizilen Sachverhalt, wie es die „Konvergenz" darstellt, nicht; leider. Ganz ohne Mühe geht Mathematik nicht.

5. Zusammengefasst: Wenn wir jetzt nochmals Bolzanos Satz über die „besonders merkwürdige" Klasse der Reihen lesen, können wir ihn genießen. Oder? Mit diesem *einen* Satz von Bolzano ist all das formuliert, was Spivak in sage und schreibe drei Definitionsstufen (Abschn. 10.2.4) zustande gebracht hat. Und sogar: *Bolzano gibt die allgemeinste*

Formulierung von „Konvergenz". Er schafft das in einem einzigen Satz (über sieben Zeilen)! Natürlich ist Bolzanos Satz etwas *anspruchsvoll,* sowohl im Wortschatz als auch im Satzbau. Niemand versteht ihn beim ersten Lesen. Man *muss* ihn mehrmals lesen. Aber man kann ihn ohne spezielle Vorbildung (insbesondere ohne Logikkenntnisse) verstehen. Dieser Satz ist völlig untechnisch, ohne die heute üblich gewordenen Standardfloskeln („für alle", „es gibt") und daher dem Nicht-Spezialisten oder der Nicht-Spezialistin leichter zugänglich. – Das halten wir noch fest:

> Der heutige Begriff „Konvergenz" wird erstmals von Bolzano im Jahr 1817 formuliert, in allgemeinster Form. (Siehe den vorigen Kasten sowie den Beweis in Abschn. 10.2.3, Nummer 3.)

Es ist in der Wissenschaft üblich, das Erscheinungsjahr des gedruckten Textes als Entstehungsjahr zu nehmen. Denn wann das betreffende Manuskript *wirklich* fertig gestellt wurde, lässt sich in vielen Fällen (nicht in diesem Fall) nur schwer oder gar nicht genau feststellen. Das Druckjahr ist gewöhnlich eindeutig.

10.2.6 Das verbleibende Manko

So feinsinnig Bolzano hier auch argumentiert und so sauber er auch hier seine Begriffe konzipiert – in einem Punkt kapituliert er an derselben Stelle wie einst Leibniz (Abschn. 4.4.3): Wie schon seinem berühmten Vorgänger mangelt es auch Bolzano fast eineinhalb Jahrhunderte später an einem für seine Zwecke geeigneten Zahlbegriff. Wie schon gesagt: Eine Zahl „beliebig genau" *ausrechnen* können ist nicht dasselbe wie eine Zahl zu *haben,* sie *vorzeigen* zu können! Die *beweisende* Mathematik benötigt eine *begrifflich bestimmte* Zahl (um sie *im Beweis konstruieren* zu können) – oder sie hat keine. Bolzano im Jahr 1817 hat keine. (Erst eine halbe Generation später arbeitete er an diesem Projekt, doch das blieb bis zum letzten Viertel des 20. Jahrhunderts in seinen Manuskripten verborgen.)

10.3   Stetigkeit im neuen Sinn

10.3.1 Die Konvergenz ist für das Diskrete

Der Begriff „Konvergenz" ist für *diskrete* Objekte gemacht.

Im 19. Jahrhundert waren diese diskreten Objekte die *Summanden* der unendlichen Reihe. Die *Reihe* ist $a_1 + a_2 + a_3 + \ldots$; die *diskreten* Objekte darin sind die „Summanden": $a_1, a_2, a_3, \ldots$

Im ausgehenden 19. Jahrhundert wurden diese diskreten Objekte *ohne die Summenbildung* zu einem eigenen mathematischen Gegenstand geformt, und dafür wurde ein Name vergeben, den es zuvor nicht gab: „Folge". (So entstand ein neues mathematisches Objekt. So einfach kann das sein!) Die „Folge" ist: $a_1, a_2, a_3, \ldots$, und dafür wurde eine eigene Schreibweise eingeführt: „$(a_k)_k$"; heute manchmal ganz ausführlich: „$(a_k)_{k \in \mathbb{N}}$". Dabei bezeichnet „$\mathbb{N}$" die Menge der natürlichen Zahlen. Manche Autoren verwenden statt der runden Klammern geschweifte; und manchmal wird auch die Anzeige des Laufindexes weggelassen – dann heißt die Folge einfach: „$\{a_k\}$". – Genaueres dazu in Kap. 14.

10.3.2 Stetigkeit ist analog der Konvergenz

Wer den Begriff „Konvergenz" verstanden hat, versteht sofort, was „Stetigkeit" ist.

> Wenn man den heutigen Begriff „Konvergenz" vom Diskreten auf das Kontinuierliche überträgt, erhält man den heutigen Begriff „Stetigkeit".

Der Begriff „Stetigkeit" lässt sich leichter veranschaulichen. Daher: Wer Schwierigkeiten mit dem Begriff „Konvergenz" hat, möge sich mit dem Begriff „Stetigkeit" befassen – und *danach* nochmals zur „Konvergenz" zurückkehren.

Zum Glück haben wir im Deutschen die zwei Worte „stetig" und „kontinuierlich" und können so leicht zwei verschiedene Dinge unterscheiden. Wir können dem *neuen Fachbegriff* („stetig") einen eigenen Namen geben. Das Englische und das Französische beispielsweise haben dieses Glück nicht.

10.3.3 Die Stetigkeit für Funktionen bei Bolzano

Bolzano erklärt die Stetigkeit als die folgende Eigenschaft: Eine Funktion heißt „stetig" für den Wert x_0, wenn

> der Unterschied $f(x_0 + \omega) - f(x_0)$ kleiner als jede gegebene Größe gemacht werden kann, wenn man ω so klein, als man nur immer will, annehmen kann.

ω, der letzte Buchstabe des griechischen Alphabets, steht bei Bolzano für eine Veränderliche, die „so klein werden kann, als man nur immer will". Unausgesprochen ist ω bei Bolzano stets positiv: $\omega > 0$.

Deuten wir die Funktion $f(x)$ nicht nur als einen *Rechenausdruck,* sondern denken wir sie auch als Bild, als *Kurve* im Koordinatensystem veranschaulicht. Dann besagt Bolzanos Bestimmung: Diese *Kurve* hat am Wert x_0 *keinen Sprung.* Denn je näher sich die x-Werte dem Wert x_0 nähern (je *kleiner* also ω wird), desto weniger unterscheidet sich der betreffende Funktionswert $f(x_0 + \omega)$ vom Funktionswert $f(x_0)$. In Zeichen (wieder als Formeln):

$$\text{Für} \quad |\omega| < \delta \quad \text{gilt:} \quad |f(x_0 + \omega) - f(x_0)| < \varepsilon.$$

Bolzano formuliert: „Der Unterschied [nämlich: $|f(x_0 + \omega) - f(x_0)|$] kann kleiner als jede gegebene Größe gemacht werden, *wenn man ω so klein annehmen kann, wie man will.*" Das zu verstehen, ist eine logische Herausforderung. Es meint: Das δ wird *nach* der Vorgabe des ε bestimmt. Erst das ε, danach das δ. – Einverstanden?

Um ganz korrekt zu sein: Bolzano ist an dieser Stelle ein kleines bisschen schlampig! Denn er *bezeichnet* den „Wert" der Veränderlichen x genau so wie die „Veränderliche": einfach durch „x". Das Zeichen „x_0" für einen „Wert" der Veränderlichen x ist meine Zutat, bei Bolzano steht es nicht. (Ich habe sie von Cauchy übernommen, das wird im nächsten Kapitel klar werden, Abschn. 11.6.2.) – Meines Wissens hat sich bisher niemand an dieser kleinen Schlamperei Bolzanos gestört, alle haben ihn richtig verstanden. Aber wir wollen hier so pedantisch sein, wie es – sinnvoll – möglich ist.

10.3.4 Der kleine Unterschied zu heute

Bolzanos Definition der „Stetigkeit" ist sauber, klar und bis heute gültig. Dennoch bedeutet sie für Bolzano und seine Zeit etwas anderes als für uns heute. Denn für Bolzano und seine Zeitgenossen war es (unausgesprochen) noch immer klar:

> Eine Größe hat keine negativen Werte.

Zu Anfang des 19. Jahrhunderts genossen die negativen Zahlen noch immer kein ordentliches Bürgerrecht in der Mathematik. Es sei an Abschn. 4.3.5 erinnert.

Bolzano schreibt in seiner Definition eindeutig: „$x_0 + \omega$", nicht etwa: „$x_0 \pm \omega$". (Und natürlich *meint* Bolzano mit „+" auch +, und nicht etwa „+ oder −".) Das bedeutet: Bolzano betrachtet nur die *obere* Nähe von x_0, also *größere* Werte als x_0. Die *kleineren* (also: $x_0 - \omega$) lässt Bolzano hier außen vor. Demzufolge ist das, was Bolzano definiert hat, nur eine *einseitige* Stetigkeit.

Das war dem scharfen Denker Bolzano selbstverständlich bewusst. In seinem später verfassten Manuskript *Funktionenlehre* spricht er unterscheidend von „positiven Zuwächsen" und von „negativen Zuwächsen". Dementsprechend unterscheidet er dort auch die Stetigkeit „in positiver Richtung" von der „in negativer Richtung". Trifft beides zu, nennt Bolzano das „schlechtweg stetig". (In seinen Formeln dort benutzt er allerdings nur das Pluszeichen.)

An so etwas Verrücktes wie wechselnde Vorzeichen bei den Folgegliedern von ω, also etwa an die Folge $1, -\frac{1}{2}, \frac{1}{3}, -\frac{1}{4}, \frac{1}{5}, -\frac{1}{6}, \ldots$, dachte damals nicht einmal ein Bolzano. Das lag jedoch nicht an einer fehlenden Radikalität des Denkens – bei Bolzano schon gar nicht! Vielmehr erklärt sich das so: Die *kontinuierliche* Veränderliche x *kann* natürlich auch nur *kontinuierlich* verändert werden! Für Bolzano ist die Größe ω, die einen „Zuwachs" der kontinuierlichen Veränderlichen x bezeichnet, *ganz selbstverständlich* ebenfalls kontinuierlich. Und höchstwahrscheinlich auch für alle seine Zeitgenossen. (Den mathematischen

Gegenstand „Folge" gab es zu Anfang des 19. Jahrhunderts noch nicht: Der war noch nicht erfunden worden.)

10.3.5 Die Unterschiede zu Eulers Stetigkeit

Euler nannte eine *„krumme Linie"* dann „stetig", wenn sie sich durch einen Rechenausdruck beschreiben lässt (Abschn. 8.9). Bolzano nennt eine *„Funktion"* dann „stetig", wenn ihr *geometrisches Bild* keinen Sprung aufweist.

Diese beiden Stetigkeitsbegriffe unterscheiden sich in zweierlei Hinsicht:

1. Sie beziehen sich auf unterschiedliche *Objekte:* bei Euler auf „krumme Linien"; bei Bolzano auf „Funktionen".
2. Sie bezeichnen völlig unterschiedliche *Eigenschaften:* bei Euler die Eigenschaft einer krummen Linie, *als Ganze* durch einen Rechenausdruck darstellbar zu sein; bei Bolzano die Eigenschaft einer Funktion, ihre Werte *in der Nähe eines Wertes* nur ganz allmählich zu ändern.

Deswegen nennt man Eulers Stetigkeitsbegriff heute manchmal „global" (er bezieht sich auf die *ganze* Kurve), den von Bolzano „lokal" (er handelt nur von der Nähe eines *einzigen* Wertes x_0). Doch wirklich zu vergleichen sind beide Begriffe schlecht – eben weil sie sich auf ganz unterschiedliche Gegenstände (Kurve bzw. Funktion) beziehen. (Noch komplizierter wird es, wenn man auch d'Alemberts Idee von „unstetig" einbezieht: Abschn. 9.1.5, Punkt 2b.)

Manchmal aber ist man ein bisschen ungenau und tut so, als ob eine „Funktion" *dasselbe* sei wie ihr geometrisches *Bild* im Koordinatensystem; dann sind die Unterschiede der beiden Stetigkeitsbegriffe nicht ganz so groß. Doch man sollte in der Mathematik nie ein bisschen ungenau sein! – Siehe jedoch Abschn. 11.6.6… !

Der Stetigkeitsbegriff Eulers ist, zusammen mit seiner „Algebraischen Analysis", heute längst untergegangen. Überlebt hat der Stetigkeitsbegriff, den Bolzano formuliert hat.

Das ist kein Verdienst von Bolzano. Vielmehr zeigt dies: *In einem bestimmten Sinn* betreiben wir noch heute dieselbe Art der Analysis wie Bolzano – jedoch eine ganz andere als Euler.

10.3.6 Die Stetigkeit ist für das Kontinuierliche

Der neue Begriff „Stetigkeit" ist für *kontinuierliche* Objekte gemacht. Er überträgt den Begriff „Konvergenz" aus dem *Diskreten.* Das wollen wir uns kurz klarmachen.

Die „Stetigkeit" verlangt für die Funktion $f(x)$ von x:

$$\text{Für} \quad |\omega| < \delta \quad \text{gilt:} \quad |f(x_0 + \omega) - f(x_0)| < \varepsilon.$$

Jetzt bilden wir zwei Analogien:

1. Wir nehmen anstelle des *kontinuierlichen* Objekts „Veränderliche", also anstelle von x, das *diskrete* Objekt „natürliche Zahlen"; die einzelnen können wir durch k bezeichnen.
2. Und anstelle des *kontinuierlichen* Objekts „Funktion", also anstelle von $f(x)$, nehmen wir das *diskrete* Objekt „Folge", also $(a_k)_k$.

Dann entspricht der feste Funktionswert $f(x_0)$ der Grenze G; und die (kontinuierlich) veränderlichen Funktionswerte $f(x_0+\omega)$ entsprechen den (diskret) verschiedenen Folgengliedern a_k.

$$\text{Aus} \quad |f(x_0 + \omega) - f(x_0)| < \varepsilon$$
$$\text{wird dann} \quad |a_n - G| \quad < \varepsilon.$$

Schließlich wird aus der Bedingung, zu ε ein geeignet kleines δ zu bestimmen, damit für $|\omega| < \delta$ die obere Ungleichung erfüllt ist, die Bedingung, eine geeignet große Zahl N zu bestimmen, damit für $n > N$ die untere Ungleichung erfüllt ist. – Bingo.

10.4 Bolzanos revolutionärer Funktionsbegriff

Auch nach seiner Verbannung von der Universität war es Bolzano möglich, seine Studien weiterzutreiben. (Manche haben solches Glück.) Etwa 17 Jahre nach dem Druck jener Schrift, für die er heute allseits gerühmt wird, ist er mit seinen mathematischen Manuskripten so weit gediehen, dass die Grundlagen für die Arbeit an einem Lehrbuch der Analysis gelegt sind. Der Titel dieses Manuskripts ist schlicht: *Funktionenlehre*.

Die Grundlagen dazu hat Bolzano in früheren Manuskripten gelegt. Dort gelangt der reife Denker Bolzano zu einem Funktionsbegriff, der weit ab von all dem ist, was sich seine Zeitgenossen dazu denken.

Zwar blieb diese Erfindung im 19. Jahrhundert unbekannt und konnte daher auch keine Wirkung entfalten. Doch ist sie in einer solchen Weise spektakulär, dass sie hier angeführt und kurz besprochen werden soll.

10.4.1 Bolzanos Begriff der Funktion

Selbstverständlich packt Bolzano auch diese Definition in einen einzigen (langen) Satz:

> Die veränderliche Größe W ist eine *Funktion* von einer oder mehreren veränderlichen Größen X, Y, Z, wenn es gewisse Sätze von der Form: die Größe W hat die Beschaffenheit w, w_1, w_2 gibt, welche ableitbar sind aus gewissen Sätzen der Form: die Größe X hat die Beschaffenheit

ξ, ξ', ξ'', – die Größe Y hat die Beschaffenheit η, η', η''; die Größe Z hat die Beschaffenheit ζ, ζ', ζ'' usw.

Übersetzt man das biedermeierisch verschwurbelte Deutsch Bolzanos ins heutige, dann lautet diese Definition etwa so:

▶   Ein veränderliche Größe w heißt eine „Funktion" der veränderlichen Größen
    x, y, z, wenn die Eigenschaften von w nach einem Gesetz durch die Eigen-
    schaften von x, y und z bestimmt sind.

Oder prägnant:

▶   Eine Größe w heißt dann eine „Funktion", wenn ihre Werte *gemäß einem Gesetz*
    von den Werten anderer Veränderlicher abhängen.

Das ist noch nach den heutigen Vorstellungen der *allgemeinst mögliche* Funktionsbegriff (für die Analysis). Das Entscheidende: *Von einem „Rechenausdruck" ist bei Bolzano nicht mehr die Rede!* Nur noch von einem „Gesetz", von „Abhängigkeit" (Bolzano schreibt das Wort „ableitbar").

10.4.2 Bolzanos Beispiele zum Funktionsbegriff

Bolzano schreibt diese Bestimmung nicht nur so hin, er *meint* sie tatsächlich in dieser Allgemeinheit. So gibt er in seiner *Funktionenlehre* als erstes Beispiel einer Funktion das Folgende:

> *W* bedeute den Preis, womit wir die Geschicklichkeit der Schützen bei einem Scheibenschießen belohnen wollen, wenn wir festsetzen, dass der Schuss in den Mittelpunkt 100 Reichstaler, ein Schuss aber, dessen in Zollen ausgedrückte Entfernung vom Mittelpunkte $= x$ nicht über 2 Zoll beträgt, $100 - 25x$ Reichstaler, ein Schuss, dessen Entfernung vom Mittelpunkte > 2 und < 5 Zoll, $58 - 2x^2$ Reichstaler gewinnen soll.

10.4.3 Beurteilung

Nicht die (sehr einfachen) *Rechenausdrücke,* die Bolzano hier verwendet, sind das Wichtige, sondern die *beliebig stückweise* Art ihrer Bestimmung.

Für Bolzanos Zeitgenossen (wie Cauchy – wir kommen im nächsten Kapitel darauf) war eine derartige Weise, den mathematischen Begriff „Funktion" zu fassen, *völlig undenkbar,* vollkommen abwegig. Mit solchen Gegenständen soll sich die Analysis befassen? „Im Leben nicht!", dachten Bolzanos Kollegen.

Bolzano war hier dem Stand seiner Kollegen um Jahrzehnte voraus. Selbst Riemanns Bestimmung aus dem Jahr 1851 *verdeutlichte* zwar einen Aspekt an Bolzanos Definition, brachte aber eigentlich ihr gegenüber keine Neuerung. Allerdings wurde Riemanns Formulierung gedruckt und bekannt – sie markiert bis heute den Stand der Dinge. (Wir kommen noch darauf, siehe Abschn. 12.3.1.)

10.4.4 Mathematische Konsequenzen aus Bolzanos Funktionsbegriff

Ein weiterer Beleg dafür, dass Bolzano seinen Funktionsbegriff so radikal *meinte,* wie er ihn aufgeschrieben hatte, ist der *beiläufige* Halbsatz in seiner *Funktionenlehre* (und hier nutzt Bolzano sogar das Wort „Abhängigkeit"):

> Da es erlaubt ist, uns das Gesetz der Abhängigkeit einer Zahl von einer anderen zu denken, wie wir wollen …

Dann legt Bolzano los. Als Erstes konstruiert er eine (einfache) Funktion, die für *kein* Stück von x (kein Intervall also) „stetig" ist – sei das Stück noch so klein gewählt.

Seine Zeitgenossen gingen ganz im Gegenteil davon aus, dass eine Funktion *fast überall* „stetig" ist – ausgenommen, allenfalls, einige einzelne Ausnahmewerte. Bolzano konstruiert ein radikales *Gegenbeispiel* gegen diese Denkweise.

Damit noch immer nicht genug! Bolzano konstruiert weiterhin Funktionen mit völlig unerwarteten Eigenschaften – beispielsweise eine, die „innerhalb der Grenzen $x = 0$ und $x = 1$ unendliche Male steige und falle."

Schließlich konstruiert Bolzano (freilich mit einer leichten Überstrapazierung seines Funktionsbegriffs) sogar eine Funktion, die auf keinem noch so kleinen Stück entweder *nur* steigt oder *nur* fällt. (Wir heute sagen dazu: die auf keinem noch so kleinen Intervall „monoton" ist. – Eine Funktion „steigt", wenn aus $x_2 > x_1$ stets folgt: $f(x_2) > f(x_1)$; und sie „fällt", wenn dann $f(x_2) < f(x_1)$ gilt.)

Diese von Bolzano konstruierte Funktion ist wirklich ein mathematisches Ungeheuer. Sie ist stetig; aber sie ist auf keinem Stück (vornehm: in keinem Intervall) monoton. Und noch härter: Sie ist *an keinem Wert* differenzierbar. – Zeitgenossen und Nachfolger von Bolzano waren der festen Überzeugung, eine Funktion sei (fast) *überall* differenzierbar, manche sogar noch im Jahr 1874: Abschn. 13.2.3. Bolzano dachte da weitaus radikaler – so, wie wir das heute auch tun.

Zugrunde gelegte Literatur

Bernard Bolzano 1816. *Der binomische Lehrsatz, und als Folgerung aus ihm der polynomische, und die Reihen, die zur Berechnung der Logarithmen und der Exponentialgrößen dienen, genauer als bisher erwiesen*. C. W. Enderssche Buchhandlung, Prag. URL http://dml.cz/handle/10338.dmlcz/ 400346. Englisch in: Russ 2004, S. 154–248.

Bernard Bolzano 1817. *Rein analytischer Beweis des Lehrsatzes, daß zwischen je zwey Werthen, die ein entgegengesetztes Resultat gewähren, wenigstens eine reelle Wurzel der Gleichung liege.* In: Philip E. B. Jourdain (Hg.), Leipzig, 1905. URL http://dml.cz/manakin/handle/10338.dmlcz/ 400352?show=full. Englisch in Russ 2004.

Bernard Bolzano (1830–34). *Reine Zahlenlehre.* In: Jan Berg (Hg.), *Bernard-Bolzano-Gesamtausgabe*, Bd. II A.8. Friedrich Frommann Verlag (Günther Holzboog), Stuttgart–Bad Cannstatt, 1976.

Bernard Bolzano (1830–35). *Erste Begriffe der allgemeinen Größenlehre.* In: *Einleitung zur Größenlehre und Erste Begriffe der allgemeinen Größenlehre.* Jan Berg (Hg.), *Bernard-Bolzano-Gesamtausgabe*, Bd. II A.7, S. 217–285. Friedrich Frommann (Günther Holzboog), Stuttgart-Bad Cannstatt, 1975.

Bernard Bolzano (1834–42*a*). *Einführung in die Funktionenlehre.* In: Karel Rychlík (Hg.), *Bernard Bolzano's Schriften*, Bd. 1. Königl. Böhmische Gesellschaft der Wissenschaften, Prag, 1930. URL http://dml.cz/handle/10338.dmlcz/400333.

Bernard Bolzano (1834–42*b*). *Functionenlehre.* In: Bob van Rootselaar (Hg.), *Bernard-Bolzano-Gesamtausgabe*, Bd. II A.10/1. Friedrich Frommann (Günther Holzboog), Stuttgart-Bad Cannstatt, 2000. Englisch in: Russ 2004, S. 429–589 .

Gert König (Hg.) 1990. *Konzepte des mathematisch Unendlichen im 19. Jahrhundert.* Vandenhoeck & Ruprecht, Göttingen.

Steve Russ 2004. *The Mathematical Works of Bernard Bolzano.* Oxford University Press, Oxford.

Detlef D. Spalt 1990. Die Unendlichkeiten bei Bernard Bolzano. In: König 1990, S. 189–218.

Michael Spivak 1967. *Calculus.* W. A. Benjamin, Inc., Amsterdam.

Cauchy: der bürgerliche Revolutionär als Restaurator

11.1 Cauchy – der Antipode zu Bolzano

Augustin-Louis Cauchy (1789–1857) studierte von seinem 15. bis zu seinem 18. Lebensjahr Mathematik bei den erstrangigen Lehrern der damaligen Zeit an der École Polytechnique in Paris, und im Alter von 26 begann er, an dieser Universität zu unterrichten. In der Zwischenzeit war er als Ingenieur und in Zusammenarbeit mit Ingenieuren in Paris im Kanalbau und in Cherbourg im Hafenbau tätig.

Das ist eine einzigartige Biografie: Äußerst begabter Mathematiker arbeitet in sehr jungen Jahren mehrere Jahre lang in der Weltgestaltung *mittels* der Mathematik, ehe er mathematisch kreativ tätig wird. Sie hatte eine einzigartige Wirkung auf die Ausgestaltung sowohl des mathematischen Denkens der Person Cauchy als auch für die Umgestaltung der Mathematik durch Cauchy.

Der Vollständigkeit halber sei noch hinzugefügt: Im Alter von 26 wurde Cauchy von König Ludwig XVIII., also nach Napoleons Abdankung und dem Beginn der Restauration, (gemeinsam mit einem Physiker) in die Académie des Sciences aufgenommen – nachdem zuvor der 62-jährige Lazare Carnot und der 69-jährige Gaspard Monge aus politischen Gründen aus der Akademie ausgeschlossen worden waren.

11.2 Der Kern von Cauchys Revolution der Analysis

Als Mathematiker wirkte Cauchy nicht als Akademiker, sondern als Universitätslehrer. Begleitend zu seinen Vorlesungen publizierte er 1821 ein Lehrbuch der Analysis *(Cours d'Analyse de l'École Royale Polytechnique,* d. h. *Lehrbuch der Analysis der Königlichen Polytechnischen [Hoch-]Schule),* 1823 ein Lehrbuch der Differenzialrechnung und 1829 ein

© Springer-Verlag GmbH Deutschland, ein Teil von Springer Nature 2019
D. D. Spalt, *Eine kurze Geschichte der Analysis,*
https://doi.org/10.1007/978-3-662-57816-2_11

Lehrbuch der Integralrechnung. (Cauchy ist zu den höchst produktiven Gelehrten zu zählen. Er schrieb darüber hinaus zahlreiche Abhandlungen; seine *Gesammelten Werke* umfassen heute 27 großformatige dicke Bände.)

In der „Einleitung" seines Lehrbuches der Analysis zieht er die Konsequenz aus seiner Erfahrung mit der Ingenieurtätigkeit, indem er dort die folgenden beiden Sätze schreibt (die *Hervorhebungen* füge ich hinzu):

> Man muss auch beachten, dass die Herleitungen aus der Allgemeinheit der Algebra dazu tendieren, den algebraischen Formeln einen unbestimmten Bereich zu unterlegen, während in der Wirklichkeit die Mehrheit dieser Formeln nur unter gewissen Bedingungen *und für gewisse Werte* jener Zahlgrößen, die sie einschließen, fortbestehen. Durch die Bestimmung dieser Bedingungen *und dieser Werte* und durch genaues Festsetzen der Bedeutung der Bezeichnungen, derer ich mich bediene, bringe ich jegliche Ungewissheit zum Verschwinden; und dann stellen die verschiedenen Formeln nichts weiter dar als Beziehungen zwischen wirklichen Zahlgrößen, Beziehungen, die *durch die Einsetzung von Zahlen in die Zahlgrößen selbst* stets leicht zu verifizieren sind.

> Eine derart radikale Kampfansage an die Lehre der Väter hatte es in der Mathematik der Neuzeit noch nie gegeben.

Die Radikalität dieser Kampfansage ist derart umfassend, dass sie niemand wahr- oder gar ernst nahm: Cauchys Zeitgenossen nicht und auch nicht die Mathematikhistorikerinnen und -historiker danach.

Obwohl Cauchy alles gesagt hat, in diesen zwei Sätzen. Denn was spricht Cauchy dort aus?

Der *erste Satz* besagt: Die Formeln der Algebraischen Analysis von Lagrange und Euler sind gänzlich allgemein (sie „unterlegen einen unbestimmten Bereich") – während die Praxis der Mathematik („die Wirklichkeit") zeigt, dass diese Formeln *nur* „für gewisse Werte" gelten. – Oder kurz: Die akademische Analysis ist vage und abgehoben – für ihren wirklichen Einsatz im Leben muss die Geltung ihrer Formeln (ihr „Fortbestehen") genauer bestimmt werden.

Der *zweite* Satz besagt zweierlei: (i) Die Bedeutungen der mathematischen *Bezeichnungen* müssen klar und zweifelsfrei sein; und (ii) durch das *Einsetzen der Werte in die Formeln* kommen glasklare, *praxistaugliche* Zahlen zum Vorschein. Und auf jeden Fall sind *Zahlen* solche „Werte".

In den Jahren seiner Tätigkeit als Ingenieur und mit Ingenieuren hat Cauchy am eigenen Leib *erfahren:*

> *Wirksam, nützlich* wird die Analysis erst dann, wenn sie ihre allgemeinen *Formeln* zu *Zahlwerten* spezialisiert.

Was also tat Cauchy, als er damit beauftragt wurde, an der École Polytechnique angehenden Ingenieuren Analysis beizubringen? Er lehrte sie, die allgemeinen Formeln *immer* durch „die Einsetzung von Zahlen" *praxistauglich* zu machen.

11.3 Mathematische Analyse von Cauchys Revolution der Analysis

Euler wie Lagrange hatten die „Algebraische Analysis" auf den – möglichst *allgemein* zu nehmenden – Begriff „Veränderliche" gegründet. Cauchy erklärt nun, dabei nicht stehen bleiben zu wollen, sondern die „Veränderlichen" durch das Einsetzen von „Werten" *konkretisieren* zu wollen. Und zwar *ganz grundsätzlich.* Das aber heißt nichts anderes als:

> Cauchy will dem eigentlichen Grundbegriff „Veränderliche" der (Algebraischen) Analysis einen zweiten Grundbegriff *beiseitestellen:* den neuen Grundbegriff „Wert".

Cauchys *Motiv* für diese Neuerung war ein *außer*theoretisches: seine Praxiserfahrung mit dem Gebrauch der Algebraischen Analysis.

Die *Konsequenzen* aus Cauchys Schritt sind freilich zutiefst *inner*theoretisch. Schon dem Nicht-Fachmann ist klar:

> Wenn die Grundbegriffe einer mathematischen Theorie geändert werden, dann *muss* sich auch die Theorie ändern.

Denn „Theorie" bedeutet in der Mathematik: Beweise. Nun sind die Grundbegriffe die Ausgangsbegriffe der Beweise. Klar ist also: neue Grundbegriffe – neue Beweise!

Mit anderen Worten: Indem Cauchy ankündigt, *ganz grundsätzlich* die allgemeinen Formeln der „Algebraischen Analysis" durch das Einsetzen von Werten in die Formeln zu konkretisieren, *ergänzt* er die bisherige Grundlage der Theorie (die „Veränderlichen") um etwas *anderes* (eben um „Werte").

Eine solche grundlegende Umgestaltung einer Theorie ist nichts anderes als eine *begriffliche Revolution.* Deswegen heißt das hier auch so. Also: Das hier verwendete Wort „Revolution" ist nicht Schaumschlägerei oder aufmerksamkeitsheischend, sondern schlicht und einfach eine Tatsache.

Wissenschaft braucht klare Begriffe. Ein *klar bestimmter* Sachverhalt muss *eindeutig* benannt werden, einen eigenen Namen bekommen.

Das gilt auch für die Wissenschaft Mathematikgeschichte. Die Analysis von Euler und Lagrange hat spätestens seit Lagrange den Namen „Algebraische Analysis" (siehe Abschn. 9.2).

Cauchy schafft diese Form der Analysis ab und setzt eine neue Theoriegestalt an deren Stelle. Er hat das *ganz ausdrücklich* schon in der *Einleitung* seines Analysislehrbuches gesagt. Daher ist es klar: Cauchys neue Analysis muss einen neuen, einen eigenen Namen erhalten.

Interessanterweise hat die Mathematikgeschichte einen solchen bisher nicht vergeben. Bislang wurde die durch Cauchy neu eingeführte Analysis nicht getauft. Also sind wir hier frei. Mein Vorschlag lautet: Nennen wir sie **„Werte-Analysis"**. (Denn es geht um die Sache – nicht um die Person, die diese Sache erfunden hat.) – Somit lautet unser Ergebnis:

> Cauchy hat die „Algebraische Analysis" in eine „Werte-Analysis" überführt.

11.4   Cauchys Begriff der Veränderlichen: bestimmt durch „Werte"

Die „Veränderliche" bestimmt Cauchy so:

> Man nennt *veränderliche* Zahlgröße (oder *Veränderliche*) jene, von der man annimmt, dass sie nacheinander viele untereinander verschiedene Werte erhalten muss.

Das ist nicht aufregend. Aber es unterscheidet sich dennoch entscheidend von Eulers Erklärung (Abschn. 8.3.3), denn Euler verlangte, dass „alle bestimmten Werte ohne Ausnahme" umfasst werden sollten. Diese Forderung fehlt bei Cauchy. Ab jetzt darf eine „Funktion" auch nur über einem endlichen Intervall (im Prinzip auch noch ganz anderswo) definiert sein. Wir sind in einer „Werte-Analysis", nicht mehr in der „Algebraischen Analysis".

T   Wer bereits Analysis an der Universität gelernt hat, sieht sofort: Erst jetzt ist die „Fourier-Analyse" möglich – also jene Methode, um für eine ganz willkürlich (auch ohne jede Formel) gegebene Funktion einen passenden Rechenausdruck zu finden, nämlich in Gestalt einer unendlichen trigonometrischen Reihe. Denn zur konkreten Ermittlung dieser Reihe sind *bestimmte Integrationen* durchzuführen, und die können nur dann gelingen, wenn die betrachteten Geltungsbereiche der Funktionen *endliche* Intervalle sind.

Der unersättliche Rechner Euler hat *selbstverständlich* auch die eben angesprochenen „Fourier-Integrale" berechnet. Doch da sich Euler „Funktionen" nicht über nur endlichen Intervallen denken konnte, blieb ihm die Einsicht in *jene* Deutung seiner Rechnungen verwehrt, die Jean Baptiste Joseph de Fourier (1768–1830) im ersten Viertel des 19. Jahrhunderts zustande brachte und die ihn zum ewigen Namenspatron dieser Technik erhob.

Was man dieser Definition der „Veränderlichen" nicht ansieht, das ist der *Gebrauch,* den Cauchy von ihr macht. Cauchys *Bestimmung* der „Veränderlichen" scheint auf den ersten Blick *kaum* von derjenigen Eulers verschieden – wenn man einmal von dem bereits genannten (sehr *wichtigen!*) Gesichtspunkt absieht, dass Cauchy nicht mehr von „allen Werten ohne Ausnahme" spricht. Aber sonst?

Man sieht es Cauchys *Bestimmung* des Begriffs der Veränderlichen nicht deutlich an, dass darin dem dort verwendete Namen „Wert" ein ganz anderes Gewicht, eine ganz andere Genauigkeit verliehen wird als bei Euler oder Lagrange in deren „Algebraischer Analysis".

11.5 „Zahl" bei Cauchy: abgeleitet aus der „Zahlgröße"

11.5.1 „Zahlgröße"

Cauchy geht nicht so weit wie wir heute: Cauchy gründet die Analysis nicht auf den Begriff
„Zahl". Denn einen – für die Analysis tauglichen – *Begriff* der Zahl hat er nicht. Weder
findet er einen vor, noch fällt ihm einer ein. Doch er weiß: Fürs *praktische Rechnen* taugen
die Dezimalzahlen. Daher bleibt Cauchy hier traditionell und legt – wie seine Vorgänger –
letztlich den Begriff „Größe" zugrunde. (Denn einen *Begriff* braucht der beweisende Mathematiker!)

Ähnlich seinem Lehrer Sylvestre François Lacroix (1765–1843) geht Cauchy von den
„Größen" *(grandeurs)* aus und betrachtet die *Veränderungen* dieser „Größen", genauer:
deren *Vermehrung* oder *Verminderung*. Diese Veränderungen der „Größen" benennt
Cauchy mit dem traditionellen Wort „*quantité*", und das können wir hier mit dem in dieser
Zeit aufkommenden deutschen Wort „Zahlgröße" übersetzen. Halten wir also für Cauchy
fest:

▶   Die „Zahlgröße" ist eine Vermehrung oder eine Verminderung der „Größe".
    Die „entgegengesetzte" Zahlgröße ist die Verminderung oder Vermehrung, wel-
    che die zweite Größe erleiden muss, um die erste zu erreichen.

Also: Die „Zahlgröße" ist eine *Veränderung;* und damit ein Begriff, der die Sache *Bewegung*
enthält. Das ist sehr pfiffig! Denn der *Begriff* selbst ist natürlich fest, unbewegt; er *beinhaltet*
nur die Bewegung (und von der wissen wir schon aus Abschn. 4.3.4, dass ihr von vielen ein
Bürgerrecht in der Mathematik abgesprochen wurde oder wird).

Und merken wir uns für den philosophischen Aspekt: Bei Cauchys Bestimmung bleibt –
wie bei Euler (Abschn. 8.3.2) – ungesagt, *was* „Größe" eigentlich sei!

11.5.2 „Zahl"

Den Begriff „Zahlgröße" gründet Cauchy auf den Begriff „Größe". So verfährt er auch mit
dem Begriff „Zahl". Er schreibt:

> Das Maß der zweiten Größe verglichen mit der ersten ist eine *Zahl*, welche das *geometrische*
> *Verhältnis* der einen zur anderen darstellt. Der *Kehrwert* dieser Zahl oder dieses Verhältnisses
> ist das Maß der ersten Größe, verglichen mit der zweiten.

Wenn die beiden Maße also z. B. „6 h" und „2 h" sind, dann ist deren „geometrisches
Verhältnis":

$$\frac{6\,\mathrm{h}}{2\,\mathrm{h}} = \frac{6}{2} = 3,$$

also die „Zahl" 3.

Das sieht auf den ersten Blick wenig überzeugend aus: Steckt denn nicht in dem Maß „6 h" schon die Zahl 6? – Ganz streng genommen nicht! Tausend Jahre lang haben einst die Bewohner des Zweistromlandes ihr Wirtschaftsleben wie den Städte-, Festungs- und Kanalbau buchhalterisch und planerisch organisiert (und dies schriftlich fixiert – diese Dokumente aus Ton haben bis heute überlebt), *ohne den abstrakten Gegenstand „Zahl" zu kennen*. Für alles und jedes hatten sie ein eigenes Maßsystem – aber diese Systeme waren ganz unterschiedlich. Die Zeichen für „6 Tage" und für „6 Ziegen" waren ganz verschieden.

Näher darauf einzugehen ist hier nicht der Ort, doch jene tausend Jahre früher Zivilisationsgeschichte zeigen klar: Wer *Maße* hat, hat damit keineswegs *zwingend* auch den abstrakten Gegenstand „Zahl". *Messen* und (abstrakt) *zählen* sind gänzlich verschieden gedachte Handlungen. Kulturgeschichtlich wurde zuerst gemessen, jahrtausendlang – und erst sehr viel später (mit Zahlen) gezählt.

Mit den Einzelproblemen eines solcherart gefassten Zahlbegriffs wollen wir Cauchy jetzt allein lassen. (Etwa: Was ist mit der 0? Nach dem gegeben Begriff ist die Null keine Zahl!) Uns genügt hier das Ergebnis: Auf diese Weise hat Cauchy einen sauberen Begriff der „Brüche" (oder: der „gebrochenen" Zahlen) gebildet.

Er braucht für die Analysis aber mehr: mindestens noch die „irrationalen" Zahlen. Wie denkt sich Cauchy die? – Dazu bedarf es noch einer Vorbereitung.

> Das zentrale Konstruktionsmittel, das Cauchy für seinen Aufbau der Analysis einführt, ist die **„Grenze"**.

Die mathematische Kurzbezeichnung dafür ist „lim", für das lateinische oder auch das französische Wort für Grenze: „limes" bzw. „limite". Das Deutsch der heutigen Fachmathematik nutzt ebenfalls das Wort „Limes". Wir bleiben hier eher umgangssprachlich und gebrauchen (wenn es nicht gerade technisch wird) meist „Grenze".

11.5.3 Die Grundfassung des Grenzbegriffs

Die *Sache* ist alt. Wir haben sie schon bei Leibniz gesehen, bei seinem (wie wir es heute nennen) Konvergenzkriterium (Abschn. 4.3.2) wie bei seiner Berechnung krummlinig begrenzter Flächen (Abschn. 4.4.3); dann wieder, sehr ausführlich, bei Bolzano (Abschn. 10.2.3 und 10.2.5).

Einen *Namen* hat diese Sache bei den von uns bislang gründlicher gelesenen Autoren nicht erhalten. (Bei anderen schon, etwa bei d'Alembert.) Für uns tauft Cauchy sie nun:

> Wenn sich die einer einzigen Veränderlichen nacheinander zugewiesenen Werte unbestimmt einem festen Wert annähern, sodass sie sich von ihm schließlich so wenig unterscheiden, wie man nur will, so heißt dieser Wert die „Grenze" aller anderen. Geschrieben:
>
> $$\lim x = X.$$

Gar keine Frage: Der Begriff „Grenze" ist schwierig! Sehr schwierig, wie die Begriffe „Konvergenz" und „Stetigkeit". Cauchy schert sich um diese Schwierigkeit nicht. (Fachliche und pädagogische Fähigkeiten gehen nicht immer Hand in Hand.) Sein Zeitgenosse und Lehrbuchautor Joahnn Tobias Mayer (1752–1830) packt das in seinem 1818 erschienenen *Vollständiger Lehrbegriff der höhern Analysis* ganz anders an. Zwar verwendet Mayer den *Begriff* „Grenze" gar nicht (was ihn nicht daran hindert, plötzlich von einem „Grenzverhältnis" zu schreiben), doch die *Sache* behandelt Mayer auf sage und schreibe 20 Druckseiten!

Diese Sache beschäftigt Mayer so sehr, dass er dafür sogar *ein eigenes Zeichen* einführt – und zwar interessanterweise nicht den Operator „lim", sondern die zweistellige Relation „$\equiv$":

Hätte man in der Analysis ein besonderes Zeichen eingeführt, um eine solche unendliche Annäherung einer Größe zu einer andern anzudeuten, z. B. etwa das Zeichen $\equiv$, so würde niemand daran einen Anstoß finden, dass, wenn in einer Gleichung wie

$$T = \frac{1}{\log x} + \frac{1}{x^2} + \frac{1}{x^3} + \frac{1}{2^x}$$

die Größe x ohne Ende wächst, d. h. unendlich wird,

$$T \equiv \frac{1}{\log x}$$

sein werde …

Wir erinnern uns: Johann Bernoulli war nicht auf die Idee gekommen, ein solches *neues zweites Gleichheitszeichen* zu wählen: Abschn. 7.2.3. Die Zeiten haben sich gewandelt. (Als Mathematiker konnte Mayer Johann Bernoulli nicht das Wasser reichen!)

Bei Cauchy benötigt das Ganze keine vier Zeilen in der „Vorrede"; dazu auf weiteren viereinhalb Zeilen zwei Beispiele (Irrationalzahlen als Grenze von Brüchen; und der Kreis als Grenze der einbeschriebenen Vielecke) – und das war es dann schon. Seine Studenten werden daran schwer geschluckt haben; aber das soll hier nicht unser Thema sein.

11.5.4 Die unausgesprochene Komfortvariante des Grenzbegriffs

Das eben in Klammern zitierte *allererste* Beispiel Cauchys zu seinem Begriff „Grenze" sind *die Irrationalzahlen als Grenzen der Brüche*. Darin allerdings steckt ein ganz dicker Pferdefuß! Wenn Cauchy eine Irrationalzahl als „Grenze" einer sie annähernden Folge von Brüchen *einführen* will, so darf er das, *streng genommen!,* gar nicht. Denn diese Art der Einführung passt überhaupt nicht zu seinem Begriff von Grenze!

Vergegenwärtigen wir uns die Problemlage: Wir wissen, was „Brüche" sind. Wir wollen wissen, was Irrationalzahlen sind. In diesem Moment *gibt es für uns noch keine Irrational-zahlen.* – Lesen wir jetzt nochmals Cauchy: „Wenn sich die einer einzigen Veränderlichen nacheinander zugewiesenen Werte unbestimmt einem festen Wert annähern …" Hier ist ganz klar die Rede von „einem festen Wert", dem sich eine Reihe von Werten „annähern" soll. Wenn es aber die Irrationalzahl noch gar nicht *gibt* (sie soll auf diese Weise erst *konstru-iert, definiert* werden!), dann greift Cauchys Grenzbegriff in diesem Fall gar nicht; denn in diesem Fall *gibt* es diesen „festen Wert", dem sich etwas (eine Folge von Brüchen) annähern soll, *gar nicht.* Der „feste Wert" soll erst durch diesen Prozess *geschaffen* werden.

Aber Cauchy hat dieses Problem offenbar nicht! Denn *unmittelbar,* gleich nach seiner Begriffsbestimmung, führt er im nächsten Satz die Irrationalzahlen als Beispiel für „Gren-zen" an.

Und das ist kein Ausrutscher. Später, wenn er die Rechenoperationen der Zahlen *im Detail* defi-niert, verfährt Cauchy genauso. Auch dort setzt Cauchy für die Irrationalzahl B einfach: $B = \lim b$, wobei die (veränderliche) Zahlgröße b nur rationale Werte haben soll.

Heutzutage sehen wir hier ein Problem. Wir heute unterscheiden ganz pedantisch, ob der in Rede stehende Grenz-„Wert" *unabhängig* von der in Rede stehenden Folge *da ist* (hochge-stochen formuliert: ob er „existiert") – oder ob er *nicht da ist* und erst durch diese in Rede stehende Folge *erzeugt* oder *bestimmt* (hochgestochen formuliert: „konstruiert") werden soll. Für uns heute sind dies *zwei unterschiedliche* Begriffe von „Grenze". In dem einen Fall wird ein Sachverhalt für bereits Bekanntes beschrieben: eine bestimmte Zahl *ist* „Grenze" einer Veränderlichen; in dem anderen Fall wird ein neuer mathematischer Gegenstand *als* eine „Grenze" zur Welt gebracht. Diesen zweiten Aspekt könnte man die „Komfortvari-ante" des Grenzbegriffs nennen, denn sie bietet mehr als die andere, sie *erzeugt* ein neues mathematisches Objekt (beispielsweise eine Irrationalzahl).

> In Sinne dieser Komfortvariante *ist* eine „Irrationalzahl" nichts anderes als genau jene Folge von Brüchen, die sie zur „Grenze" hat (sie also beliebig genau annähert).

Es *gibt sie* n u r in dieser Weise. – Also etwa: π ist *nichts anderes als* die Folge:

$$3; \quad 3,1; \quad 3,14; \quad 3,141; \quad 3,1415; \quad \ldots$$

11.5.5 Wo ist der Unterschied?

Cauchy tut so, als bestehe zwischen diesen beiden (von uns heute so gesehenen) Varianten des Grenzbegriffs kein Unterschied. Ist er sich dieser Schummelei bewusst?

Ich weiß es nicht. Ich kenne keine Formulierung von ihm zu diesem Problem.

Möglicherweise sehen erst wir heutzutage hier ein Problem, während es für Cauchy keines war? Erinnern wir uns an Bolzanos Sicht dieses Problems (siehe Abschn. 10.2.3). Nach Bolzanos Auffassung ist eine Zahl schon dann *klar bestimmt,* wenn man sie so genau berechnen kann, wie man nur will. Cauchy, als Zeitgenosse Bolzanos, könnte *genauso* gedacht haben.

Sollte das der Fall sein, dann gibt es für Cauchy diesen Unterschied der beiden Varianten des Grenzbegriffs nicht, den wir heute sehen – jene Unterscheidung in zwei „Schritte", die wir bei der Darlegung des heutigen Konvergenzbegriffs (Michael Spivak folgend: Abschn. 10.2.3) gegeben haben! Fakt ist also:

▶ Weder der brillante Denker Bolzano noch der herausragende Mathematiker Cauchy haben im ersten Drittel des 19. Jahrhunderts diesen Unterschied gemacht.

Also hat es diesen Unterschied in der damaligen Analysis nicht gegeben. (Es *gibt* ihn jedoch in der heutigen Analysis.)

Natürlich darf man dieses Urteil falsch finden. Man könnte sagen: Es *gibt* diesen Unterschied zwischen den beiden Varianten des Grenzbegriffs (wie des Konvergenzbegriffs) doch! Immer und ewig.
Aber wer das vertritt, der muss auch sagen, was das heißt: „Es gibt dieses Etwas!" – wenn das doch *kein Denker jener Zeit* bemerkt hat. Wer diese Position vertritt, behauptet: Es gibt mathematische Begriffe auch dann, wenn sie *nirgendwo* in der existierenden, bekannten Mathematik *vorkommen!*
Dieser Begriff von „es gibt" hat ohne Zweifel einen esoterischen Charakter. Esoterik aber ist keine Mathematik.

11.6 „Funktion" und „Funktionswert" bei Cauchy

Zurück zu den Grundbegriffen der Analysis, zu dem (oder: einem) *Zentralbegriff* der Analysis. Was versteht Cauchy unter „Funktion"?

11.6.1 Der Funktionsbegriff bei Cauchy

Cauchy formuliert es ganz ausführlich und genau, was er unter einer „Funktion" verstehen will: nämlich eine gewisse „veränderliche" Größe:

Wenn veränderliche Zahlgrößen in solcher Weise untereinander verbunden sind, dass man aus dem gegebenen Wert der einen von ihnen die Werte aller übrigen erschließen kann, so betrachtet man gewöhnlich diese verschiedenen Zahlgrößen als mittels dieser einen von ihnen ausgedrückt, welche dann den Namen *unabhängig Veränderliche* erhält; und die anderen Zahlgrößen, welche mittels dieser unabhängig Veränderlichen ausgedrückt sind, nennt man *Funktionen* dieser Veränderlichen.

Also: Wenn die vier Veränderlichen x, x^3, $5e^{x+2}$ und $\sin x$ gegeben sind, dann heißen die letzten drei „Funktionen" von der ersten, der „unabhängig" Veränderlichen x.

Cauchy ist ganz pedantisch und formuliert dasselbe nochmals – nur abgewandelt für den Fall, dass es *mehr als eine* „unabhängig" Veränderliche gibt (wie in $5x^2 + 2y^3$). Das können wir hier übergehen.

11.6.2 Das Neue bei Cauchys Funktionsbegriff – und eine neue Bezeichnungsweise

Leicht erkennbar neu ist an dieser Bestimmung die ausführliche Rede von den „Werten": Die „unabhängig" Veränderliche hat sie, und aus diesen sollen die „Werte" jener Veränderlichen „erschließbar sein", die dann „Funktion" heißt. In dieser Weise hatte zuvor noch kein Mathematiker die „Funktion" definiert. Das ist eindeutig *neu*: diese genaue Rede von den „Werten" der Veränderlichen. (Es sei jedoch an Bolzanos Bestimmung erinnert, die eine halbe Generation später formuliert wird; Abschn. 10.4.1.)

Und etwas Neues verdient auch eine neue Bezeichnungsweise! Seit Leibniz (und in Fortführung einer Idee von Descartes) werden die „Veränderlichen" in der Mathematik in aller Regel mit *kleinen* und *schräg gestellten* („kursivierten") Buchstaben bezeichnet, meist „x", „y", „z". Cauchy führt *neue* Gegenstände als *wichtige* ein. Daher ist es äußerst sinnvoll, dass er für diese neuen, wichtigen Gegenstände („Werte") auch eine *bestimmte* neue Bezeichnungsweise einführt. (Das hat er ausdrücklich in seiner „Einleitung" verlangt!) *Cauchy bezeichnet konsequent die „Werte" einer „Veränderlichen" auf eine der beiden Weisen: Entweder fügt er einen Index hinzu (also: „x_0", „x_1" bezeichnen „Werte" der „Veränderlichen" x), oder er nutzt denselben Buchstaben, schreibt ihn aber groß und aufrecht: Auch „X" bezeichnet bei Cauchy einen „Wert" von x.* Zusammengefasst:

> Cauchy verlangt in jedem Fall für eine „unabhängig" Veränderliche die genaue Angabe, *welche* „Werte" sie annehmen darf.

Allgemein schreibt Cauchy das dann so: „Es sei x von x_0 bis X gewählt." Das bedeutet: Die „Veränderliche" x nimmt *alle* „Werte" von dem „Wert" x_0 bis zu dem „Wert" X an. Heute schreiben wir dafür „$x_0 \leqq x \leqq X$" oder nach Mengenart: „$x \in [x_0, X]$".

Über das „erschließen kann" in der Definition der „Funktion" werden wir noch nachzudenken haben, aber das verschieben wir kurz, auf den übernächsten Abschnitt. Fragen wir zuvor: Gibt es darüber hinaus noch etwas Neues an Cauchys Funktionsbegriff?

11.6.3 Cauchys Funktionsbegriff ist so reaktionär, wie das für eine Revolution nur möglich ist!

Die Antwort ist: Nein! *Abgesehen vom Rückgriff auf die „Werte" der Veränderlichen* (und also auch: von der Festlegung eines *eingeschränkten* Wertebereichs der „unabhängig" Veränderlichen) unterscheidet sich Cauchys Funktionsbegriff nicht von demjenigen von Euler!

Das *ahnt* man beim Vergleich der Wortlaute der beiden Definitionen.

Das *sieht* man an Cauchys Analysis: All seine Funktionen sind durch *Formeln* gegeben: *genau wie bei Euler!*

Und das *versteht* man, wenn man Cauchys Definition mit derjenigen vergleicht, die Bolzano (gute zehn Jahre später) gegeben hat (Abschn. 10.4.1). Bolzano ist da *so allgemein wie nur irgend möglich* – Cauchy bleibt *so nahe bei Euler wie nur irgend möglich.*

Cauchy beschränkt sich in der Tat darauf, die von seinen Vorgängern entwickelte „Algebraische Analysis" *so genau wie möglich* in eine „Werte-Analysis" zu transformieren. Den durch die „Algebraische Analysis" abgesteckten Denkhorizont *in noch einer anderen Weise* zu überschreiten, hat Cauchy nicht unternommen.

Angesichts des unstreitig revolutionären Charakters dieser Abkehr von der „Algebraischen Analysis" mag man diese sonstige Beharrung auf dem Hergebrachten als richtig, vielleicht sogar als strategisch geschickt beurteilen. Im Vergleich mit der Art freilich, wie Bolzano die Analysis *und insbesondere den Funktionsbegriff* denkt, ist Cauchys Denken stockkonservativ – wie seine Gesinnung und Weltanschauung.

11.6.4 Cauchys Begriff des Funktionswertes

Nun noch jene Formulierung aus Cauchys Bestimmung des Funktionsbegriffs, die wir uns aufgespart haben: das „erschließen kann". Was soll das heißen: Man kann den Wert der Funktion „erschließen"?

Das Problem ist einfach und klar. Eine „Funktion" im Sinne Cauchys (und Eulers) ist etwa $\frac{1}{x}$. Welche Werte sind hier zu „erschließen"? Nun: alle, die sich aus der Rechenvorschrift „Dividiere 1 durch ..." ergeben. Das ist einfach und klar – es sei denn, es ist $x = 0$. Denn durch 0 kann man nicht dividieren. Also?

Also *muss* Cauchy jetzt *definieren,* wie in einem Fall wie diesem zu verfahren ist – was *in einem solchen Fall* der „Wert" der Funktion, der „Funktionswert" sein soll.

Und das tut Cauchy natürlich auch, ganz ausdrücklich. Er sagt:

> Wenn sich ein besonderer Fall darbietet, in dem die gegebene Definition nicht unmittelbar den Funktionswert liefern kann, den man betrachtet, dann sucht man die Grenze oder die Grenzen, gegen welche diese Funktion konvergiert, während sich die Veränderlichen unbestimmt den besonderen Werten annähern, die ihnen zugewiesen sind; und wenn eine oder mehrere Grenzen dieser Art existieren, so sind sie als ebenso viele Funktionswerte unter den gegebenen Voraussetzungen anzusehen. Die wie eben gesagt bestimmten Werte der vorgelegten Funktion werden wir deren *Sonderwerte* nennen.

11.6.5 Ein erstes Beispiel

Betrachten wir die Funktion $\frac{1}{x}$: Für $x = 0$ erhalten wir „nicht unmittelbar" einen Wert. *Also* suchen wir *alle* „Grenzen", die sich für $\lim x = 0$ ergeben: $\lim\limits_{x \to 0} \frac{1}{x} = ?$

Das ist nicht schwer: Je kleiner der Wert von x wird, desto größer wird der Wert von $\frac{1}{x}$. Der Wert von $\frac{1}{x}$ hat dasselbe Vorzeichen wie der Wert von x; beide Vorzeichen sind möglich. Für eine beliebig große (oder: „unendlich große") Zahl schreibt Cauchy wie Euler: „∞".

> Neben den Zahlen ist auch ∞ ein „Wert".

Ergebnis: $\lim\limits_{x \to 0} \frac{1}{x} = \pm\infty$. – Okay?

11.6.6 Überraschung: Cauchys Begriff der Grenze ist nicht eindeutig!

Wir sehen an diesem Beispiel (das von Cauchy stammt): Der Begriff „Grenze" ist bei Cauchy keineswegs eindeutig! Es ist möglich, *durch verschiedene Auswahlen* der betrachteten Werte der unabhängig Veränderlichen *verschiedene* „Grenzen" zu erhalten. Mit anderen Worten:

> Cauchys Grenzbegriff *verallgemeinert* den Konvergenzbegriff.

Nur wenn die „Grenze" *eindeutig* ist, fallen Grenz- und Konvergenzbegriff zusammen (Abschn. 10.3.6). Und da „Konvergenz" fürs Diskrete dasselbe ist wie „Stetigkeit" fürs Kontinuierliche, gilt:

> Die eindeutige „Grenze" ist eine neue Fassung von „Stetigkeit".

Der Grenzbegriff bietet eine andere Perspektive als der Konvergenzbegriff: Es wird das *Ziel* benannt, nicht die *Hinführung*.

Beichte: Ein bisschen Schummelei war oben dabei! Bei jenem Argument wurde so getan, als ob ∞ eine „Grenze" sei. *Alle* tun so, als ob das der Fall sei. Auch in den Lehrbüchern heute ist das üblich. Denn es ist bequem.

Aber das *stimmt gar nicht!* Der „Wert" ∞ hat andere Eigenschaften als die „Zahlen"! Insbesondere kommt *nie* irgendein *endlicher* „Wert", eine ganz normale Zahl also, dem „Wert" ∞ so nahe, wie man will (doch *genau das* verlangt der Begriff „Grenze")! Eher im Gegenteil: *Immer* ist der Abstand einer Zahl a von ∞ *unendlich groß:* $\infty - a = \infty$!

Trotzdem tun alle so, als ob für positives x $\lim_{x \to 0} \frac{1}{x} = \infty$ *wirklich wahr wäre.* Anders gesagt: Diese Gleichung ist nicht *wirklich wahr* im Sinne des Begriffs der „Grenze"; aber sie ist eine – sehr praktische – *Vereinbarung.* Lassen wir sie also auch gelten!

11.6.7 Ein zweites Beispiel zu Cauchys Begriff des Funktionswertes

Damit wir den Cauchy'schen Begriff „Funktionswert" genauer verstehen, noch ein Beispiel. Nehmen wir die Sinus-Funktion. Wir können sie durch folgendes Bild, durch folgende „Kurve" im Koordinatensystem, veranschaulichen (Abb. 11.1).

Sie nimmt für jeden „Wert" X in jeder x-Strecke (hochgestochen: in jedem „Intervall") der Länge 2π jeden „Wert" sin X von -1 bis $+1$ an. Diesen „Funktionswert" Y $=$ sin X kann man mithilfe eines Computerprogramms ermitteln (aktuelle Vorgehensweise) oder in einer Tabelle nachschlagen (altbacken) – oder mittels einer unendlichen Reihe selbst ausrechnen (Leibniz-Style).

Nun haben wir gerade gesagt, dass auch ∞ ein „Wert" ist. Daher jetzt die Frage: Was ist der „Funktionswert" dieser Funktion sin x für den „Wert" $x = \infty$? Kurz:

> Was ist sin ∞?

Wirklich schwer ist die Antwort nicht – oder? Sie lautet: *Jeder* Wert von -1 bis $+1$ (Abb. 11.2).

Das beweisen wir kurz: Sei Y irgendein Wert von -1 bis $+1$.

Dann sind wir sicher: Es gibt einen Wert X in der Strecke von $-\frac{1}{2}\pi$ bis $\frac{1}{2}\pi$, für den gilt: sin X $=$ Y. (Denn diese Eigenschaft hat die Sinus-Funktion.) Falls Y $= 0$ gilt, ist auch X $= 0$, denn es gilt: sin $0 = 0$. Falls Y $= +1$ gilt, ist X $= \frac{1}{2}\pi$, denn es gilt: sin $\frac{1}{2}\pi = +1$. Usw. – Und es gilt natürlich immer auch: sin(X $+ 2\pi$) $=$ Y – denn 2π ist die Periode der Sinus-Funktion. Deshalb gilt ebenso: sin(X $+ 4\pi$) $=$ Y usw.:

$$\sin(\mathrm{X} + 2k \cdot \pi) = \sin \mathrm{X} = \mathrm{Y}, \qquad \text{für jede natürliche Zahl } k.$$

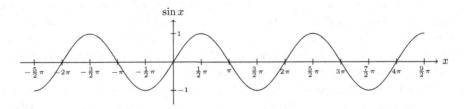

Abb. 11.1 Die Sinus-Funktion

Abb. 11.2 Der Wert der
Sinus-Funktion für X = ∞

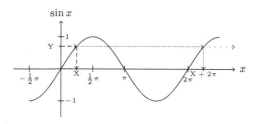

Jetzt lassen wir k beliebig groß werden: $k \to \infty$, also auch $2k \to \infty$ und damit auch $2k \cdot \pi \to \infty$. Das ergibt:

$$\sin\left(\lim_{k\to\infty}(X + 2k \cdot \pi)\right) = \sin(X + \infty) = \sin\infty = Y.$$

Nun war aber der „Wert" Y *ganz beliebig* von -1 bis $+1$ gewählt geworden. *Folglich* kann $\sin\infty$ *jeder* dieser Werte von -1 bis $+1$ sein! Wenn wir also *alle Werte* von -1 bis $+1$ schreiben als „$[-1, +1]$", haben wir unser Ergebnis als einfache Formel erhalten:

$$\sin\infty = [-1, +1]$$

– Und das war zu ermitteln! (Cauchy erfindet dafür eine andere Symbolik, siehe Abschn. 11.11.1, meint mit ihr aber dasselbe.).

11.7   Einige sehr überraschende Konsequenzen aus Cauchys Begriff des Funktionswertes

11.7.1 Die Bedeutung von Cauchys Bestimmung dieses Begriffs – methodisch

Für Cauchy ist die glasklare Definition des Begriffs „Funktionswert" ein unbedingtes Muss. Schließlich hat er angekündigt, „durch die Bestimmung der Werte der Zahlgrößen jegliche Ungewissheit zum Verschwinden bringen" zu wollen. „Funktion" ist seit Euler der *Zentralbegriff* der Analysis: die *wichtigste Zahlgröße* überhaupt. *Also* muss Cauchy *unmissverständlich* erklären, welche „Werte" die „Funktion" hat. Ohne Wenn und Aber.

Dieser selbst gestellten Anforderung ist Cauchy voll und ganz gerecht geworden. Wir haben seine Definition des Begriffs „Funktionswert" gelesen und besprochen, Abschn. 11.6.4.

11.7.2 Die Bedeutung von Cauchys Bestimmung dieses Begriffs – historisch

Es sei hervorgehoben:

> Cauchy ist der erste Mathematiker, der den Begriff „Funktionswert" definiert.

Aus heutiger Sicht mag das überraschen. Wenn man jedoch mit der Form der Analysis *vor* Cauchy ein bisschen vertraut ist, wenn man also weiß, dass vorher die „Algebraische Analysis" den akademischen Ton angab – dann überrascht das überhaupt nicht. Denn wer die „Algebraische Analysis" auch nur ein bisschen kennt, der weiß: Der Wertbegriff spielt dort keine nennenswerte, sondern nur eine untergeordnete Rolle. Er gehört dort sozusagen zum Kleingedruckten und verdient keine besondere Beachtung. Also auch keine Definition.

Cauchy ist der erste Mathematiker, der den Begriff „Wert" *ausdrücklich* in den Kanon der Grundbegriffe der Analysis aufnimmt. Ein Erbe seiner mehrjährigen Ingenieurszeit – damals hatte Cauchy erfahren: ohne Zahlen (als „Werte") kein Gebrauchswert der Formeln! Diese Erfahrung hatte Cauchy zu der Überzeugung gebracht, den in der Analysis bislang vernachlässigten Wertbegriff ins Zentrum seiner Betrachtungen einzubeziehen.

11.7.3 Die Bedeutung von Cauchys Bestimmung dieses Begriffs – politisch

Die Art und Weise, in der Cauchy den Begriff „Funktionswert" bestimmt, ist aufs höchste interessant.

Was sagt Cauchy? Das: Der „Funktionswert" ist *alles das, was die vorliegenden Bedingungen der Situation gebieten*. Cauchy sagt: Wir müssen, wenn die Lage nicht *von sich aus sonnenklar* ist (also: sich der Wert nicht einfach direkt errechnen lässt), *alle nur denkbar p a s s e n d e n Werte* nehmen. Also nicht (wie es Bolzano getan hat) alles, was (willkürlich) *denkbar* ist – sondern nur und alles das, was in die *vorfindlichen* Bedingungen *passt*. Das sind die „Grenzen", *alle*. Cauchy sagt: Wenn wir den fraglichen „Wert" nicht einfach direkt berechnen können, dann *müssen wir die Möglichkeiten der b e s t e h e n d e n Bestimmungen voll und ganz ausschöpfen* – nicht mehr, aber auch nicht weniger. Das ist noch die Euler'sche Allgemeinheit.

Die vorgegebenen Denkgrenzen bloß nicht überschreiten, alle herrschenden Einflüsse akzeptieren – das könnte sonst die bestehende Ordnung gefährden! Ein schärferer Kontrast zu Bolzano ist kaum denkbar.

11.7.4 Die Bedeutung von Cauchys Bestimmung dieses Begriffs – technisch

Aber auch *rein technisch* ist Cauchys Bestimmung des Begriffs „Funktionswert" auf das Höchste interessant. Denn er ist *mathematisch gehaltvoll.* Anders gesagt: Er erlaubt eine sehr einfache, aber kräftige Aussage. Das ist der folgende Lehrsatz:

> Fundamentalsatz der Funktionenlehre. *Wenn die Funktion* $f(x)$ *der unabhängig Veränderlichen* x *am endlichen Wert* $x = X$ *einen eindeutigen und endlichen Funktionswert hat, so ist sie dort stetig. Und umgekehrt.*

Was „Stetigkeit" in der „Werte-Analysis" heißt, haben wir bei Bolzano gelernt (Abschn. 10.3.3). Cauchy gibt haargenau denselben Begriff.

Und in Abschn. 11.6.6 haben wir schon bemerkt: Die *eindeutige* „Grenze" ist dasselbe wie die „Stetigkeit". Nichts anderes aber sagt dieser Lehrsatz!

T Dass eine Funktion in all jenen Funktionswerten „stetig" ist, die sich direkt aus einem Rechenausdruck ergeben, ist eine elementare Tatsache. Ihr Beweis ist technischer Art und heute in jedem Lehrbuch der Analysis nachzulesen. Dass er möglich ist, liegt eben daran, dass der Funktionswert durch einen Rechenausdruck ermittelt wird. Und die Rechenoperationen sind stetig.

Es seien noch zwei Ergänzungen angefügt:

1. Diesen Lehrsatz habe ich auf den Namen „Fundamentalsatz der Funktionenlehre" getauft. Dieser Name scheint mir passend.
2. Kein anderer hat diesen Lehrsatz bisher aufgeschrieben; also auch nicht Cauchy.

Warum ist das Letztere so, warum hat noch niemand diesen in Cauchys Analysis geltenden Lehrsatz aufgeschrieben (und bewiesen)? Dazu drei Feststellungen:

a) In Cauchys Analysis ist dieser Lehrsatz *trivial,* eine *pure Selbstverständlichkeit.* Man muss sich nur die *strikte Analogie* der Begriffe „Konvergenz" – bzw. *eindeutige* „Grenze" – und „Stetigkeit" ins Gedächtnis rufen. Eine Trivialität aber ist kein „Lehrsatz". – Es gibt jedoch eine Formulierung Cauchys in einem Brief, die *genau* die Aussage dieses Lehrsatzes ist (Brief an Coriolis vom 13. Februar 1837).

b) Sofort klar ist:

> In unserer heutigen Form der Analysis gilt dieser Lehrsatz nicht!

Denn: Heute nutzen wir in der Analysis einen Begriff des Funktionswertes, der dem Bolzanos entspricht. Und dass *dann* dieser „Fundamentalsatz" *nicht* gelten kann, versteht sich ganz von selbst. Denn Bolzanos Begriff des Funktionswertes erlaubt dessen *völlig willkürliche* Festsetzung, doch ein nach Belieben festgesetzter Funktionswert *kann* keine System-eigenschaft haben! Es ist gerade der *konservative* Charakter der Cauchy'schen Analysis, der diesem Lehrsatz zum Leben verhilft – konkret Cauchys Festlegung, dass die „Funktionswerte" „erschlossen" werden müssen, also *nicht beliebig* vorgeschrieben werden dürfen. Dies Letztere gestand erstmals der Revolutionär Bolzano zu, und wir folgen ihm darin bis heute – mit allen Konsequenzen.

c) Beide Feststellungen zusammengenommen bedeuten: Nicht Cauchy, wohl aber heutige Mathematiker, *sofern sie sich mit Cauchys Analysis befassen,* haben allen Anlass, diesen Lehrsatz zu formulieren. Denn er *zeigt handgreiflich,* dass und wie sich die Form der Analysis von Cauchy zu heute *gewandelt* hat. Die Mathematiker, die sich heute mit Cauchys Form der Analysis befassen, sind die Mathematikhistoriker. *Sie* also müssten Auskunft darüber geben, warum sie es bisher unterlassen haben, diesen Theoriewandel zu thematisieren. Doch seit den 1990er Jahren (seitdem mein Hinweis darauf öffentlich ist) schweigen sie dazu. Genauer: Sie ignorieren diese Tatsache. (Dies wirft die Frage nach dem Zustand des Faches Mathematikgeschichte auf: Welchen Charakter hat es heute? Haben die Mathematikhistoriker Angst vor der Mathematik? – Wir kommen darauf zurück.)

11.8   Exkurs: Vorausschau auf eine ausgebliebene Revolution der Analyis in den Jahren ab 1958 und 1961

In den Jahren 1958/61 schien die Analysis das Angebot einer erneuten Revolution zu erleben, die der von Cauchy bewirkten vergleichbar ist. Es wurde vorgeschlagen, die Analysis auf einen *veränderten Zahlbegriff* zu gründen. Diese Ideen stammten von einem Autorenpaar aus Deutschland sowie unabhängig davon von einem Autor, der als Jude in Deutschland geboren, aber mit seiner Familie durch den deutschen Faschismus außer Landes getrieben worden war und zuletzt in den USA lehrte.

Wir wissen, dass seit Cauchy die konkrete Ausgestaltung der Analysis auch vom Begriff der Zahl abhängt. Daraus ergibt sich zwingend die Konsequenz:

Wenn ein *anderer* Zahlbegriff eingeführt wird, nämlich Zahlen mit *anderen Eigenschaften* als die von und seit Cauchy genutzten – dann *muss* sich auch die Form der Analysis, die Form der „Werte-Analysis" also, ändern.

Genau das stand zur Debatte, als im Jahr 1958 der Aufsatz *Eine Erweiterung der Infinitesimalrechnung* von Curt Schmieden (1905–91) und Detlef Laugwitz (1932–2000) sowie 1961 der Artikel *Non-Standard Analysis* von Abraham Robinson (1918–74) erschienen. Während Schmieden und Laugwitz von einer „echten Erweiterung" der Analysis sprachen, verkündete Robinson eine „echte Erweiterung der klassischen Analysis" und sprang sogleich mit dem Namen einer neuen Theorie auf die Bühne: „Nichtstandard-Analysis".

11.8.1 Geschichte wiederholt sich nicht, auch nicht in der Mathematik

Aber 1958 war nicht 1821. Eineinhalb Jahrhunderte nach Cauchys Lehrbuch war es *nicht mehr möglich,* die Analysis von Grund auf umzuwandeln, wie das noch Cauchy gelingen konnte (zumindest in großen Teilen; ein Abstrich wird in Abschn. 11.9 zur Sprache kommen). Dazu war sie viel zu fest etabliert: in zig Tausenden von Köpfen und in Hunderten von Lehrbüchern.

Im Jahr 1821 war die Gestaltung der Analysis noch die Angelegenheit einiger weniger führender Köpfe. Damals kannten sich im Prinzip alle aktiven Analytiker oder wussten jedenfalls voneinander. Fast allesamt lebten sie in Paris oder hatten sich zumindest dort eine Zeitlang umgetan: Lehrjahre. Im Jahr 1958 hingegen war die Analysis in jeder wissenschaftlichen Hochschule im Fach Mathematik weltweit etabliert. Es gab Lehrpläne, Lehrbücher und eben auch Lehrpersonen, die *in dieser Weise zu denken trainiert* waren. Sollten sie alle *umdenken?* Warum? Wer sollte das veranlassen oder gar bestimmen? Wer durchführen? Wozu solcher Aufwand? – Die hergekommene Analysis ist doch nicht *falsch* oder *unbrauchbar.* Allenfalls ist sie vielleicht ein bisschen kompliziert aufgebaut; damit jedenfalls warben die überzeugten Vertreter der Nichtstandard-Analysis manchmal für ihre neue Lehre, meist ein bisschen unter der Hand. Aber *nur den Denkstil* abzuwandeln, vielleicht zu vereinfachen, ohne dass sich daraus neue *Resultate* ergeben – das reicht natürlich nicht hin, eine weltweit verbreitete Kirche umzustürzen. Noch dazu in einem Fach, in dem der Denkstil in ganz einzigartigem Ausmaß im Detail kanonisiert ist. Eine neue Wahrheit hätte es schon sein müssen, um dem Umsturzunternehmen wenigstens den Hauch einer Chance zu geben. Aber eine neue Wahrheit hatte die Nichtstandard-Analysis nicht zu bieten, sondern nur: alten Wein in neuen Schläuchen. Die Hoffnung der Neuerer, wenigstens mit der *Existenz neuer Objekte* überzeugen zu können (etwa von Delta*funktionen; sogar rationalen!* – Abschn. 15.7) blieb unerfüllt. Deltafunktionen interessieren nur Spezialisten.

Und so kam es, dass eine erneute Revolution der Analysis im letzten Drittel des 20. Jahrhunderts ausblieb. Der Tanker *Analysis* war viel zu groß geworden, als dass Einzelne oder auch kleine Gruppen *nochmals* die Chance hatten, ihn *von Grund auf* umzusteuern.

> Sobald ein Gedankengebäude, eine Denkweise, in einer breiten Weise gesellschaftlich etabliert und institutionalisiert worden – und damit: *allgemeingültig* geworden – ist, kann keine Personengruppe mehr die Machtfrage stellen. Mehrheit ist eine Macht, wenn es keine Herrschaft gibt.

Für die Ideologen sei festgehalten: Mit mathematischer *Wahrheit* hat das nicht das Geringste zu tun. Die „Nichtstandard-Analysis" ist nicht mehr oder weniger „wahr" als die „Standard-Analysis" (wie die allgemein übliche Form der Analysis jetzt zur Unterscheidung genannt wird). Wie auch Cauchys „Werte-Analysis" nicht „wahrer" ist als die „Algebraische Analysis" von Euler und Lagrange. Die „Werte-Analysis" ist den aktuellen Bedürfnissen der Zeit (technische Verwertbarkeit) *besser zur Hand* als die ältere Form. Aber sie ist in keinem Sinne „*wahrer*". Ihre Lehrsätze sind in keinem Sinne „strenger bewiesen" als die früheren.

Leider ist es in der Mathematikgeschichte sehr üblich, das Gegenteil des letzten Satzes zu behaupten, heute mehr denn je. (Ausnahme-Autoren wie Henk Bos oder Kirsti Andersen bestätigen diese Regel nur.)

Das ist natürlich Unsinn: Warum sollten wir Heutigen besser, genauer denken können als unsere Vorfahren? Es ist dafür kein Grund ersichtlich. Mehrheit ist nicht Recht (oder Wahrheit). Wer auf diese überhebliche Weise urteilt, ist nur zu faul (oder unfähig), sich in eine *andere Weise* des Denkens einzuarbeiten – wie das im vorliegenden Text versucht wird.

11.8.2 Ein Aufbäumen der Nichtstandard-Analysis

In den 70er und 80er Jahren des 20. Jahrhunderts erschienen plötzlich viele Fachaufsätze zu Cauchys Analysis. Über die Ursache dieses Phänomens kann man naturgemäß nur mutmaßen. Eine These: Dieser Hype verdankte sich einem letzten Versuch der Begründer und der Fürsprecher der Nichtstandard-Analysis, ihrer Theorieform doch noch einen Vorteil gegenüber der herkömmlichen Standard-Analysis zu verschaffen – wenn sie schon keine neue Wahrheit zu bieten hatten. Geschichte statt Mathematik?

Die Perspektive: Wenn der Beweis gelänge, dass die Nichtstandard-Analysis die „echte", die „richtige" Form der Analysis ist – dann wäre sie damit im Vorteil gegenüber der Normalversion, wenigstens moralisch.

Diese versuchte Beweisführung bediente sich der Geschichte. Die Strategie war: *Zeige, dass die erstrangigen Vertreter der Analysis e i g e n t l i c h Nichtstandard-Analytiker waren!* – Eine Idee, sicher.

Der erste Zugriff war sehr einfach. *Alle* Analytiker vor dem 20. Jahrhundert bedienten sich gern des Attributs „unendlich klein". Das aber war nun gerade das Neue, das Abgrenzungsmerkmal der Nichtstandard-Analysis von der Standard-Analysis:

> In der Nichtstandard-Analysis gibt es „unendlich kleine" (und dann auch: „unendlich große") *Zahlen* – in der Standard-Analysis gibt es solche *Zahlen* nicht.

(Wir kommen in Abschn. 15.6 darauf zurück.)

Somit war es im ersten Anlauf überhaupt nicht schwer, die Alten für die Nichtstandard-Analysis zu vereinnahmen. Von Leibniz waren die begrifflichen Details noch immer nicht ausreichend publiziert – sodass man seine Redeweise „unendlich klein" umstandslos im eigenen (modernen: nichtstandard-analytischen) Sinn deuten konnte. Bei Euler und Johann Bernoulli war das sogar besonders leicht, denn – wir haben es gesehen! – die sprachen *wirklich* von solchen „unendlichen" *Zahlen*. Also waren sie ganz leicht als *eigentliche* Nichtstandard-Analytiker zu *interpretieren*. Dass weder bei Euler noch bei Johann Bernoulli auch nur ein geringster Ansatz nachzuweisen ist, wie ein solcher Zahlbegriff *zu fassen* sei, spielte bei dieser Vereinnahmung keine Rolle: Die *wirklich großen* Mathematiker denken einfach *richtig* – wo soll das Problem sein? – Mit Wissenschaftsgeschichte (wie sie im vorliegenden Text gezeigt wird) hat eine solche Vorgehensweise erkennbar nichts zu tun. (Übrigens gibt es noch heute mathematikgeschichtliche Fundamentalisten, die nicht anders denken können. Eine rationale Diskussion ist mit ihnen unmöglich – wer hätte das von der Mathematik gedacht?)

Um so hilfreicher war es für dieses Unternehmen, als es Rückenwind von philosophischer Seite bekam. Der Wissenschaftstheoretiker Imre Lakatos (1922–74) schloss sich der These an, Cauchy sei seinem Denkstil nach ein Nichtstandard-Analytiker gewesen. Lakatos' mathematisch sehr gewagten Argumente ließen sich etwas seriöser gestalten (was mir zu einem gewissen Ruhm verhalf, als ich das zu Papier brachte). Daraufhin stürzte sich das jüngste Mitglied jenes Dreigespanns, das 1958/61 die Nichtstandard-Analysis erfunden hatte, Detlef Laugwitz, in das Unternehmen, Cauchy als *wirklich und tatsächlich* im Stil der Nichtstandard-Analysis denkenden Analytiker zu deuten. Dabei gelangen ihm in der Tat sehr schöne mathematische Argumente. Nur *sein Grundanliegen* misslang. Denn:

> Die Deutung der „Werte-Analysis" Cauchys als eine (frühe) Form der Nichtstandard-Analysis ist beweisbar falsch.

Warum das so ist, wird gleich zur Sprache kommen.

Nach Leibniz, Euler und Johann Bernoulli blieb, wie gerade angesprochen, noch Cauchy. Natürlich bediente sich auch Cauchy des Attributs „unendlich klein" – geschenkt. Aber da war noch etwas!

11.8.3 Exkurs im Exkurs: Blick zurück auf die Kritik an Cauchy

Fünf Jahre nach dem Erscheinen von Cauchys Lehrbuch der Analysis wurde die Behauptung des jungen Mathematikers Niels Henrik Abel (1802–29) gedruckt, darin sei ein falscher Lehrsatz enthalten. (Das wird in Abschn. 11.9.5 noch etwas genauer dargelegt werden.) Doch eine (alsbaldige) Reaktion Cauchys auf diesen Vorwurf blieb aus.

Damit hatte die Analysis im Jahr 1826 ein sachliches Problem: Ist jener Lehrsatz wahr oder falsch? Cauchy hatte ihn formuliert und bewiesen – Abel hatte ihn für falsch erklärt. Zwei (heute) anerkannte Mathematiker widersprachen sich in ihrem Urteil über diesen Sachverhalt.

24 Jahre später erschien eine Abhandlung von Philipp Ludwig Seidel (1821–96), worin ebenfalls Kritik an jenem Lehrsatz Cauchys geübt und eine Alternative dazu formuliert und bewiesen wurde. Aufs Neue blieb eine erkennbare Reaktion Cauchys aus.

Allerdings erschien drei Jahre danach (im Jahr 1853) eine Abhandlung von Cauchy, in der – in versteckter Weise; auch darauf werden wir zurückkommen – eine Selbstverteidigung Cauchys in dieser Angelegenheit stand. Da Cauchy seine Darlegung aber nicht *ausdrücklich* als „Selbstverteidigung" etikettierte, blieb sie zunächst einmal ohne Beachtung. Erst viel später bemerkten die Mathematiker diese Stoßrichtung jener 1853er Abhandlung Cauchys und begannen, sie zu erörtern (Abschn. 11.9.5).

11.8.4 Zurück zum Aufbäumen der Nichtstandard-Analysis

Mit der Erfindung der Nichtstandard-Analysis 1958/61 begann eine Debatte, die in den 70er und 80er Jahren des 20. Jahrhunderts ihren Höhepunkt erlebte. Heute freilich ist diese Debatte so tot, dass selbst eine vollkommen neue mathematische Idee dazu keinen Hund mehr hinter seinem Ofen hervorzulocken vermag. Es entspann sich damals folgende Kontroverse:

> DIE – FALSCHE – HISTORIOGRAFISCHE KONTROVERSE
> Welche der beiden Alternativen ist wahr?
>
> 1. Cauchy hat in seinem Analysis-Lehrbuch einen (sehr elementaren) falschen Lehrsatz aufgestellt und bewiesen.
> 2. Cauchys Lehrsatz ist richtig – denn Cauchy hat unter dem, was er „Konvergenz" nannte, nicht das verstanden, was wir heute darunter verstehen, sondern das, was wir heute „gleichmäßige Konvergenz" nennen.

Alle Plausibilität spricht natürlich gegen (1). Jedem Mathematiker passieren Fehler, selbstverständlich. Aber ein solcher? Ein Fehler bei einem elementaren Lehrsatz des ersten

Semesters – der selbst nach einer Kritik keinerlei Korrektur durch den Autor bewirkt? Wer soll denn so etwas für wahr halten?

Deswegen spürten die Nichtstandard-Analytiker Rückenwind: Sie deuteten den entscheidenden Begriff jenes Lehrsatzes bei Cauchy (er heißt „Konvergenz") einfach um und lasen ihn als „gleichmäßige Konvergenz". Und dass der Lehrsatz *in dieser Umdeutung* richtig ist, wurde von niemandem jemals bestritten. Doch die Nichtstandard-Analytiker blieben klar in der Minderheit. So wurden die Alternative (1) zur herrschenden Meinung und Cauchy der beliebteste Watschenmann der Analysis-Lehrbücher.

11.8.5 Ein Ritt über den Bodensee

Wie aber konnten die Nichtstandard-Analytiker ihre Umdeutung von Cauchys Begriff rechtfertigen? Ihr Ansatz schien vielversprechend. Sie sagten: *Cauchy verstand unter „Zahl" nicht das, was (vielleicht: seit hundert Jahren?) alle darunter verstehen – sondern vielmehr das, was wir, die Nichtstandard-Analytiker, h e u t e damit meinen!*

Mathematisch war damit der Käse gegessen. Denn der Zahlbereich der Nichtstandard-Analysis ist eindeutig reichhaltiger als der zuvor konstruierte reelle Zahlbereich. In dem fraglichen Lehrsatz aber macht Cauchy eine besondere Voraussetzung: Er verlangt, dass eine gewisse „Reihe" *für alle Werte* (also: für alle *reellen* Zahlen) „konvergieren" soll. Wenn nun aber mit diesem „für alle Zahlen" *mehr* gemeint sein sollte, als man bisher dachte (nämlich neben den „reellen" Zahlen auch noch die „hyperreellen"), dann lässt sich aus diesem Mehr, das Cauchy plötzlich vorauszusetzen scheint, auch mehr schlussfolgern – und zwar wirklich die Behauptung des Lehrsatzes.

Dieses mathematische Argument ist unstreitig richtig. Robinson brachte diese Idee bereits 1963 zum Druck, und Lakatos, der begnadete Propagandist in eigener Sache, machte daraus viel Wind, insbesondere wissenschaftstheoretischen. (Um diese Wahrheit nicht zu verschweigen: Ich beteiligte mich an diesem Vorgehen.)

Aber: Die Deutung älterer mathematischer Begriffe ist weder die Aufgabe noch die selbstverständliche Kompetenz des reinen Mathematikers! Vielmehr ist das die Aufgabe der Mathematikgeschichte.

Doch eine detaillierte mathematikgeschichtliche Analyse der von Cauchy in seiner Analysis verwendeten Begriffe unterblieb damals. Niemand unternahm es, beispielsweise Cauchys Zahlbegriff zu untersuchen, um zu prüfen, ob Cauchy *wirklich* an solch exotische Objekte wie „unendlich kleine" *Zahlen* dachte. Und das tat Cauchy natürlich nicht.

Jedenfalls die Nichtstandard-Analysis muss eine nicht geringe Begriffsakrobatik betreiben, um solche Gegenstände wie die „hyperreellen" Zahlen mathematisch sauber zu konstruieren. Insbesondere Robinsons Konstruktion tut sich da sehr hervor: Ohne (mindestens!) ein Semester moderner Logik absolviert zu haben, kann man seine Konstruktion nicht durchführen. Und einen solch gedrechselten Begriff soll Cauchy im Jahr 1821 in irgendeinem Sinne antizipiert haben? Dazu bedürfte es ganz fraglos eines stützenden Arguments! – Ein solches brachte jedoch niemand bei. Stattdessen gab es nur rhetorisches Feuerwerk, das aber nicht zu knapp.

Kurz gesagt: Der damalige Versuch der Nichtstandard-Analytiker, ihren Gegenstand durch einen Rückgriff auf die Entwicklung der Analysis zu rechtfertigen, blieb ohne mathematikgeschichtliche Fundierung. (Das ist wahr, auch wenn ich das zuzeiten der Abfassung meiner Dissertation, also um 1980/81, und auch noch einige Jahre danach anders beurteilt habe – wie übrigens auch die damaligen Gutachter, die Mathematiker waren.)

Erst ab 1990 unternahm ich eine gründliche Analyse jener Begriffe, die Cauchy *wirklich* benutzte. Sie führte zu dem Ergebnis, das man so zusammenfassen kann: Wenn du dich zwischen zwei Möglichkeiten entscheiden musst, wähle die dritte! Oder etwas technischer formuliert: Cauchys Begriff „Konvergenz" ist, in die heutige Analysis übersetzt, weder die „Konvergenz" noch die „gleichmäßige Konvergenz" – sondern etwas Drittes. Dies wird im folgenden Abschnitt dargelegt werden.

11.9 Cauchys Begriff der Konvergenz: Das große Missverständnis

Der Sache nach gehört die Besprechung von Cauchys Konvergenzbegriff noch unter die Überschrift des Abschn. 11.7: „Einige sehr überraschende Konsequenzen aus Cauchys Begriff des Funktionswertes". Seiner großen Bedeutung wegen muss das jedoch gesondert besprochen werden.

11.9.1 Ein Rätsel der Mathematikgeschichte: Cauchys Begriff der Konvergenz

Kein Begriff der Analysis hat solch lang dauernde, umfassende, hitzige und sogar die Fachgrenzen überschreitende Kontroversen hervorgerufen wie Cauchys Begriff „Konvergenz". Wie das?

Der entscheidende Punkt ist: Trotz ihres sehr revolutionären Zuschnitts ist Cauchys Analysis doch noch *grundlegend* im alten Denken verhaftet. Einem Denken, das uns heute fremd ist, und zwar *von Grund auf.*

Schauen wir uns nochmals Cauchys Funktionsbegriff an (Abschn. 11.6.1). Welcher Grundbegriff ist dort genannt? – Richtig: die „Zahlgröße". Das müssen wir uns merken:

> Cauchys erster und einziger Grundbegriff der Analysis ist „Zahlgröße". (Daraus leitet er auch den Begriff „Zahl" ab.)

Konsequenterweise bestimmt Cauchy daher die „Konvergenz" auch (und ausschließlich!) für diese Gegenstände: für Zahlgrößen.

Cauchys Begriff „Konvergenz" bezieht sich ursprünglich auf „Zahlgrößen".

(Dies übersehen zu haben, war der Fehler in der mathematik-philosophischen Debatte um Cauchys Analysis in der Folge der Erfindung der Nichtstandard-Analysis und deren Vereinnahmungsversuch von Cauchy ab den frühen 60er Jahren des 20. Jahrhunderts. Aber *heute* vermag kein Mathematiker zu sagen, was das denn sein soll: eine „Zahlgröße"! – Was Cauchy darunter verstand, ist in Abschn. 11.5.1 wiedergegeben.)

Nun Cauchys Definition der „Konvergenz":

Eine unbestimmte Folge von Zahlgrößen

$$u_0, \quad u_1, \quad u_2, \quad u_3, \quad \ldots,$$

wobei sich die einen von den anderen gemäß einem bestimmten Bildungsgesetz herleiten, wird eine „Reihe" genannt. Diese Zahlgrößen selbst bilden die verschiedenen „Glieder" der betrachteten Reihe. Es sei

$$s_n = u_0 + u_1 + u_2 + \ldots + u_{n-1}$$

die Summe der ersten n Glieder, n eine beliebige natürliche Zahl. Wenn sich die Summe s_n für stets wachsende Werte von n unbestimmt einer gewissen Grenze nähert, dann heißt die Reihe „konvergent", und die fragliche Grenze wird die „Summe" der Reihe genannt.

Also: Die u_k sind „Zahlgrößen"; beispielsweise „Funktionen" $f_k(x)$ (Cauchy bedient sich hier noch des Kommas in der traditionellen Bedeutung des Pluszeichens):

$$f_0(x) + f_1(x) + f_2(x) + f_3(x) + \ldots$$

Im Falle der „Reihen" weicht Cauchy also von seiner sonst üblichen Bezeichnungsweise ab; in diesem Fall bedeutet der Index *nicht* einen „Wert", sondern dient als Namensbestandteil der „Zahlgröße"; aus Gründen der Praktikabilität. (Der mit einem Index versehene Name „f" – bei Cauchy: „u" – bezeichnet hier keine Veränderliche! Es handelt sich hier vielmehr um einen veränderlichen *Namen*.) Bei Euler und Lagrange haben wir gesehen, wie wenig übersichtlich Reihen ohne Indexbezeichnung zu schreiben sind: Abschn. 8.5 und 9.2.2.

Aus einer solchen „Folge" bildet Cauchy nun *endliche* Summen $s_n(x)$:

$$s_n(x) = f_0(x) + f_1(x) + f_2(x) + \ldots + f_{n-1}(x).$$

Und er nennt es „Konvergenz", wenn sich diese $s_n(x)$ einer „Grenze" nähern. In Cauchys
üblicher Schreibweise muss also gelten:

$$\lim s_n(x) = s(x).$$

Ehe wir das weiter technisch umformen, erörtern wir ein Problem, das hier besteht:
Cauchy spricht von einer „Grenze". Eine „Grenze" aber ist ein *Wert*. Doch ein solches $s(x)$
ist, *wie das „(x)" zeigt, eine Zahlgröße; und also kein Wert!* – Aber Cauchy *spricht* von der
„*Grenze*"! Das kann nur Folgendes bedeuten: Cauchy meint „den *Wert* von $\lim s_n(x)$ für
ein $x = \mathrm{X}$"!
Mit anderen Worten: Cauchys Definition der „Konvergenz" lautet so:

Eine Reihe aus Funktionen

$$f_0(x) + f_1(x) + f_2(x) + f_3(x) + \ldots$$

heißt „konvergent" für den Wert $x = \mathrm{X}$, wenn für diesen Wert die Summe

$$s_n(x) = f_0(x) + f_1(x) + f_2(x) + \ldots + f_{n-1}(x)$$

mit wachsendem n eine (eindeutige!) „Grenze" hat.

Dies können wir technisch noch etwas anders formulieren. Wir können statt „$\lim s_n(x) =
s(x)$" ebenso gut schreiben: „$\lim(s_n(x) - s(x)) = 0$". – Oder? Mit der seit Cauchy bis heute
üblichen Bezeichnung „$r_n(x)$" („reste" = „Rest") für diese Differenz können wir also auch
sagen:

Eine Reihe aus Funktionen

$$f_0(x) + f_1(x) + f_2(x) + f_3(x) + \ldots$$

heißt „konvergent" für den Wert $x = \mathrm{X}$, wenn für diesen Wert für die besondere
Summe (den „Rest")

$$r_n(x) = f_n(x) + f_{n+1}(x) + f_{n+2}(x) + \ldots$$

gilt:

$$\lim r_n(x) = 0.$$

11.9.2 Die Auflösung des Rätsels

Diese letzte Formulierung ist Konsens unter allen bisherigen Cauchy-Lesern! Jetzt kommt eine Überlegung, die seit 1990 neu ist: *Zwei Fragen* sind zu stellen.

1. *Was i s t* „$r_n(x)$" *für Cauchy?*
   Die Antwort kann nur lauten: Eine „*Veränderliche*", und zwar von den b e i d e n „unabhängig" Veränderlichen n u n d x.
2. *Was i s t* „$\lim r_n(x)$" *für Cauchy?*
   Auch hier ist die Antwort nicht schwer: $\lim r_n(x)$ ist, als mathematischer Begriff in Cauchys Analysis, „*Funktionswert*"! Und also „die Grenze oder die Grenzen" – und zwar nach Cauchy: *alle!* –, die diese Veränderliche $r_n(x)$ (für den Wert $x = $ X) hat.

Mit diesem Letzten haben wir den springenden Punkt gefunden! Unter „$\lim r_n(x)$ für den Wert $x = $ X" meint Cauchy *nicht allein* das:

$$\lim_{n \to \infty} r_n(X),$$

sondern es ist auch $X = \lim(x_k)$ in die Ermittlung „*aller* Grenzen" einzubeziehen:

$$\lim_{\substack{N \to \infty \\ x_k \to X}} r_N(x_k). \tag{$\|$}$$

Denn $r_n(x)$ ist eine Funktion der *beiden* Veränderlichen n und x.

Cauchy schreibt *nie* Subskripte zu „lim". Dieser Zusatz ist später in der Analysis üblich geworden. – Das obige Beispiel zeigt, *warum* dieser Zusatz *für Cauchy entbehrlich* ist: weil Cauchy grundsätzlich *alle* Grenzen sucht. Und wie das obige Beispiel zeigt, ist eine solche ausführliche Bezeichnung – die wir heute als *Pflicht* lernen – im Allgemeinen etwas aufwändig; jedoch *in Cauchys Analysis* unnötig, weil es dort gewöhnlich um „*alle* Grenzen" geht.

11.9.3 Die mathematische Bedeutung dieser Auflösung

Jener Lehrsatz von Cauchy, dessen Richtigkeit bis heute bestritten wird (außer von den Nichtstandard-Analytikern), lautet wörtlich (nur das Zeichen „X" füge ich zweimal hinzu):

Satz. *Wenn die verschiedenen Glieder der Reihe*

$$u_0, \quad u_1, \quad u_2, \quad u_3, \quad \ldots$$

Funktionen einer gleichen Veränderlichen x sind, und zwar stetig *in dieser Veränderlichen in der Nähe eines besonderen Wertes* X, *für welchen die Reihe konvergiert, dann ist auch die Summe s der Reihe in der Nähe dieses besonderen Wertes* X *eine in x stetige Funktion.*

In der Fachliteratur ist der Name „(Cauchy'scher) Summensatz" dafür üblich geworden.

Die entscheidende Voraussetzung in diesem Lehrsatz lautet: Die Reihe soll „konvergieren". (Sogar: „in der Nähe" des fraglichen Wertes X!)

Wir kennen nun insgesamt *drei* konkurrierende Deutungen dieser Voraussetzung:

1. Die Standard-Analytiker verstehen Cauchy in der heute üblichen Begriffswelt und sagen: Das bedeutet: „$\lim_{n \to 0} r_n(X) = 0$".

2. Die Nichtstandard-Analytiker verstehen Cauchy in ihrer Begriffswelt und sagen: Das bedeutet: „$\lim_{n \to 0} r_n(X') = 0$ *für alle Werte* X' *in der Nähe des fraglichen Wertes* X".

3. Die neue Deutung, gewonnen aus der Analyse der Cauchy'schen Begriffswelt, sagt: Cauchy denkt, was in der Formelzeile ‖ steht. (Mit „in der Nähe" meint Cauchy: „$X + \alpha$", nicht andere „Werte" $X' \neq X$.)

Ausgedrückt in der Fachsprache der *heutigen* Analysis bedeutet das:

1. Cauchy verlangt in seinem Lehrsatz die „Konvergenz" der Reihe – und damit ist der Satz *falsch*.

2. Cauchy verlangt in seinem Lehrsatz die „gleichmäßige Konvergenz" der Reihe – und damit ist der Satz *richtig*.

3. Cauchy verlangt in seinem Lehrsatz die „stetige Konvergenz" der Reihe – und auch damit ist der Satz *richtig*.

   Was „stetige Konvergenz" *genau* heißt, steht seit 1921 in manchen Büchern der Funktionenlehre. Zum Verständnis der geschichtlichen Entwicklung muss man das nicht lernen. Dazu genügt es, den nächsten Kasten zu akzeptieren.

Im Fall (1) sieht Cauchy alt aus. Im Fall (2) sehen die Standard-Analytiker alt aus. Im Fall (3) gelangt die Mathematikgeschichte nach der Analyse von Cauchys *eigenem Begriffssystem* zu dem Urteil, dass Cauchy hier keinen Fehler begangen hat; allerdings hat er etwas anderes bewiesen, als es die Standard- wie auch die Nichtstandard-Analytiker sagen.

In der Fachsprache der heutigen Analysis können wir Folgendes festhalten („$\Rightarrow$" heißt: „hat logisch zur Folge"; und *keine* der folgenden Umkehrungen gilt):

stetige Konvergenz $\Rightarrow$ gleichmäßige Konvergenz $\Rightarrow$ Konvergenz

Die *schwächste* Bedingung (ganz rechts) genügt nicht, um jenen Lehrsatz zu beweisen. Die *mittlere* Bedingung ist stärker und reicht dazu aus – jedoch gibt es keinen klaren Textbeleg bei Cauchy, dass er so gedacht haben könnte. Die *stärkste* Bedingung (ganz links) ist das, was Cauchy *tatsächlich* vorausgesetzt hat – und sie reicht erst recht aus, um jenen Lehrsatz zu beweisen.

11.9.4 Cauchys Beweis des Lehrsatzes

Jetzt machen wir den Sack zu, indem wir Cauchys Beweis seines Lehrsatzes nachvollziehen. Dieser Beweis ist denkbar einfach.

Behauptet wird die Stetigkeit der Summenfunktion $s(x)$ an einem Wert $x = X$. Stetigkeit heißt: $s(x + \alpha) - s(x)$ wird (für den Wert $x = X$) zusammen mit α beliebig klein. Das also ist zu beweisen:

$$\lim s(x + \alpha) - s(x) = 0 \quad \text{für} \quad \lim \alpha = 0 \quad \textit{und} \quad \text{für den Wert} \quad x = X.$$

Und das ergibt sich ganz von selbst, aus der üblichen Zerlegung $s = s_n + r_n$:

$$s(x + \alpha) - s(x) = s_n(x + \alpha) - s_n(x) + r_n(x + \alpha) - r_n(x). \quad (**)$$

Da die s_n endliche Summen stetiger Funktionen sind, ist $s_n(x + \alpha) - s_n(x)$ eine endliche Summe unendlich kleiner Größen und also unendlich klein. Bleiben die beiden anderen Summanden: $r_n(x + \alpha)$ und $r_n(x)$ – nicht zu vergessen: jeweils für den Wert $x = X$.

Nun ist $\lim r_n(x) = 0$ (für den Wert $x = X$) klar: Das ist *genau* die vorausgesetzte „Konvergenz" der Reihe für den Wert $x = X$.

Aber es gilt auch $\lim r_n(x + \alpha) = 0$ für den Wert $x = X$ *wegen Cauchys Begriff des „Funktionswertes"* – hier betrachtet für den Wert X! Denn wir wissen doch: „$f(X)$" sind *alle* Grenzen $\lim f(X')$ für $X' \to X$; und das kann man auch schreiben als $\lim f(X + \alpha)$ für $\alpha \to 0$; oder eben für die hier vorliegende Funktion $r_n(x)$: $\lim r_n(X + \alpha)$ für $\alpha \to 0$. Das soll $= 0$ sein *wegen der vorausgesetzten „Konvergenz" – im Sinne Cauchys! – f ü r d e n W e r t* X. Ende des Beweises. – Der allerletzte Schritt war immer streitig:

1. Die Standard-Analytiker deuten „$x + \alpha$" als *von* X *verschiedene* W e r t e und sagten: Hier mogelt Cauchy – weil er die „Konvergenz" an *anderen* Werten als dem Wert X voraussetzt – was aber nicht erlaubt ist. – Doch „$x + \alpha$" ist bei Cauchy *immer* eine Veränderliche, *nie* ein Wert!
2. Die Nichtstandard-Analytiker sagen: Kein Problem, α ist eine „unendlichkleine" *Zahl* – und für die hat Cauchy mit seiner Formulierung „in der Nähe" *ebenfalls* die „Konvergenz" verlangt: Passt! – Nur nicht zu Cauchys Denken.

Doch ganz eindeutig lässt sich bei Cauchy der Begriff der „unendlich kleinen" *Zahl* nicht nachweisen. Dafür aber ein Begriff des Funktionswertes (nämlich: „*alle* Grenzen"!), an den bislang keiner gedacht hat – weil es ihn heute nicht mehr gibt und weil im 20. Jahrhundert, vor dem Jahr 1990, keiner mehr Cauchys Lehrbuch so *ganz genau* gelesen hatte. Und wegen dieses Begriffs „Funktionswert" bei Cauchy ist „$\lim r_n(x + \alpha) = 0$ für den Wert $x = X$" ebenfalls durch die Voraussetzung „Konvergenz (am Wert $x = X$)" garantiert. – Passt, jetzt sogar in Cauchys Begriffswelt. Bingo.

11.9.5 Cauchys Selbstverteidigung

Wie bereits berichtet, verfasste Cauchy (recht spät) eine Abhandlung, in der er sich gegen seine Kritiker zur Wehr setzte. Allerdings tat er das in sehr vornehmer Weise, ohne sie (und ihre Kritik) ausdrücklich zu nennen. Niels Henrik Abel kritisierte im Jahr 1826 jenen Lehrsatz Cauchys, von dem eben so ausführlich die Rede war (Abschn. 11.8.3). Abel brandmarkte diesen Satz als falsch. Jedoch *bewies* er das nicht, sondern er *behauptete* nur, eine bestimmte Funktion widerlege diesen Lehrsatz (Abschn. 12.3.2).

In seiner 1853 erschienenen Abhandlung präsentierte Cauchy jedoch eine Rechnung, die *beweist,* dass Abels Behauptung falsch war.

Statt Cauchys – etwas anspruchsvollere – Rechnung zu zeigen*, sei sie hier in eine einfachere Variante übersetzt; ebenso natürlich Abels behauptetes Gegenbeispiel. Diese Übersetzung lautet:

Abel sagt so etwas wie: Die Reihe

$$x^0 + (x^1 - x^0) + (x^2 - x^1) + (x^3 - x^2) + \ldots$$

konvergiert für alle Werte von x von 0 bis 1 (einschließlich). Ihre einzelnen Glieder $x^{n+1} - x^n$ sind stetig. Die gesamte Summe jedoch ist nicht stetig – und damit widerlegt dieses Beispiel den Cauchy'schen Summensatz in Abschn. 11.9.3!

Analysieren wir das. In einem hat Abel recht: Die Glieder $(x^{k+1} - x^k)$ dieser Reihe sind stetig, und ihre Summe ist unstetig. – Warum das Letztere? Rechnen wir: Für $0 \leqq x < 1$ hat diese Summe den Wert 0, denn es gilt

$$s_n(x) = x^0 + (x^1 - x^0) + (x^2 - x^1) + \ldots + (x^n - x^{n-1}) = x^n,$$

und also (für $x = X$ und wegen $0 \leqq X < 1$):

$$s(X) = \lim s_n(X) = \lim_{n \to \infty} X^n = 0. \qquad (\dagger\dagger)$$

Für $x = 1$ hingegen lautet die Reihe einfach:

$$s(1) = 1 + (1 - 1) + (1 - 1) + (1 - 1) + \ldots = 1.$$

Und *diese* Funktion $s(x)$ ist am Wert $x = 1$ nicht stetig, weil nach $\dagger\dagger$ für $X < 1$ gilt:

$$\lim_{X \to 1} s(X) = \lim 0 = 0,$$

während doch $s(1) = 1 \neq 0$. In Abels Denkweise ist damit Cauchys Lehrsatz widerlegt.

Nicht jedoch nach Cauchys Denkweise! Denn Cauchy kann *beweisen,* dass diese Reihe *nicht* „konvergiert" – natürlich in dem *speziellen* Sinne, in dem Cauchy den Begriff „Konvergenz" bestimmt hat! Wenn aber diese Reihe *die Voraussetzung des Lehrsatzes nicht erfüllt,* dann behauptet dieser Lehrsatz auch nichts über diese Reihe!

Zeigen wir also abschließend, dass diese Beispielsreihe für den Wert $x = 1$ in der Tat nicht in Cauchys Verständnis des Begriffs „konvergiert"! Das ist ganz einfach. Wir müssen nur $\lim r_n(x)$ für den Wert $x = 1$ studieren. Nun ist

---

*Siehe dazu *Die Analysis im Wandel und im Widerstreit,* S. 352.

$$r_n(x) = (x^{n+1} - x^n) + (x^{n+2} - x^{n+1}) + (x^{n+3} - x^{n+2}) + \ldots = -x^n.$$

Ist $\lim r_n(x) = -x^n$ für den Wert $x = 1$ ebenfalls $= 0$? – Nein, für den Wert $x = 1$ gilt das nicht: $\lim r_n(1) = \lim -1^n = -1 \neq 0$. Ganz einfach.

T Abels (technisch komplizierteres) Gegenbeispiel ist nicht ganz so einfach zu widerlegen. Dazu bedarf es einer besonderen Zusatzbetrachtung. Diese Zusatzbetrachtung lässt sich auch an diesem einfacheren Beispiel durchführen (und ihr Vorbild hat Cauchy 1853 aufgeschrieben). Sie geht so: Statt für $x = 1$ wird $\lim r_n(x)$ für $x = 1 - \alpha$ und $\lim \alpha = 0$ untersucht. Die Werte $1 - 1/n$ sind alle < 1, und es gilt: $\lim_{n \to \infty} (1 - 1/n) = 1$. Daher ist auch $\lim_{n \to \infty} r_n(1 - 1/n)$ ein „Funktionswert" von $r_n(x)$ für $x = 1$. Doch es gilt (und dazu sei auf die Formel in Abschn. 8.6.2 verwiesen: Wenn man dort $k = 1$ setzt, ist $a = e$; außerdem wähle man dort $z = -1$ bzw. $i = -\frac{1}{\omega} = N$):

$$\lim_{N \to \infty} r_N(1 - 1/N) = \lim_{N \to \infty} - \left(1 - \frac{1}{N}\right)^N = -(e^{-1}) \neq 0.$$

Eine völlig korrekte Rechnung – und in Cauchys Analysis der *Beweis,* dass diese Beispielsreihe *in seinem Sinne* für den Wert $x = 1$ *nicht* „konvergiert"! (Lediglich den Gleichungsteil „$\lim r_n(x) =$" ließ Cauchy bei seiner Rechnung weg – so viel Verständnis setzte er bei seiner Leserschaft natürlich voraus.) Doch *versteht* man die Bedeutung dieser Rechnung Cauchys *nur* dann, wenn man seinen Begriff „Konvergenz" *und* – mindestens ebenso wichtig! – seinen Begriff „Funktionswert" verwendet. Das aber tun die Kritiker Cauchys nicht: nicht im 19., nicht im 20. und (bisher) nicht im 21. Jahrhundert.

Übrigens ist diese Beispielsreihe (genau wie jene, die Cauchy selbst ins Feld geführt hat) bereits *nicht „gleichmäßig konvergent".* Daher taugt sie (genau wie die von Cauchy Genannte) leider nicht zur mathematischen Widerlegung der These der Nichtstandard-Analytiker, Cauchy habe seine „Konvergenz" in dem von ihnen unterstellten Sinne gedacht. Schade, denn ein *technisches* Argument wäre für manche sicher mathematisch schlagkräftiger als ein *philosophisches.*

11.9.6 Woher rührt das bisherige Missverständnis von Cauchys Konvergenzbegriff?

Warum wird Cauchys Begriff „Konvergenz" von den heutigen Mathematikern nicht verstanden? Die kurze Antwort ist: Weil sie keine Mathematikhistoriker sind. Die genauere Antwort ist jetzt klar und zwiefach:

1. Weil Cauchy diesen Begriff für „Zahlgrößen" bestimmt hat – während wir ihn heute (in der Analysis) *ausschließlich* für „Zahlen" definieren.
2. Weil Cauchy einen ganz anderen Begriff von „Funktionswert" hat als wir heute (Abschn. 11.6.4), was bislang unbemerkt geblieben ist.

Ergebnis also: Nimmt man Cauchy beim Wort, bei *seinen* Worten (Begriffen), dann löst sich dieser seit jetzt 92 Jahren dauernde Streit über diesen Lehrsatz in Wohlgefallen auf. – Merkwürdigerweise interessiert das bis heute niemanden: Jede Publikation dieser Sichtweise blieb bislang ohne alle fachliche Resonanz. Ob sich das jetzt ändert?

Es ist sogar noch heute möglich, Cauchy unter Überschreitung seines Begriffsrahmens *neue „Fehler"* in seiner Analysis zu unterschieben und dies in einer für erstrangig angesehenen Fachzeitschrift wie der *Historia Mathematica* zu publizieren. Noch ärger: Die genannte Zeitschrift weigert sich dann sogar, eine fachliche *Kritik* an einem solchen fehlerhaften Beitrag abzudrucken. (Der Herausgeber entschied das damals mit dem – offenkundig, nämlich belegbar falschen – Argument, diese Zeitschrift drucke keine „Leserbriefe". Dabei hatte ich gar keinen Brief geschrieben, sondern einen Artikel formuliert; den ließ er jedoch nicht einmal begutachten.) Daraus könnte man ableiten: Mathematikgeschichte ist kein Fach, das sich selbst trägt – sondern im Wesentlichen bloß die Magd ideologischer Grabenkriege unter Fachmathematikern. Einen eigenen Fachdiskurs bringt sie heutzutage nicht zustande. (Die institutionelle Lage der Mathematikgeschichte, zumindest in Deutschland heute, böte sogar eine Rechtfertigung dafür.)

11.10 Cauchys Begriff der Ableitung: ebenfalls ein Missverständnis

Den Begriff „Ableitung" hatte Lagrange eingeführt. Lagrange bestimmte sie als eine „Funktion" $f'(x)$, die sich aus der Reihenentwicklung der Funktion $f(x)$ mit dem abgewandelten Argument ermitteln ließ, also der Reihenentwicklung von $f(x + a)$ (Formelzeile § in Abschn. 9.2.2).

Euler hatte statt mit „Ableitungen" mit „Differenzialquotienten" operiert und diese als *wirkliche* Quotienten verstanden, also als Quotienten zweier „unendlich kleiner" Größen. Ein schwierig zu verstehender Begriff. Daher auch Lagranges Idee einer grundlegenden Neudefinition.

Von Cauchy haben wir im Vorwort seines Analysis-Lehrbuches gelesen, dass er darauf besteht, „die Ungewissheit" der Formeln durch „Festsetzung der Werte" aufzulösen. Diesem Programm folgt Cauchy auch bei seinem Begriff der Ableitung. Er gibt jene Definition, die bis auf den heutigen Tag den Erstsemestern gelehrt wird – freilich auch sie in einem anderen Sinn.

Zunächst knüpft Cauchy an die Tatsache an, dass bei einer „stetigen" Funktion $f(x)$ ein „unendlich kleiner" Zuwachs α der Veränderlichen x (d. h. es wird $x + \alpha$ betrachtet und $\lim \alpha = 0$ verlangt) einen „unendlich kleinen" Zuwachs der Funktion zur Folge haben muss. Solche „Zuwächse" bezeichnet Cauchy gern mit dem griechischen Buchstaben Groß-Delta: Δ. Also: $\alpha = \Delta x$ sowie $f(x + \Delta x) - f(x) = \Delta y$. Jetzt Cauchy (mit den „beiden Gliedern" meint er jeweils Zähler und Nenner der Brüche):

Demzufolge sind die beiden Glieder des *Differenzenverhältnis*ses

$$\frac{\Delta y}{\Delta x} = \frac{f(x + \Delta x) - f(x)}{\Delta x}$$

unendlich kleine Zahlgrößen. Aber während diese beiden Glieder unbestimmt und zugleich gegen die Grenze Null laufen, kann das Verhältnis selbst gegen eine andere Grenze laufen, sei sie positiv oder negativ. Wenn diese positive oder negative Grenze existiert, hat sie für jeden besonderen Wert $X^{[\dagger]}$ von x einen bestimmten Wert; der aber ändert sich mit x.

Diesen „Wert" von $\lim \frac{\Delta y}{\Delta x}$ für $\lim \Delta x = 0$ definiert Cauchy dann als Wert einer neuen „Funktion":

Nur hängt die Gestalt der neuen Funktion, welche als Grenze des Verhältnisses $\frac{f(x+\Delta x)-f(x)}{\Delta x}$ dient, von der Gestalt der vorgelegten Funktion $y = f(x)$ ab. Um diese Abhängigkeit anzuzeigen, nennt man die neue Funktion *abgeleitete Funktion* (oder kurz *Ableitung*) und bezeichnet sie mithilfe eines Akzentes durch

$$y' \qquad \text{oder} \qquad f'(x).$$

Wie gesagt: Noch heute wird den Erstsemestern die „Ableitung" in dieser Weise gelehrt. Doch da Cauchy *im Grundsatz* anders denkt als wir heute, müssen wir zwei Dinge hinzufügen.

1. In Cauchys Denkwelt ist diese Art der Bestimmung einer „Funktion" problematisch, um nur das Mindeste zu sagen. Denn Cauchy hat „Funktion" als eine „Veränderliche" mit gewissen Eigenschaften bestimmt (siehe Abschn. 11.6.1). Doch die „Ableitung" bestimmt Cauchy hier *nicht* als Veränderliche; sondern er *konstruiert* die Funktion $f'(x)$ als eine bloße Wert-Wert-Zuordnung. (Allerbestenfalls *im Nachhinein* könnte man das, was Cauchy hier als Wert-Wert-Zuordnung bestimmt und *dann* „Ableitung" genannt hat, vielleicht eine „Veränderliche" *nennen*.)

> *Diese Art, eine „Funktion" zu bestimmen:*
>
> $$X \longmapsto f'(X),$$
>
> *ist zwar sehr modern* (genauer gesagt: das *ist* unser heutiges Verfahren), *aber sie passt eindeutig nicht auf jenen Begriff, den Cauchy von „Funktion" gibt!*

Das heißt: Mit seiner Bestimmung der Funktion „Ableitung" überschreitet Cauchy seinen selbst gesteckten Begriffsrahmen. Streng genommen ist diese „Ableitung" in Cauchys Begriffswelt gar keine „Funktion"!!

---

†Dieses Zeichen habe ich wieder ergänzt.

2. *Wie* definiert Cauchy die „Ableitung", wie *genau?* Doch offenbar so: Er sagt, welchen (eindeutig bestimmten!) „Wert" $f'(X)$ sie für den „Wert" $x = X$ haben soll – eben den Wert „Grenze von $\frac{f(x+\Delta x)-f(x)}{\Delta x}$":

> Zu dem Wert $x = X$ gehört der Wert $\lim \frac{f(x+\Delta x)-f(x)}{\Delta x}$ für $\lim \Delta x = 0$.

Jetzt müssen wir aber noch berücksichtigen: Für Cauchy ist jeder Wert X (auch) als Grenzwert $\lim x_n = X$ zu verstehen! Mit anderen Worten: Es geht Cauchy um nichts weniger als um das:

> Zu dem Wert X gehört der (eindeutig bestimmte!) Wert $\lim \frac{f(x_n)-f(\bar{x}_n)}{x_n-\bar{x}_n}$ für $x_n \neq \bar{x}_n$, $\lim (x_n - \bar{x}_n) = 0$ (mit $\lim x_n = X = \lim \bar{x}_n$).

Dies aber ist, in heutiger Sprache, die Bedingung für die *„stetige Differenzierbarkeit"*. Anders gesagt: Cauchy *verlangt* mit seiner Definition nichts weniger, als dass die Ableitungsfunktion $f'(x)$ ihrerseits stetig ist. (Und das, obwohl seine *Formel* dieselbe ist wie unsere heutige. Aber wir wissen doch: Cauchys Begriff „Funktionswert" unterscheidet sich von dem unsrigen heute. Das hat natürlich mathematische Konsequenzen. Mathematik ist nicht nur Formelwerk – auch die *Deutung* dieser Formeln gehört dazu. Mit Cauchy zu sprechen: Die „Ungewissheit" der Formeln muss „zum Verschwinden gebracht" werden.)

Nachdem wir vorher gesehen haben, dass Cauchys Begriff der Konvergenz unserem heutigen Begriff der stetigen Konvergenz entspricht, leuchtet uns jetzt sofort ein, dass Cauchy auch den Begriff „stetige Differenzierbarkeit" *anstelle* unserer „Differenzierbarkeit" nutzt.

Ich will zwei Bemerkungen ergänzen, eine historiografische und eine mathematische.

a) Die historiografische: Bereits im Jahr 1987 hat Laugwitz dafür argumentiert, dass Cauchys „differenzierbar" unser heutiges „stetig differenzierbar" ist. Sein Argument war anders, und ich habe es nicht akzeptiert. Leider hatte ich in *Die Analysis im Wandel und im Widerstreit*, S. 333–335, Cauchy in diesem Punkt noch immer nicht richtig verstanden.

b) Die mathematische: Dass die Formel

$$\lim_{\substack{x_n \to x_0 \\ \bar{x}_n \to x_0 \\ x_n \neq \bar{x}_n}} \frac{f(x_n) - f(\bar{x}_n)}{x_n - \bar{x}_n}$$

die „stetige Differenzierbarkeit" der Funktion f am Wert x_0 bestimmt, wird merkwürdigerweise heute im Analysiskurs nicht gelehrt. Im Jahr 1965 nannte Paul Lorenzen (1915–94) diesen Begriff „freie Differenzierbarkeit"; Guiseppe Peano (1858–1932) hatte ihn 1892 eingeführt.

11.11 Cauchys Begriff des Integrals

In der „Algebraischen Analysis" wurde das Integral als Umkehrung der Differenziation eingeführt, also in der Form des „unbestimmten Integrals" – und damit als eine „Funktion".

Auch mit dieser Tradition bricht Cauchy, indem er stattdessen das „bestimmte Integral" einführt – und also: das Integral als einen „Wert".

Leibniz' Methode zur Berechnung des Inhalts einer teilweise krummlinig begrenzten Fläche haben wir bereits studiert (Abschn. 4.4.3). Diese Leibniz'sche Vorgehensweise wurde erst im ausgehenden 20. Jahrhundert bekannt. Wenn Cauchy ähnlich vorgeht, ohne von Leibniz (oder einem Nachfolger) dabei beeinflusst worden zu sein, so kann dies nur in der Sache selbst begründet sein.

Diese Ähnlichkeit liegt in der geometrischen Veranschaulichung der Konstruktionen, nicht im Begrifflichen.

- Wo Leibniz eine „krumme Linie" hat, handelt Cauchy von einer „Funktion" $f(x)$ der unabhängig Veränderlichen x.
- Wo Leibniz „Teilungspunkte" B_k auf der unteren Waagrechten hat, denkt sich Cauchy „Teilungswerte" x_k im zugrunde gelegten Intervall von x_0 bis X.
- Wo Leibniz „Geraden" $D_k B_k$ hat, hat Cauchy „Funktionswerte" $f(x_k)$.
- Bei der Schätzgröße unterscheiden sich die Konstruktionen:
  - Leibniz wählt eine *ungefähr passende* „Fläche", nämlich die Rechtecke $B_k P_k$.
  - Cauchy entscheidet sich für die plausible Schätzgrenze $(x_{k+1} - x_k) \cdot f(x_k)$, einen „Wert" also.
- Und natürlich: Wo Leibniz *beweist,* dass sich seine Schätzfläche von der gesuchten Fläche nur um eine Größe unterscheidet, die kleiner ist als eine beliebig gegebene, dort *definiert* Cauchy den analytischen Begriff „bestimmtes Integral" als eine „Grenze":

$$\int_{x_0}^{X} f(x)\, dx = \lim_{n \to \infty} \sum_{k=0}^{n-1} (x_{k+1} - x_k) \cdot f(x_k).$$

Dabei setzt Cauchy $f(x)$ als eine „stetige" Funktion voraus. (Die Hinzufügung „$n \to \infty$" fehlt bei Cauchy natürlich.)

Definieren ist leicht. Die eigentliche Aufgabe besteht darin zu zeigen, dass diese Definition *sinnvoll* ist. „Sinnvoll" heißt hier, dass diese „Grenze" klar und eindeutig bestimmt ist – mit anderen Worten, dass diese Grenze (ein Wert!) nicht von der Art und Weise abhängt, wie sie berechnet wird, sondern dass alle Wege nach Rom führen, also stets derselbe Wert herauskommt, egal welche Unterteilung $x_0, x_1, x_2, \ldots x_n = $ X des Intervalls von $x = x_0$ bis $x = $ X gewählt wurde.

Mit anderen Worten: Die aufwändige Detailargumentation hat sich verlagert. Während sich Leibniz mit der Abschätzung des maximal begangenen Fehlers abmühen musste, muss sich Cauchy damit herumschlagen, jene Grenzen miteinander zu vergleichen, die bei unterschiedlichen Intervallteilungen errechnet werden; er muss beweisen, dass sie allesamt gleich sind.

Die Detailrechnungen können wir uns hier ersparen; sie sind in jedem modernen Lehrbuch der Analysis nachzulesen. Nur auf die *Struktur* von Cauchys Argumentation[‡] sei eingegangen.

11.11.1 Cauchys Grundidee beim Beweis der Existenz des bestimmten Integrals

Der entscheidende Schritt in Cauchys Beweis ist die Gültigkeit folgender Gleichung:

$$\sum_{k=0}^{n-1}(x_{k+1} - x_k) \cdot f(x_k) = (X - x_0) \cdot f(x_0 + \theta \cdot (X - x_0)).$$

- Links vom Gleichheitszeichen steht die Summe von Produkten $(x_{k+1} - x_k) \cdot f(x_k)$. Geometrisch gedeutet sind das die „Treppenstufen" *unterhalb* der Funktionskurve, wenn man, wie Leibniz, eine „steigende" Funktion betrachtet.
- Rechts vom Gleichheitszeichen steht ein einziges Produkt: das aus der Gesamtlänge des Intervalls von x_0 bis X und dem Wert der Funktion für den Wert $x = x_0 + \theta \cdot (X - x_0)$; dabei ist θ („Theta") eine (nicht näher bekannte) Zahl zwischen 0 und 1. Wenn aber θ eine solche Zahl ist, dann ist $x = x_0 + \theta \cdot (X - x_0)$ *irgendein* Wert in dem Intervall von x_0 bis X. – Dass das funktioniert, dass es also einen solchen Wert θ mit der in der Gleichung behaupteten Eigenschaft gibt, ist die Aussage des sogenannten (und sehr berühmten) „Zwischenwertsatzes". Das ist jener Lehrsatz, der von Bolzano in seiner im Jahr 1817 erschienenen Abhandlung genauestens formuliert und bewiesen worden ist. In Abschn. 10.2.5 wurde sie angesprochen, doch sind wir auf diesen Teil jener Abhandlung nicht eingegangen[§]. Entscheidend dabei ist: Der Zwischenwertsatz gilt nur dann, wenn die betrachtete Funktion „stetig" ist. Deshalb verlangt Cauchy die Stetigkeit von $f(x)$ bei der Definition des bestimmten Integrals $\int_{x_0}^{X} f(x)\,dx$.

Zusammengefasst: Eine *(endliche)* Summe von Produkten der Form $(x_{k+1} - x_k) \cdot f(x_k)$ kann ersetzt werden durch ein einzelnes Produkt – und zwar ein Produkt aus der Intervalllänge und einem Funktionswert innerhalb des Intervalls.

[‡] Sie ist in *Die Analysis im Wandel und im Widerstreit*, S. 339–343, gezeigt.

[§] wohl aber in *Die Analysis im Wandel und im Widerstreit*: S. 295 f.

Das Problem des Beweises besteht darin, *unterschiedliche* Teilungen wie etwa $x_0, x_1, x_2, \ldots$ $x_n = X$ und $x'_0, x'_1, x'_2, \ldots x'_m = X$ miteinander zu vergleichen. Die Idee ist dann, jede dieser beiden Teilungen so zu „verfeinern", dass beide so erhaltenen „Verfeinerungen" zusammenfallen. Das ist nicht schwer, aber etwas technisch.

Wenn man dann einen Teil einer solchen gemeinsamen „Verfeinerung" hat – sagen wir: $x''_0, x''_1,$ $x''_2, \ldots x''_l = X$ verfeinert das Teilintervall x_k, x_{k+1} der ersten Teilung –, dann wird auch hierauf die obige Gleichung angewandt und so aus der Summe von Produkten mit x''-Längen ein einziges Produkt mit der Länge $(x_{k+1} - x_k)$ gewonnen.

Der Rest versteht sich dann fast von selbst.

Ausgesprochen bemerkenswert ist noch, wie Cauchy jene so hilfreiche Gleichung beweist, die aus einer Summe von Produkten ein einziges Produkt macht (mit der Intervalllänge als einem der Faktoren). Dazu greift Cauchy auf einen sehr allgemeinen Lehrsatz über die Abschätzung von Zahlgrößen zurück, den er bereits in seinem Lehrbuch der Analysis aufgestellt hat. (Sein Lehrbuch der Integralrechnung hat Cauchy erst acht Jahre später zum Druck gebracht, im Jahr 1829.)

In der für den Beweis der Existenz des bestimmten Integrals benötigten Spezialisierung lautet dieser Lehrsatz:

▶   Satz. *Es seien $b, b', b'', \ldots$ beliebige Zahlgrößen, und es seien $\alpha, \alpha', \alpha'', \ldots$ ebenso viele beliebige andere Zahlgrößen, die jedoch gemeinsam dasselbe Vorzeichen haben, dann gilt:*

$$\alpha b + \alpha' b' + \alpha'' b'' + \ldots = (\alpha + \alpha' + \alpha'' + \ldots) \cdot M(b, b', b'', \ldots),$$

wobei $M(b, b', b'', \ldots)$ irgendeine Zahlgröße zwischen der größten und der kleinsten der $b, b', b'', \ldots$ bezeichnet.

Eindeutig ist zu sehen: Für Cauchy ist „Zahlgröße" der maßgebliche Grundbegriff seiner Analysis.

11.12 Was ist Cauchys „*x*"?

Abschließend sei festgehalten:

> **LESEHILFE ZU CAUCHYS „*x*", „*x_k*", „*X*"**
> Cauchy teilt das bisher *eine* „*x*" der „Algebraischen Analysis" für seine „Werte-Analysis" auf in *zwei:*
>
> 1. ein *kleines, nicht indiziertes* „*x*" zur Bezeichnung der „*unabhängig*" *Veränderlichen;* und

2. ein *kleines, indiziertes* „x_k" oder ein *großes (und* steil *gestelltes)* „X" zur Bezeichnung eines „*Wertes*" der unabhängig Veränderlichen.

Indem diese Bezeichnungen „genau festgesetzt" werden, wird „jegliche Ungewissheit zum Verschwinden" gebracht.

Zugrunde gelegte Literatur

Augustin-Louis Cauchy 1821. *Cours d'Analyse*. In: *Œuvres Complètes*, Bd. 3 der Reihe II. Gauthier-Villars et Fils, Paris, 1897. http://gallica.bnf.fr/ark:/12148/bpt6k90195m.r=cauchy+oeuvres. langFR. Deutsch: Itzigsohn 1885.

Augustin-Louis Cauchy 1823. *Resumé des Leçons données à l'École Royale Polytechnique sur le Calcul Infinitésimal*. In: *Œuvres Complètes*, Bd. 4 der Reihe II, S. 5–261. Gauthier-Villars et Fils, Paris, 1899. http://gallica.bnf.fr/ark:/12148/bpt6k90196z.r=cauchy+oeuvres.langFR.

Augustin-Louis Cauchy 1829. *Leçons sur le Calcul Différentiel*. In: *Œuvres Complètes*, Bd. 4 der Reihe II, S. 265–572. Gauthier-Villars et Fils, Paris, 1899. http://gallica.bnf.fr/ark:/12148/bpt6k90196z.r=cauchy+oeuvres.langFR.

Augustin-Louis Cauchy 1833. *Résumés analytiques (Turin)*. In: *Œuvres Complètes*, Bd. 10 der Reihe II, S. 7–184. Gauthier-Villars et Fils, Paris, 1895. http://gallica.bnf.fr/ark:/12148/bpt6k902022. r=cauchy+oeuvres.langFR.

Augustin-Louis Cauchy 1837. Extrait d'une lettre à M. Coriolis. In: *Œuvres Complètes*, Bd. 4 der Reihe I, S. 38–42. Gauthier-Villars et Fils, Paris, 1884. http://gallica.bnf.fr/ark:/12148/bpt6k90184z.r=cauchy+oeuvres.langFR.

Augustin-Louis Cauchy 1849. Sur quelques définitions généralement adoptées en Arithmétique et en Algèbre. In: *Œuvres Complètes*, Bd. 14 der Reihe II, S. 215–226. Gauthier-Villars et Fils, Paris, 1938. http://gallica.bnf.fr/ark:/12148/bpt6k90206f.r=cauchy+oeuvres.langFR.

Carl Itzigsohn 1885. *Algebraische Analysis von Augustin Louis Cauchy*. Springer, Berlin. http://gdz. sub.uni-goettingen.de/dms/load/img/?PPN=PPN379794896.

Imre Lakatos 1966. Cauchy and the Continuum: The Significance of Non-standard Analysis for the History and Philosophy of Mathematics. Zitiert nach Lakatos 1980, Bd. 2, S. 43–60 .

Imre Lakatos 1980. *Philosophische Schriften*. 2 Bde. Vieweg & Sohn, Braunschweig, Wiesbaden, 1982. Original: *Mathematics, Science and Epistemology*. Cambridge University Press.

Detlef Laugwitz 1987. Infinitely small quantities in Cauchy's textbooks. *Historia mathematica*, 14: S. 258–274.

Paul Lorenzen 1965. *Differential und Integral. Eine konstruktive Einführung in die klassische Analysis*. Akademische Verlagsgesellschaft, Frankfurt am Main.

Johann Tobias Mayer 1818. *Vollständiger Lehrbegriff der höhern Analysis*. Vandenhoek und Ruprecht, Göttingen. urn:nbn:de:bvb:12-bsb10082386-8.

Guiseppe Peano 1892. Sur la définition de la dérivée. *Mathesis*, (2) 2: S. 12–14.

Harald Riede 1994. *Die Einführung des Ableitungsbegriffs*. BI Wissenschaftsverlag, Mannheim, Leipzig, Wien, München.

Abraham Robinson 1963. *Introduction to Model Theory and to the Metamathematics of Algebra*. North-Holland Publishing Company, Amsterdam.

Detlef D. Spalt 1981. *Vom Mythos der Mathematischen Vernunft.* Wissenschaftliche Buchgesellschaft, Darmstadt, ²1987.

Detlef D. Spalt 1996. *Die Vernunft im Cauchy-Mythos.* Harri Deutsch, Thun und Frankfurt am Main.

Detlef D. Spalt 2002. Cauchys Kontinuum: Eine historiografische Annäherung an Cauchys Summensatz. *Archive for History of Exact Sciences*, 56: S. 285–338.

Detlef D. Spalt 2015. *Die Analysis im Wandel und im Widerstreit.* Verlag Karl Alber, Freiburg.

Das Interregnum: Analysis auf sumpfigem Boden

12

12.1 Vom Nutzen der Geschichtsschreibung der Mathematik

12.1.1 Die Besonderheiten der hier eingenommenen Perspektive

Im vorigen Kapitel wurde die begriffliche Grundauffassung von Cauchys Analysis darge-stellt. Diese Darstellung erhebt den Anspruch, dass Cauchy, wenn er sie als unser Zeitgenosse (was heißt das?) läse, ihr zustimmte.

Aber diese Darstellung ist keineswegs jene, die Cauchy selbst ihr gegeben hat – oder eine, die er ihr gegeben haben könnte. Diese Darstellung von Cauchys Grundauffassung der Analysis ist eine Darstellung *von heute aus,* aus heutiger Sicht. – Was heißt das?

Die gegebene Darstellung von Cauchys Grundauffassung der Analysis ist nicht eine *Übersetzung* dessen, was Cauchy gesagt hat, in die moderne Sprache. (Denn dann wäre beispielsweise keine Rede von „Größe" und „Zahlgröße" gewesen; diese Begriffe gibt es in der modernen Analysis gar nicht.) Stattdessen geht es hier um Folgendes:

1. Im Zentrum des vorigen Kapitels steht Cauchys Auffassung der Analysis *in seiner eige-nen Begriffswelt.* (In anderen Kapiteln werden die Denkweisen anderer Mathematiker vorgestellt.)
2. Sie wurde *konfrontiert* mit anderen Auffassungen der Analysis: (a) mit der „Algebrai-schen Analysis" von Euler und Lagrange, (b) mit der modernen (Standard-)Analysis und (c) mit der (ebenfalls modernen) Nichtstandard-Analysis.
3. Die letzten beiden der genannten Perspektiven waren Cauchy der Sache nach unmöglich, denn diese Auffassungen existierten zu seiner Zeit noch gar nicht. Damit sind *gerade sie* jener *Zusatz,* den (erst) die Geschichtsschreibung *zur Ausleuchtung der Valenzen von Analysis* beizutragen vermag.

© Springer-Verlag GmbH Deutschland, ein Teil von Springer Nature 2019
D. D. Spalt, *Eine kurze Geschichte der Analysis,*
https://doi.org/10.1007/978-3-662-57816-2_12

4. Diese Konfrontationen *ergänzen* die von Cauchy geschaffene Theorie. Sie zeigen Aspekte, deren Erkenntnis ihm (wie seinen Zeitgenossen) *verschlossen* waren. Dabei bleibt Cauchys Theorie mathematisch *unverändert*.

5. Es handelt sich dabei um *eminent mathematische* Aspekte. Sie erlauben *klare* Antworten auf Fragen etwa folgender Art: (a) Ist die „charakteristische Funktion" der Rationalzahlen (also $f(x)$ ist $= 1$, falls x rational ist, jedoch $= 0$, falls x irrational ist) für Cauchy eine „Funktion"? (b) Was versteht Cauchy unter „Grenze": einen *eindeutig* bestimmten Wert oder im Allgemeinen *mehrere* Werte? (c) Geht es Cauchy um (in heutiger Sprache) *gewöhnliche* „Konvergenz", um „gleichmäßige" Konvergenz oder um „stetige" Konvergenz – oder um etwas anderes? (d) Ist Cauchys Begriff der Differenzierbarkeit das, was wir heute „stetige" Differenzierbarkeit nennen? (e) Ist sein „Summensatz" wahr oder falsch? Usw.

6. Trotzdem – genauer: gerade deswegen erlaubt die hier unternommene Betrachtungsweise eine *historisch-philosophische Einordnung* der *Denkweise* des betreffenden Mathematikers. Auf diese Weise wird ein Brückenschlag zur Geschichts- wie zur Philosophiegeschichtsschreibung im Allgemeinen möglich.

12.1.2 Welches Zusatzwissen haben wir erhalten, das Cauchy und seinen Zeitgenossen nicht zur Verfügung stand?

Cauchy war es *ganz sicher* klar, dass seine Lehre eine grundlegende Abkehr von der „Algebraischen Analysis" von Euler und Lagrange bedeutete. Das hat er gleich ins Vorwort seines ersten Lehrbuches geschrieben (Abschn. 11.2). Rückschauend können wir sagen: Eine derart grundlegende Umgestaltung der Analysis hat es seitdem nicht wieder gegeben.

Vom heutigen Standpunkt aus können wir aber weit Genaueres sagen. Nämlich das:

> Cauchys Auffassung der Analysis ist eine Theoriegestalt eigener Prägung. Sie unterscheidet sich mathematisch eindeutig und klar von allen heute aktuellen Formen der Analysis, sowohl von der Standard- als auch von der Nichtstandard-Analysis.

Dazu gehört natürlich und ganz *zentral:*

> Eine derartige *Einsicht* war sowohl Cauchy als auch seinen Zeitgenossen *der Sache nach unmöglich.* (Schon deshalb, weil diese anderen Formen zu Cauchys Zeit noch gar nicht existierten.)

Im Erscheinungsjahr 1821 von Cauchys erstem Lehrbuch war die Idee, es könne u n t e r - s c h i e d l i c h e (und also: konkurrierende) *mathematische Theorien zu e i n e m Gegenstand* geben, u n d e n k b a r. Die kreativsten Mathematiker jener Zeit waren gerade dabei, diese skandalöse Idee *für die Geometrie* zu formen. Doch es dauerte noch viele Jahrzehnte, bis die „nicht-euklidische" Geometrie (neben der alten, die dann „euklidisch" genannt wurde) als *seriöse mathematische Denkweise* anerkannt wurde – anders als die hergekommene; doch *ebenso* exakt, ebenso *mathematisch legitim.*

Und dass die Geometrie da keine Ausnahme bildet, sondern dasselbe auch für die Analysis gilt – diese Einsicht in das Wesen der Mathematik brauchte das zwanzigste Jahrhundert zu ihrer Entstehung; mathematische *Folklore* ist diese Einsicht selbst heute noch nicht.

12.2 Analysislehre ohne genaues Curriculum

Bereits im 18. Jahrhundert begannen höhere Lehranstalten, Analysis zu unterrichten. In Deutschland zeugen die erfolgreichen Lehrbücher von Abraham Gotthelf Kästner (1719–1800) davon, die auch zum Selbststudium gedacht waren. Im 19. Jahrhundert nahm diese Tendenz rasant zu: Die aufkommende Industrialisierung verlangte mathematisch-technisches Können auf immer breiterer Basis.

Welche Form der Analysis wurde an den Hochschulen unterrichtet?

Aus heutiger Sicht könnte man diese Frage präzisieren: Wurde dort „Algebraische Analysis" oder „Werte-Analysis" unterrichtet?

Doch diese präzisere Frage ist sinnlos – jedenfalls dann, wenn man als Antwort darauf eine *bewusste, reflektierte* Antwort der damals Lehrenden erwartet. Denn wie gerade festgestellt: Mit Ausnahme Cauchys war *sicher* keinem Mathematiker der ersten Hälfte des 19. Jahrhunderts bewusst, dass *unterschiedliche Theoriegebäude der Analysis* denkbar sind; wobei Cauchy natürlich nur die „Algebraische Analysis" von Euler und Lagrange als Gegenbild hatte. (Gewiss gilt das auch weit über die genannte Zeitgrenze hinaus, im Grunde sogar sehr weitgehend noch heute.)

Vielmehr war damals (und in aller Regel ist das auch noch heute so) Analysis einfach Analysis: eine *als einheitlich gedachte* (unterstellte) Lehre. Und es galt, *diese* Lehre, anfangs unter dem Namen „Differenzial- und Integralrechnung", den Studierenden zu vermitteln.

Dass beispielsweise die *genaue* Bedeutung des Begriffs „Konvergenz" von der *genauen* Bedeutung des Begriffs „Funktionswert" abhängt *und mit dieser variiert* (siehe Abschn. 11.9), ist nach meiner Kenntnis vor 1991 von niemandem niedergeschrieben worden.

Die *Begriffe* der Analysis galten – wie *alle* mathematischen Begriffe – seit alters als *eindeutig* und *unwandelbar.* Als Gegenstände einer „platonischen Welt" erschienen sie als ewige.

Die *Einsicht,* dass dem nicht so ist – dass nirgendwo ein ewiger *Code der Mathematik* aufgeschrieben ist, sondern die Mathematik Produkt einer *spezifischen* menschlichen Kultur ist, *wie alle andere Wissenschaft auch* –, ist neueren Datums. Sie ist auch noch lange nicht Allgemeingut. (Obwohl auch heute noch niemand im Ernst zu sagen vermöchte, *wo* dieser Supercode der Mathematik denn verzeichnet sein könnte. Nicht einmal Genetiker oder Neurowissenschaftler unserer Tage haben sich bisher zu Behauptungen dieser Art verstiegen. Aber was nicht ist …).

Wenn man aber nur von *einer* Analysis weiß, dann gibt es kein grundlegendes Problem für ein Curriculum. Dann lautet die Maxime einfach: Unterrichte *die* Analysis – und zwar jene ihrer Teile, die für die Lernenden *wichtig* sind!

Und so wurde denn auch verfahren. An den einzelnen Lehranstalten entwickelten sich örtliche Curricula, die einzig vom jeweiligen Kenntnisstand des örtlichen Lehrpersonals abhängig waren. Von einem Bewusstsein der Notwendigkeit einer überörtlichen Koordination des konkret Vorgetragenen (im Interesse der *Vergleichbarkeit der Ausbildung* – anders formuliert: zur *Erhaltung der Einheitlichkeit der Mathematik*) konnte keine Rede sein.

> Dass als Folge dieser fehlenden Koordination die Einheitlichkeit der Analysis (im Sinne einer widerspruchsfreien Lehre) gefährdet wurde, erkannte zu Beginn des 19. Jahrhunderts niemand.

Das *konnte* auch niemand der damaligen Akteure erkennen, ganz objektiv. Der damalige Wissensstand hatte die Erkenntnis dieser *Möglichkeit* noch nicht zustande gebracht. Erst heute wissen wir das besser. Erst heute *wissen* wir:

> **DER BEGRIFF „MATHEMATISCH SCHARF" IST RELATIV**
>
> Wer nicht *ganz genau* sagt, was er unter den von ihm verwendeten *Grundbegriffen* versteht, dessen mathematische Aussagen sind in gewissem Ausmaß *mathematisch unscharf*.
>
> Dabei heißt *mathematisch unscharf* nichts anderes, als dass die betreffenden Aussagen in Widerspruch stehen können – sei es zueinander, sei es zu denen anderer Autoren.
>
> Mit „Widerspruch" ist hier etwas gemeint, das die aktiven Mathematiker einer Zeit selbst bemerken konnten; also nicht erst eine Erkenntnis im Nachhinein, sondern nach den Maßstäben der damaligen Zeit und damals erkennbar.

Wir haben bereits zwei solcher Widersprüche genannt in der Form *umstrittener* Lehrsätze: den „Fundamentalsatz der Funktionenlehre" (Abschn. 11.7.4) und den „Cauchy'schen Summensatz" (Abschn. 11.9.3).

12.3   Analysis als Freistilringen

In der Tat entwickelte sich die Analysis mit dem 19. Jahrhundert in der Weise eines Freistilringens – oder in aktuellerer Sprache: als Mixed Martial Arts. Dies sei in diesem Kapitel anhand dreier Aspekte dargestellt:

A. fehlende begriffliche Genauigkeit,

B. politische statt rationale Argumentationsweise,

C. parallele Methodiken unterschiedlicher Präzisionskraft.

12.3.1 A. Fehlende begriffliche Genauigkeit – oder: Riemann ist der Erfinder des modernen Funktionsbegriffs

Schon im Vorwort von Cauchys erstem Lehrbuch der Analysis – wie wir hier sagen: der „Werte-Analysis" – ist nachzulesen: „Durch Bestimmung der genauen Werte der Veränderlichen bringe ich jegliche Ungewissheit zum Verschwinden." (Abschn. 11.2).

Da die „Funktion" seit Erfindung der Analysis, seit Euler also, der Zentralbegriff der Analysis ist, bedeutet dieser Cauchy'sche Programmsatz natürlich in allererster Linie: *Bestimme den Begriff „Funktionswert" genau!*

Cauchy hat das getan; das haben wir ganz ausführlich besprochen, siehe Abschn. 11.6.4. (Manche und mancher wird gedacht haben: viel zu ausführlich!)

Und Cauchys Kollegen, seine Zeitgenossen und Nachfahren?

Die erstaunliche Antwort lautet: Eine Generation lang, geschlagene 30 Jahre lang, tat sich da *nichts*. Dieses *Nichts* ist wörtlich zu verstehen:

> Weder wurde Cauchys Begriffsbestimmung für „Funktionswert" von seinen Zeitgenossen oder Nachfahren aufgenommen, noch wurde ihr eine konkurrierende entgegengestellt.

Die unterschiedlichen Positionen seien kurz exemplarisch angeführt.

1. Dirichlet im Jahr 1837. Über Johann Peter Gustav (Lejeune) Dirichlet (1805–59) ist sein Zeitgenosse Carl Gustav Jacob Jacobi (1804–51) voll des Lobes. In einem Brief an Alexander Humboldt schreibt Jacobi überschwänglich:

> Er allein, nicht ich, nicht Cauchy, nicht Gauß weiß, was ein vollkommen strenger mathematischer Beweis ist, sondern wir kennen es erst von ihm. Wenn Gauß sagt, er habe etwas *bewiesen,* ist es mir sehr wahrscheinlich, wenn Cauchy es sagt, ist eben so viel pro als contra zu wetten, wenn Dirichlet es sagt, ist es *gewiss* […]

Sehen wir zu!

Dirichlet gilt allgemein als der Erfinder des modernen Funktionsbegriffs. Diese Auffassung ist falsch. Denn nach meiner Kenntnis hat Dirichlet *nirgendwo* den Begriff „Funktionswert" bestimmt.

Schlimmer noch: Für Dirichlet war der „Funktionswert" keineswegs zwingend *eindeutig* bestimmt – wie das doch alle heutigen Lehrbücher der Analysis verlangen. Vielmehr ist

Dirichlet sogar der Erfinder einer Bezeichnungsweise, die noch heute in jenen Fällen angewandt wird, in denen der Funktionenlimes *zweideutig* ist – und zwar je nachdem, von welcher Seite her (von links oder von rechts; in Dirichlets Bezeichnung: „−0" oder „+0") er ermittelt wird. Lesen wir Dirichlet:

> Wenn die Funktion $f(x)$ für einzelne Werte von x eine plötzliche Veränderung erleidet, ohne jedoch unendlich zu werden, dann besteht die Kurve aus mehreren Stücken, deren Zusammenhang dort unterbrochen ist. Für jede solche Abszisse finden eigentlich zwei Ordinaten statt, wovon die eine dem dort endenden und die andere dem dort beginnenden Kurvenstück angehört.
>
> Es wird im Folgenden nötig sein, diese beiden Werte von $f(x)$ zu unterscheiden, und wir werden sie durch $f(x − 0)$ und $f(x + 0)$ bezeichnen.

Also: An einer solchen Sprungstelle beim Wert x hat die Funktion $f(x)$ für Dirichlet *ausdrücklich* z w e i „Funktionswerte", unterschieden als $f(x + 0)$ und $f(x − 0)$.

Doch damit nicht genug! Wenige Seiten weiter behandelt Dirichlet ein Rechenphänomen, das *in genau derselben mathematischen Situation* einen *dritten* „Funktionswert" liefert:

> Wo eine Unterbrechung der Stetigkeit eintritt und also die Funktion $f(x)$ zwei Werte hat, stellt die [trigonometrische] Reihe [für diese Funktion], welche ihrer Natur nach für jedes x einwertig ist, die halbe Summe dieser Werte dar.

T   Also: Die „Funktion" hat an dieser Stelle die *zwei* (in *gewissem* Sinne nach Cauchy bestimmten) „Werte" $f(x + 0)$ und $f(x − 0)$ – sowie den aus der diese Funktion darstellenden trigonometrischen „Reihe" algebraisch bestimmten *dritten* „Wert": den Mittelwert der beiden anderen.

Von einem streng argumentierenden Mathematiker *erwartet* man an dieser Stelle ein Urteil dazu, welche oder welcher dieser drei „Werte" nun als „Funktionswert(e)" zu gelten habe(n). Doch Dirichlet sagt dazu kein Wort. Klare Sprache geht anders.

Interessanterweise gibt es bei Dirichlet eine Stelle, die man in der Weise verstehen kann, dass Dirichlet *genau wie Cauchy* den „Fundamentalsatz der Funktionenlehre" als *selbstverständlich wahr* in seinem Denken verankert hatte.

Dass Dirichlet die für die Geltung jenes Satzes (nicht streng logisch, aber der Sache nach:) *notwendige* Voraussetzung des Cauchy'schen Begriffs für „Funktionswert" *nicht akzeptierte*, haben wir gerade gelesen. Anders gesagt: Wenn die folgende Deutung zutreffen sollte, war Dirichlets Denken hinsichtlich seiner Grundbegriffe der Analysis nicht widerspruchsfrei.

Laut einer Nachschrift zu einer Vorlesung aus dem Jahr 1854 gibt Dirichlet folgende Definition der „Stetigkeit":

> $y = f(x)$ wird eine *stetige* und *eindeutige* oder *einwertige Funktion* von x genannt, wenn zu jedem Werte von x nur *ein* Wert von y gehört, und wenn einer allmählichen Veränderung von x auch eine allmähliche Veränderung von y entspricht, d. h. wenn für ein festes x die Differenz

$$f(x + h) - f(x)$$

mit beständig abnehmendem h gegen Null konvergiert.

Es bedarf einer sehr komplizierten Argumentation, um die nachstehende einfache Deutung dieser Passage infrage zu stellen. Daher gebe ich hier nur diese einfache Deutung wieder und überlasse die Ausarbeitung der Alternative den Rhetorikspezialisten. Die einfache Deutung dieser Passage lautet:

▶ (i) Dirichlet gibt in diesem ersten Satz *eine einzige* Definition. (ii) In dieser Definition verwendet er *zwei* Namen: „stetig" und „eindeutig" „(oder einwertig)". (iii) Ergo sind für Dirichlet diese *zwei* Namen *gleichbedeutend*. (iv) Was „eindeutig (oder einwertig)" heißt, ist selbsterklärend. (v) Fazit: Dirichlet unterstellt in dieser Definition der Stetigkeit die Geltung des „Fundamentalsatzes der Funktionenlehre". – Ende der einfachen Deutung.

Wie gesagt: Es ist nach den Regeln der hohen rhetorischen Kunst auch eine *widersprechende* Deutung dieser Dirichlet-Passage *möglich*. Ihr zufolge gibt Dirichlet in diesem *einen* Satz *zwei* Definitionen. Aber man wird doch fragen müssen: Ist es realistisch, anzunehmen, dass Dirichlet *wirklich* seine Vorlesung mit einer solcherart kunst- und anspruchsvoll gedrechselten Formulierung öffnen wollte? In der er in *einem* Satz *zwei* verschiedene Begriffe definiert? Mit einem Satz, dessen *einfache* Lesart zu einer grundlegend anderen Bedeutung der definierten Begriffe führt? Denn das angegebene Zitat ist tatsächlich der Anfang jener Vorlesungsnachschrift.

Ich halte das für nicht realistisch und bleibe daher bei meiner einfachen Deutung.

Diese einfache Deutung passt übrigens auch genau zu folgender Formulierung auf Seite 131 jener Vorlesungsnachschrift (*Hervorhebungen* im Original): Diese Funktion sei

durchaus stetig, d. h. *überall eindeutig und bestimmt, endlich und allmählich veränderlich.*

Das „und allmählich veränderlich" ist für Dirichlet wie für Cauchy eine *Konsequenz* des „eindeutig und bestimmt", wobei mit „bestimmt" jedenfalls „endlich" gemeint ist.

2. Riemann im Jahr 1851. Ganz anders als Dirichlet argumentiert sein Schüler Bernhard Riemann. Die erste Hälfte des ersten Satzes von Riemanns Dissertation, publiziert im Jahr 1851, lautet:

Denkt man sich unter z eine veränderliche Größe, welche nach und nach alle möglichen reellen Werte annehmen kann, so wird, wenn jedem ihrer Werte ein einziger Wert der unbestimmten Größe w entspricht, w eine Funktion von z genannt …

Riemann sagt hier klipp und klar: Alles, was man dafür braucht, um eine „(reelle) Funktion" zu haben, ist das: Jedem „Wert" muss ein *einziger* „Wert" „entsprechen" – nicht mehr und nicht weniger. *Wie* diese „Entsprechung" zustande kommt (ob durch einen „Rechenausdruck" wie bei Euler, ob durch eine „Abhängigkeit" wie bei Cauchy oder noch anders), dazu kein Wort bei Riemann. Einfach nur: „(eindeutige) Entsprechung".

Das klingt, als habe Riemann ganz nüchtern die Konsequenzen aus Cauchys Definition der „Ableitung" gezogen – die doch in Cauchys Sinne gerade *nicht* unter dessen Funktionsbegriff fiel (Abschn. 11.10). Riemann ändert das jetzt. Denn die „Differenzial- und Intergalrechnung" *braucht* mittlerweile die *Funktion* „Ableitung". Also ist es angezeigt, den Funktionsbegriff dieser Notwendigkeit *anzupassen*.

> Riemann prägt den noch heute geltenden Begriff der „Funktion", indem er *einzig* verlangt: Jedem „Wert" x muss *eindeutig* ein „Funktionswert" $f(x)$ entsprechen – nicht mehr, sondern genau das. Über die Art oder das Zustandekommen dieser Entsprechung wird nichts vorausgesetzt.

Damit ist die *Sache* gesagt. Offenkundig ist Riemanns *Stil* ein anderer als der heutige. Riemanns *Stil* ist es, von „veränderlich" und von „Größe" zu sprechen – der heutige *Stil* ist es (meistens), von „Mengen" und „Elementen", vielleicht auch von „geordneten Paaren" zu sprechen. Doch das sind Unterschiede im Stil, nicht in der mathematischen Sache. Die Sachen „Funktion" und „Funktionswert" bei Riemann und bei uns heute sind die *gleichen*.

Natürlich ist das, philosophisch betrachtet, vergröbert. Natürlich ist der *Stil* nicht völlig von der *Sache* zu trennen. Aber in einer solch philosophisch feinsinnigen Weise wollen wir an dieser Stelle nicht unterscheiden. Uns soll hier die obige, philosophisch etwas zu grobe Formulierung genügen.

Es versteht sich von selbst: Riemanns Großartigkeit, sein mathematisches Ausnahmetalent hin oder her – natürlich hat die Publikation seiner Dissertation keineswegs die Wirkung, dass ab 1851 alle Mathematiker sagen: Jawohl, okay – so machen wir es ab sofort! Natürlich sind viele Mathematiker Riemann erst einmal nicht gefolgt; darunter sein großer Gegenspieler Weierstraß – jedenfalls bis kurz vor Ende seiner Laufbahn; aber dazu kommen wir noch.

Erst *in the long run* kristallisierte es sich heraus, dass Riemann den richtigen Riecher hatte, indem er sich für jene Begriffe der Funktion und des Funktionswerts entschied, die die allgemeinst denkbaren waren. Bolzano hatte das bereits vorweggenommen (Abschn. 10.4.1), doch da dieser revolutionäre Kopf durch die reaktionäre Obrigkeit von der Universität entfernt und mit Publikationsverbot belegt worden war, blieb seine Idee im 19. Jahrhundert unveröffentlicht. So kann sich Riemann die Ehrennadel ans Revers heften, die beiden zentralsten Begriffe der heutigen Mathematik erfunden und dem mathematischen Diskurs einverleibt zu haben.

3. Björling im Jahr 1864. Wer Anfang des 19. Jahrhunderts nicht in Paris lebte und keine erstrangigen Lehrer vor Ort hatte, aber *wirklich* Analysis lernen wollte, bemerkte früher oder später, dass er Cauchys Lehrbücher studieren musste. Wer *nichts anderes* als diese Lehrbücher zur Verfügung hatte und es *dennoch genau* wissen wollte, war möglicherweise motiviert, Cauchys Lehrbücher *ganz genau* zu lesen.

Ein solcher lernbegieriger Student war offenkundig der in den einschlägigen Lexika eher nicht verzeichnete Schwede Emanuel G. Björling (1808–72). In einer seiner Abhandlungen (aus dem Jahr 1854) findet sich in einer Anmerkung folgender Satz:

> Es soll jedoch festgehalten werden, dass mit Absicht und nicht aus einer gewissen Nachlässigkeit gesagt wird, eine Funktion von x, die sich zwischen den beiden Grenzen von x stetig ändert, darf für jede Grenze von x nur einen einzigen endlichen Wert haben.

Denkt man genau über den Sinn dieses Satzes nach, so zeigt sich: Dies ist in der Tat die Aussage des „Fundamentalsatzes der Funktionenlehre"! (Denn Björling sagt hier klipp und klar: *Wenn* der Wert der Funktion für eine „Grenze" – einen „Wert" also – *eindeutig* ist, *dann* ist sie dort „*stetig*".)

Eine weitere *explizite* Textstelle eines anderen Autors als Björling und Cauchy, die den Inhalt des „Fundamentalsatzes der Funktionenlehre" *klar* aussagt (und also *mutmaßlich* Cauchys Begriff des Funktionswerts voraussetzt), konnte ich bisher nicht finden. (Die *mögliche* Ausnahme Dirichlet wurde bereits besprochen.)

12.3.2   B. Politische statt rationale Argumentationsweise

Wie bereits in Abschn. 11.8.3 erwähnt, wurde der in Cauchys Lehrbuch der Analysis enthaltene (und erst heute so genannte) „Summensatz" mehrfach kritisiert. Heute am bekanntesten sind die Kritiken aus dem Jahr 1826 von Niels Henrik Abel und die aus dem Jahr 1850 von Philipp Ludwig Seidel. Aber: *Wie lauteten diese Kritiken?*

Die Antworten auf diese Frage sind ebenso ernüchternd wie interessant:

> **ABEL UND SEIDEL SIND BLOSS ANDERER MEINUNG ALS CAUCHY**
> Weder Abel noch Seidel kritisierten Cauchys Beweisführung.
>
> Stattdessen äußerten sie einfach ihre *abweichende Meinung* und versuchten, *diese* zu begründen.
>
> Beide Kritiker kritisierten also nicht, sondern verkündeten eine *andere Auffassung* der Sache.

Eine rein *politische* Argumentationsweise also, keine mathematische!

Wie allgegenwärtig zu hören und zu lesen ist, vollziehen sich politische Debatten nach folgendem Muster: Die eigene Position wird vorgetragen und argumentativ unterstützt – und jede gegenteilige Position wird verurteilt: *eben weil* sie der eigenen widerspricht. Nicht etwa, weil diese gegenteilige

Position *in sich unstimmig* oder *nicht überzeugend* (und schon gar nicht, weil sie *unlogisch*) sei, sondern einfach: weil sie *anders* ist als die eigene. Dies jedenfalls ist die allgemein zu beobachtende Form der politischen Diskussion.

Abel und Seidel dachten die Analysis einfach *anders* als Cauchy. Das ist nicht verwerflich. Aber es rechtfertigt nicht das Urteil, Cauchys Lehrsatz sei *falsch.* Das Einzige, was Abel und Seidel legitimierweise sagen *dürfen,* ist: „Wir denken uns die Sache anders als Cauchy!" Das ist völlig legitim, und wenn sie ihre Denkweise vorlegen, sogar konstruktiv.

1. Abel war an dieser Stelle nicht konstruktiv. Abel behauptete einfach, Cauchys Lehrsatz „leidet Ausnahmen" (so seine höfliche Formulierung gegen die Autorität). Er nannte auch ein *Beispiel* einer solchen angeblichen „Ausnahme". Aber er *belegte* weder, (a) dass *und warum* Cauchys Beweisführung falsch sei, noch (b) dass und warum sein Beispiel Cauchys Lehrsatz widersprechen sollte. Abels Vorgehensweise war einfach und brachial: „Ich sehe es anders als Cauchy, und zwar so!" Kein Argument weit und breit – weder *gegen* Cauchy, noch *für* die Richtigkeit seiner Behauptung.

> Der mathematische Wert dieser Abel'schen *Behauptung* ist offenkundig gleich Null.

Sehr merkwürdig ist es jedoch, dass die verbreitete Bewertung von Abels Cauchy-Kritik ganz anders ist. Praktisch alle Mathematiker (und Mathematikhistoriker) feiern heutzutage Abel als scharfsinnigen Kritiker Cauchys. Warum?

Wie könnte diese Frage beantwortet werden? Vielleicht ungefähr so: Die so Urteilenden haben sich weder in die Denkweise Cauchys noch in die Denkweise Abels (aber das ist hier weniger wichtig) eingearbeitet. (Wie dann zu verfahren wäre, ist in Abschn. 11.9.5 angegeben.) Sie beurteilen daher nicht die mathematische Stringenz der vorgetragenen Argumente der Autoren Cauchy und Abel. Stattdessen fragen sie: „Wer hat recht?" Ganz schlicht und ganz einfach. Und so, als ob es nur *eine einzige r i c h t i g e Denkweise der Analysis* gebe. Nach dem Vorigen also: ein *rein politisches* Urteil.

Dieser Entwicklungsstand der Mathematik ist jedoch seit mindestens einem halben Jahrhundert überwunden. (Wenn man an die Intuitionisten denkt: sogar schon seit einem ganzen Jahrhundert.) Doch offenbar will das die Mehrheit der heutigen Mathematiker (wie sogar Mathematikhistoriker) beiderlei Geschlechts nicht zur Kenntnis nehmen. Warum nicht?

2. Seidel war eine knappe Generation nach Abel weitaus konstruktiver als dieser. Seidel unternahm es zwar ebenfalls nicht, Cauchys *Argumentationsfehler* aufzuspüren. (Wir wissen inzwischen: Das wäre ihm auch nicht in korrekter Weise gelungen, denn einen solchen Argumentationsfehler *gibt es nicht.*) Aber Seidel *begründete* wenigstens seine Sicht der Dinge – und *zeigte* dabei seine von Cauchy *abweichende* Auffassung der Analysis, mathematisch sauber und streng.

Das geht nicht so weit, dass Seidel diese *Abweichung* klar *benannt* hätte, das nicht. Aber da Seidel für seine Position *argumentiert,* sei dargelegt, wie er *genau* dachte. (Den Vergleich zu Cauchys Denkweise zu ziehen ist dann der Job der Mathematikgeschichte.)

Seidels Leistung in seiner Abhandlung war es, den Begriff zu prägen, der heute „gleichmäßige Konvergenz" heißt. (Um ganz genau zu sein: Seidel prägte das *Gegenteil* des Begriffs „gleichmäßige Konvergenz" und verpasste diesem den Namen „beliebig langsame Konvergenz". Aber mit einem Begriff ist natürlich auch dessen logisches Gegenteil, dessen Verneinung, bestimmt.)

Seidel gab eine *genaue* Definition seines neuen Begriffs, und er formulierte mithilfe dieses Begriffs einen Lehrsatz, dessen *Wortlaut* mit der Geltung von Cauchys „Summensatz" logisch nicht vereinbar ist – *wenn* man Cauchys Begriffe (namentlich natürlich Cauchys Begriff „Konvergenz") und also auch seinen Lehrsatz *anders (als Cauchy)* versteht: eben im Seidel'schen Sinne.

Wen es genauer interessiert: Seidel formulierte und bewies folgenden Lehrsatz (Seidel schrieb „kontinuierlich" für „stetig" und „diskontinuierlich" für „unstetig"):

Satz. *Hat man eine konvergierende Reihe, welche eine diskontinuierliche Funktion einer Größe x darstellt, von der ihre einzelnen Glieder kontinuierliche Funktionen sind, so muss man in der unmittelbaren Umgebung der Stelle, wo die Funktion springt, Werte von x angeben können, für welche die Reihe b e l i e b i g   l a n g s a m   konvergiert.*

Seidels Lehrsatz besagt also: Wenn eine „konvergente" Reihe aus stetigen Funktionen eine Funktion darstellt, die an einer Stelle $x = x_0$ *nicht stetig* ist, dann ist die „Konvergenz" dieser Reihe an diesem Wert $x = x_0$ nicht von der gewöhnlichen Art, sondern nur „beliebig langsam".

Anders herum also: Wenn man *nur* die gewöhnliche Konvergenz der Reihe für den Wert $x = x_0$ verlangt (wie das nach Seidels Meinung Cauchy getan hat; wir wissen mittlerweile, dass diese Meinung falsch ist), dann kann die Stetigkeit der durch die Reihe bestimmten Funktion an diesem Wert $x = x_0$ verletzt sein.

So kompliziert ist jene Analysis, die sich Seidel denkt. Und die heutige Standard-Analysis auch.

Noch ein abschließendes Wort zur Erfindung des in der heutigen Analysis recht wichtigen Begriffs der „gleichmäßigen" Konvergenz.

Wie dargelegt hat Seidel ihn im Jahr 1850 erfunden. (Eigentlich sein Gegenteil.) Allerdings war er damit nicht allein. Bereits im Jahr 1829 publizierte Abel eine Abhandlung, in der er den Namen „beständig konvergent" verwendet; und in einem Brief, publiziert im Jahr 1830, erläutert Abel, was er mit diesem Namen bezeichnen will. *Vermutlich* diesen Publikationen entnahm Christoph Gudermann (1798–1852) den betreffenden Begriff und brachte ihn später seinem Meisterschüler Karl Weierstraß bei. Weierstraß verhalf diesem Begriff dann unter dem Namen „gleichmäßige Konvergenz" zur Bekanntheit – wir werden darauf zurückkommen.

12.3.3 C. Parallele Methodiken unterschiedlicher Präzisionskraft

Cauchy hat den Begriff „Grenze", in Zeichen: „lim", zentral verwendet. Dieser Begriff ist geradezu die *technische Umsetzung* des von Cauchy im Vorwort seines Analysis-Lehrbuches formulierten Programms: die *genaue Festsetzung* der jeweils maßgeblichen „Werte" der „Veränderlichen". Die „Grenze" *vermittelt* zwischen der „Veränderlichen" und ihren „Werten".

$$\text{„Für} \quad x = 0 \quad \text{gilt:} \quad \lim r_n(x) = 0.\text{"}$$

bedeutet: Die „Veränderliche" $r_n(x)$ (mit den beiden Veränderlichen n und x) hat für den „Wert" $x = 0$ und $n \to \infty$ den *einzigen* „Wert" 0.

Anders als wir heute verwendet Cauchy den lim-Operator „lim" stets *ohne Subskripte:* „ $\lim_{\ldots \to \ldots}$ ". Das erklärt sich daraus, dass Cauchy entweder die gemeinte Grenzbetrachtung im Umgebungstext des betreffenden Satzes bezeichnet, oder aber er meint schlicht *alle* infrage kommenden Grenzbetrachtungen. Da Cauchy unter dem „Funktionswert" am „Wert" $x = X$ *sämtliche* „Grenzen" verstehen will, ist eine konkrete Angabe der vorzunehmenden Grenzübergänge für ihn natürlich *überflüssig*. Mit dem obigen

$$\text{„}\lim r_n(x) = 0 \quad \text{für} \quad x = X\text{"} \qquad \text{meint Cauchy unser} \qquad \text{„} \lim_{\substack{n \to \infty \\ x_k \to X}} r_n(x_k) = 0\text{".}$$

Es werden also *alle* Grenzübergänge betrachtet: $n \to \infty$ ebenso wie $x_k \to X$ wie auch alle ihre Abhängigkeiten untereinander.

Aber natürlich: Wer einen *anderen* Begriff von „Funktionswert" nutzt – beispielsweise Riemann –, der *muss* in solchen Fällen genau angeben, *welche* Grenzen er meint. Der *muss* also Subskripte bei „lim" schreiben. Wir heute haben die Analysis anders gelernt, als Cauchy sie entwickelt hat. Daher pflegen heutige Augen Cauchys Formel so zu lesen:

$$\text{„}\lim r_n(x) = 0 \quad \text{für} \quad x = X\text{"} \qquad \text{meint} \qquad \text{„} \lim_{n \to \infty} r_n(X) = 0\text{".}$$

Es wird also *nur ein* Grenzübergang betrachtet: $n \to \infty$; der andere: $x_k \to X$ ist *entfallen,* ebenso die möglichen Abhängigkeiten zwischen beiden. *Entfallen* deswegen, weil wir heute Cauchys Begriff „Funktionswert" durch Riemanns Begriff ersetzt haben. „lim" *wird von Cauchy anders verstanden als von uns heutzutage.*

Wir wissen: Dadurch wird Cauchy missverstanden, und dieses Missverständnis macht (in heutiger Sprache:) aus Cauchys Begriff der *stetigen* Konvergenz die *gewöhnliche* Konvergenz.

Nicht jeder Mathematiker seit Cauchys Zeit verwendet den Begriff „Grenze" („lim"). In seiner im vorigen Abschnitt erwähnten Abhandlung aus dem Jahr 1850 hat Seidel zwar sehr viele Grenzbetrachtungen durchgeführt, doch auf die Verwendung des Operators „lim" verzichtet. Stattdessen schreibt er beispielsweise zu der Formelzeile ∗∗ in Abschn. 11.9.4, Folgendes:

$$s_n(x + \alpha) - s_x(x) < \varepsilon_1$$
$$r_n(x) < \varepsilon_2$$
$$r_n(x + \alpha) < \varepsilon_3$$

wo ε_1, ε_2, ε_3 beliebig klein anzunehmende absolute Größen bezeichnen und sämtliche Ungleichheiten *abgesehen vom Zeichen* zu nehmen sind.

Mit „Zeichen" meint Seidel „Vorzeichen". ε_1, ε_2 und ε_3 sollen hier (kleine) Zahlen bedeuten. (In Wahrheit verwendet Seidel andere griechische Buchstaben, aber das ist mathematisch unerheblich. Es erschwert uns nur das Lesen, weil wir heute in dieser Rolle Epsilons gewohnt sind.) – Übrigens versteht Seidel unter „x" hier einen „Wert", nicht eine „Veränderliche".

Diese von Seidel praktizierte Vorgehensweise heißt nach dem in der Regel dabei verwendeten griechischen Buchstaben **„Epsilontik"**. Mit dem griechischen Buchstaben Epsilon werden gewisse Toleranzen bezeichnet, die als „sehr klein" betrachtet werden. Wenn dann gezeigt werden kann – bleiben wir bei dem Beispiel von eben –, dass

$$s(x + \alpha) - s(x) < \varepsilon_1 + \varepsilon_2 + \varepsilon_3$$

gilt, *solange nur* $\alpha < \delta$ ist, dann ist es bewiesen, dass wirklich gilt:

$$\lim r_n(x) = 0 \,.$$

(Dabei ist es natürlich das jeweilige Problem, diese Sicherheitsmarge δ irgendwie anzugeben.) Denn dann ist *bewiesen:* $r_n(x)$ kann („abgesehen vom Vorzeichen", also dem Betrag nach) *kleiner* als jede beliebig klein vorgegebene Zahl $\varepsilon_1 + \varepsilon_2 + \varepsilon_3$ *gemacht werden.* Oder anders herum: Es ist *unmöglich,* dass $\lim |r_n(x)| = h$ mit einer Zahl $h > 0$ gilt; es bleibt daher nur $\lim r_n(x) = 0$ übrig.

Für die Verwendung des lim-Operators wird oft der Name **„Limesrechnung"** verwendet. – Diese Bezeichnung ist nicht ganz glücklich, da nicht *mit* „lim" gerechnet wird, sondern *unter Verwendung* dieses Operators. Aber bleiben wir hier bei der in der Fachwelt geläufigen Terminologie.

Unter Verwendung dieser beiden Namen können wir also sagen:

> Analysis lässt sich sowohl mittels der Limesrechnung als auch mittels der Epsilontik betreiben.

Der Unterschied zwischen beiden Methoden ist der:

> Die Limesrechnung benötigt eine veränderliche „Größe", die Epsilontik nicht.

In diesem Sinne ist die Epsilontik also allgemeiner als die Limesrechnung.

Den allgemeinen Einsatz der Limesrechnung in der Analysis verdanken wir Cauchy. Für ihn war der lim-Operator ein zentrales Mittel zur Umsetzung seines Programms, denn der Operator *vermittelt* zwischen der „Veränderlichen" (einer „Größe" also) und ihren „Werten".

Anders als Cauchys Analysis kennt die heutige Analysis aber den Begriff „Größe" nicht mehr, schon gar nicht als einen Grundbegriff. Wenn sich die heutige Analysis dennoch der Limesrechnung bedient, so bedeutet das daher zwangsläufig ein *anderes Verständnis* des lim-Operators als bei Cauchy. Ein *Ausdruck* dieses anderen Verständnisses ist die heutige *Forderung* nach Angabe der je gemeinten Grenzübergänge im Subskript: „ $\lim_{\ldots \to \ldots}$ ".

12.4 Die Grundproblematik der heutigen Limesrechnung – eine prominente Fehldeutung Prominenter

Heutige Mathematiker sind grundsätzlich im epsilontischen Denken erzogen. Das kann zu einer gewissen Missachtung der früheren Limesrechnung führen. So hat beispielsweise ein erstrangiger Mathematiker der zweiten Hälfte des 20. Jahrhunderts, Detlef Laugwitz, allen Ernstes behauptet, Riemann und Cauchy hätten das Konvergenzkriterium nicht korrekt formuliert:

> Wundern wird man sich [bei Riemann] vielleicht noch mehr über offensichtlich falsche For-mulierungen wie beim Konvergenzkriterium für eine Folge (s_n) [...] Fast wörtlich die gleiche missverständliche Ausdrucksweise finden wir bei Cauchy mehrfach ab dem *Cours d'analyse* 1821.

Dieses in einem Fachbuch gedruckte Urteil ist nicht unbescheiden. Aber ist es auch begrün-det?

Eine etwas genauere Überlegung zeigt: Nein, dieses Urteil ist nicht begründet, sondern es beruht auf einem Missverständnis. Dies sei kurz dargelegt, denn es zeigt die Grundpro-blematik der heutigen Limesrechnung.

Zunächst stellt man leicht fest, dass die von Laugwitz als „offensichtlich falsch" kritisierte Formulierung nicht nur bei Cauchy und Riemann, sondern ebenso bei Georg Cantor und sogar bei dem als äußerst penibel geltenden Karl Weierstraß zu finden ist. Das aber muss misstrauisch stimmen. Schauen wir also genau hin.

Laugwitz moniert eine Mitschrift einer Riemann'schen Vorlesung. Dort heißt es (*Her-vorhebung* bereits im Original!):

> Eine unendliche Reihe, deren Glieder $u_0, u_1, \ldots$ nach irgendeinem Bildungsgesetze gebildet sind, konvergiert, wenn die Summe
>
> $$s_n = \sum_{m=1}^{m=n} u_m$$

mit wachsendem n sich einer festen Grenze nähert, welche Letztere dann der Wert der Reihe heißt. Die allgemeine Bedingung der Konvergenz ist daher, dass

$$s_{n+k} - s_n$$

für *jedes beliebige k* mit wachsendem n ohne Ende abnimmt, in andern Worten, dass für jedes k

$$\lim_{n=\infty} \sum_{n+1}^{n+k} u_m = 0.$$

Bei Weierstraß liest sich das so:

Bei einer solchen unbedingt summierbaren Reihe beweist man nämlich sehr leicht, dass

$$\lim_{n=\infty} |s_{n+k} - s_n| = 0$$

für jedes k, d. h. dass die Änderung von s_n mit wachsender Stellenzahl beliebig klein wird.

Die sensible Formulierung ist die Bedingung an die „beliebige" Abschnittslänge k. Bei Riemann heißt sie „für *jedes beliebige k*," bei Weierstraß „für jedes k". Worin besteht das Problem?

Das von Laugwitz angesprochene Problem versteht man sehr klar am Beispiel der „harmonischen Reihe":

$$1 + \frac{1}{2} + \frac{1}{3} + \frac{1}{4} + \frac{1}{5} + \cdots$$

Wir haben sie bereits in Abschn. 8.11.1 genau betrachtet und dort gezeigt:

Wie weit wir auch in dieser Reihe vorangeschritten sind, *stets* gibt es eine Abschnittslänge, deren Summe den Wert $\frac{1}{2}$ übersteigt:

$$\frac{1}{n+1} + \frac{1}{n+2} + \cdots + \frac{1}{2n} > n \cdot \frac{1}{2n} = \frac{1}{2}.$$

Sie konvergiert daher nicht. – Wenn man jedoch die Abschnittslänge k schon *vor* der Fortsetzungslänge N festlegt, bemerkt man für die „harmonische Reihe" das Folgende:

Für jede Toleranz ε und für jede Abschnittslänge k gibt es eine Fortsetzungslänge N, sodass *ab* dieser Fortsetzungslänge N jede Teilsumme der Abschnittslänge höchstens k kleiner ist als ε. In Zeichen:

$$\frac{1}{n+1} + \frac{1}{n+2} + \cdots + \frac{1}{n+k} < \varepsilon,$$

wenn nur n > N gilt.

Es wird also *zuerst* der Wert von k (und der von ε) und erst *danach* der Wert von N bestimmt. Das N ist also ein $N(k)$ (und von ε: $N(k, \varepsilon)$).

Davon kann man sich leicht überzeugen. Diese Bedingung klingt wie eine Verallgemeinerung der Voraussetzung, dass die einzelnen Glieder einer konvergenten Reihe notwendigerweise beliebig klein werden. In epsilontischer Sprache: Für jede Toleranz ε gibt es eine Fortsetzungslänge N, sodass

$$\frac{1}{n} < \varepsilon \qquad \text{falls} \quad n > N.$$

Das ist so, weil man nur $N > \frac{1}{\varepsilon}$ zu wählen braucht (was immer möglich ist; warum eigentlich?); denn dann gilt $\frac{1}{N} < \varepsilon$, und aus $n > N$ folgt $\frac{1}{n} < \frac{1}{N}$ – womit schon alles bewiesen ist: $\frac{1}{n} < \frac{1}{N} < \varepsilon$.

Nun ist *ein* Glied eine Summe mit nur einem Summanden. Betrachten wir jetzt eine solche Summe aus zwei Summanden:

$$\frac{1}{n} + \frac{1}{n+1}.$$

Mittels des größeren Gliedes (also des ersten) kann man sie leicht nach oben abschätzen:

$$\frac{1}{n} + \frac{1}{n+1} < \frac{2}{n}.$$

Ebenso eine solche Summe aus k Summanden:

$$\frac{1}{n} + \frac{1}{n+1} + \frac{1}{n+2} + \ldots + \frac{1}{n+(k-1)} < \frac{k}{n}.$$

Da wegen $n + k > n$ auch $\frac{1}{n+k} < \frac{1}{n}$, gilt natürlich erst recht:

$$\frac{1}{n+1} + \frac{1}{n+2} + \frac{1}{n+3} + \ldots + \frac{1}{n+k} < \frac{k}{n}.$$

Und jetzt wieder der Trick aus dem ersten Schritt: Zur vorgegebenen Toleranz ε wählen wir $N > \frac{k}{\varepsilon}$ und also $\frac{1}{N} < \frac{\varepsilon}{k}$ oder $\frac{k}{N} < \varepsilon$. Denn dann folgt aus $n > N$ wieder $\frac{1}{n} < \frac{1}{N}$, also auch $\frac{k}{n} < \frac{k}{N}$ und insgesamt also:

$$\frac{1}{n+1} + \frac{1}{n+2} + \frac{1}{n+3} + \ldots + \frac{1}{n+k} < \frac{k}{n} < \frac{k}{N} < \varepsilon.$$

Was zu beweisen war. Entscheidend ist hier: Zuerst werden die Abschnittslänge k und die Toleranz ε bestimmt, erst danach die Fortsetzungslänge N.

Wir haben zweierlei gelernt: (i) Die eingerahmten Aussagen gelten beide für die „harmonische Reihe". Sie widersprechen einander also nicht (obwohl man das zunächst denken könnte). (ii) Die im zweiten Kasten verlangte Bedingung sichert also nicht die Konvergenz der Reihe! – Nach diesem Ausflug in die Epsilontik nun zurück zu Riemann, Weierstraß und den anderen, zur Limesrechnung also.

Die beiden letzten Kästen zeigen: Für die Kennzeichnung der Konvergenz ist der Umgang mit der Abschnittslänge k sehr sensibel. Denn bei der „harmonischen Reihe" ist zwar die im letzten Kasten beschriebene Bedingung erfüllt, das zeigt die Beweisführung oben; aber *trotzdem* ist sie *nicht* konvergent, wie der vorherige Kasten zeigt. Die Bedingung im letzten Kasten ist zu schwach, sie garantiert *nicht* die Konvergenz.

Und jetzt der schwierige Aspekt, die *Deutung* der Texte. Die Konvergenzforderung lautet in der Limesrechnung:

$$\lim (s_{n+k} - s_n) = 0 \quad \text{für jedes } k.$$

Der betrachtete Reihenabschnitt ist im Falle der „harmonischen Reihe":

$$s_{n+k} - s_n = \tfrac{1}{n+1} + \tfrac{1}{n+2} + \ldots + \tfrac{1}{n+k}.$$

Was ist jetzt mit dem k?

Riemann sagt (Abschn. 12.4): Die Gleichung $\lim (s_{n+k} - s_n) = 0$ muss „für jedes k" gelten.

Laugwitz behauptet: Damit übersieht Riemann die Schwäche der im letzten Kasten beschriebenen Bedingung. Genauer sagt Laugwitz: (i) Riemann *verlangt* in seiner Definition der „Konvergenz" nur das im letzten Kasten Beschriebene. (ii) Nun *hat* aber die „harmonische Reihe" gerade diese Eigenschaft (davon haben wir uns in der Beweisführung eben überzeugt). – (iii) Aber die „harmonische Reihe" *ist nicht* konvergent (das zeigt der vorherige Kasten). (iv) *Demzufolge* ist Riemanns Definition der „Konvergenz" falsch.

Doch das ist nur eine Behauptung von Laugwitz. Man kann Riemann sehr wohl auch so verstehen, dass er verlangt: Nach Festsetzung der Fortsetzungslänge N werden die Teilsummen *jeder* Abschnittslänge k kleiner als die Toleranz ε. Also so:

▶ Für jede Toleranz ε gibt es eine Fortsetzungslänge N, sodass *ab* dieser Fortsetzungslänge N jede Teilsumme *jeder* Abschnittslänge k kleiner ist als ε. In Zeichen:

$$\frac{1}{n+1} + \frac{1}{n+2} + \ldots + \frac{1}{n+k} < \varepsilon,$$

wenn $n > N$ gilt und für jedes k.

Das aber ist etwas anderes, als es im letzten Kasten steht! Denn hier wird N *unabhängig von* k bestimmt. N ist *kein* $N(k)$.

Wenn das „für jedes k" in dieser Weise verlangt ist, die Toleranz ε also *unabhängig* von der (oder: für jede) Abschnittslänge k vorgegeben werden darf, dann zeigt der vorletzte Kasten, dass die „harmonische Reihe" *diese hier* geforderte Bedingung verletzt, denn: Wenn zu einem $n > N$ dann $k = n$ gewählt wird, ist die obige Bedingung verletzt! Also ist die „harmonische Reihe" *kein* Gegenbeispiel gegen die *wie zuletzt* verstandene Konvergenzbedingung.

Ergebnis: Wird Riemann so gedeutet wie zuletzt angegeben, *dann ist seine Definition der „Konvergenz" korrekt.* – Ebenso ist es mit Weierstraß' Formulierung.

Das Problem für die Limesrechnung besteht darin, dass dort eine Formulierung wie: „Es gilt $\lim\limits_{n \to \infty} (|s_{n+k} - s_n|$ für alle $k) = 0$" nicht möglich ist, einfach aus *syntaktischen* Gründen:

In einer Gleichung darf kein Text stehen. Daraus aber ein Urteil der Art „Riemann und Cauchy können nicht korrekt sagen, was Konvergenz heißt" abzuleiten, ist sicher unzulänglich begründet – und damit unzutreffend.

Halten wir abschließend fest:

1. In der ersten Hälfte des 19. Jahrhunderts wurden die beiden Methoden Limesrechnung und Epsilontik *nebeneinander* praktiziert.
2. Bei manchen diffizilen Sachverhalten tut sich die (heutige) Limesrechnung schwer, sie *unmissverständlich* zu formulieren. Beispielsweise hat Laugwitz Cauchy und Riemann bei deren Kennzeichnung der Konvergenz falsch verstanden. (Er ist mit diesem späten historiografischen Text also seinem exzellenten mathematischen Ruf nicht gerecht geworden.)
3. Dieses Problem besteht dann nicht, wenn für den fraglichen Wert *grundsätzlich alle* Grenzwerte betrachtet werden – wie es Cauchy praktiziert hat.

12.5   Was ist „*x*"? in der Zeit nach Cauchy?

> Vor Riemanns klarer Bestimmung des Funktionswertes als etwas *eindeutig* Bestimmtem herrschte Bezeichnungsanarchie. „*x*" konnte *alles* bedeuten: eine „Veränderliche" wie auch einen „Wert".

Wir hatten das bereits bei Bolzano angemerkt: Selbst für ihn stand „*x*" *sowohl* für eine „Veränderliche" *als auch* für einen (beliebigen) ihrer „Werte" (Abschn. 10.3.3).

Einzig Cauchy schuf hier klare Verhältnisse und unterschied *auch bei der Notation* ganz pedantisch zwischen „Veränderlichen" und „Werten" (siehe Abschn. 11.12). Bemerkenswerterweise wurde diese Cauchy'sche Notationstechnik (meines Wissens) von niemandem übernommen.

Aber auch Riemanns Entscheidung, den Funktionswert als *eindeutig* zu fordern, beendet diese Bezeichnungsanarchie nicht.

> ### DIE NICHT-CAUCHY'SCHE BEZEICHNUNGSANARCHIE
> Auch nachdem Riemann den Begriff „Funktionswert" als *eindeutig bestimmt* festgelegt hat, bezeichnet „*x*" *entweder* eine „Veränderliche" *oder aber* einen *(beliebigen)* „Wert" von ihr.

Und ebenso kann man „$f(x)$" *sowohl* als Namen für eine Funktion wählen bzw. deuten (eine „Veränderliche" also) *als auch* als Namen für einen „Funktionswert" (nämlich *den* „Wert" der Funktion für den „Wert" x).

Auch noch nach Riemann hätte die Analysis Cauchys Bezeichnungskonvention mit Gewinn an Klarheit verwenden können.

Zugrunde gelegte Literatur

G. Arendt 1904. *Gustav Lejeune Dirichlets Vorlesungen über die Lehre von den einfachen und mehrfachen bestimmten Integralen.* Vieweg, Braunschweig 1904. Reprint VDM-Verlag Dr. Müller, Saarbrücken, 2006.

E. G. Björling 1854. Om det Cauchy'ska kriteriet på de fall, då functioner af en variabel låta utveckla sig i serie, fortgående efter de stigande digniterna af variabeln. *Kongl. Vetenskaps-Akademiens Handlingar*, För År 1852: S. 165–228.

Gustav Lejeune Dirichlet 1837. Ueber die Darstellung ganz willkührlicher Funktionen durch Sinus- und Cosinusreihen. *Repertorium der Physik*, I.: S. 152–174. Siehe auch Kronecker und Fuchs 1889, 1897, Bd. 1, S. 133–160.

Leopold Kronecker (Bd. 1) und L. Fuchs (Bd. 2) (Hg.) 1889, 1897. *G. Lejeune Dirichlet's Werke.* Georg Reimer, Berlin.

Detlef Laugwitz 1996. *Bernhard Riemann 1826–1866. Wendepunkte in der Auffassung der Mathematik.* Birkhäuser Verlag, Basel, Boston, Berlin.

Detlef Laugwitz 2008. *Bernhard Riemann 1826–1866. Turning points in the conception of mathematics.* Birkhäuser Verlag, Boston, Basel, Berlin. Englisch: Abe Shenitzer.

N. N. 1886. *Ausgewählte Kapitel aus der Funktionentheorie,* Vorlesung von Prof. Dr. Karl Weierstraß, Sommersemester 1886. In: Reinhard Siegmund-Schultze (Hg.), Bd. 9 der Reihe Teubner-Archiv zur Mathematik. Teubner, Leipzig, 1988

Erwin Neuenschwander 1987. Riemanns Vorlesungen zur Funktionentheorie, allgemeiner Teil. *Mathematisches Preprint Nr. 1086*, Technische Hochschule Darmstadt.

Erwin Neuenschwander 1996. Riemanns Einführung in die Funktionentheorie. Bd. 44 der Reihe *Abhandlungen der Wissenschaften in Göttingen, Mathematisch-physikalische Klasse, Dritte Folge.* Vandenhoeck & Ruprecht, Göttingen.

Herbert Pieper 1987. *Briefwechsel zwischen Alexander von Humboldt und C. G. Jacob Jacobi.* Akademie-Verlag, Berlin (Ost).

Bernhard Riemann 1851. Grundlagen für eine allgemeine Theorie der Functionen einer veränderlichen complexen Grösse. In: Heinrich Weber unter Mitwirkung von Richard Dedekind (Hg.), *Bernhard Riemann, Gesammelte mathematische Werke.* Nachdruck der zweiten Auflage aus dem Jahr 1892, S. 3–48 Dover Publications, New York, 1953.

Philipp Ludwig Seidel 1850. Note über eine Eigenschaft der Reihen, welche discontinuirliche Functionen darstellen. In: *Abhandlungen der mathematisch-physikalischen Classe der königlichen bayerischen Akademie der Wissenschaften, Jahre 1847–49*, Bd. 5, S. 379–393. Weiß'sche Druckerei, München.

Weierstraß: der letzte Versuch einer substanzialen Analysis

13

13.1   Ein Mann mit Ruf

Karl Theodor Wilhelm Weierstraß (1815–97) hat die Analysis als eine exakte mathematische Lehre erfunden. Das jedenfalls ist die Mär, die heute jeder und jedem, der in Deutschland Analysis lernt, nebenbei vermittelt wird. Erst Weierstraß habe saubere Begriffe geprägt und mittels der von ihm erfundenen „Epsilontik" strenge Beweise gedrechselt; erst so habe Klarheit in die vagen Ideen seiner Vorgänger gebracht werden können.

Wie jeder Allgemeinplatz ist auch dies natürlich Unsinn. Weierstraß hat zweifellos bleibende Spuren in der Analysis hinterlassen. Die ihm angedichteten Wunder aber hat er nicht vollbracht. Er *kann* sie nicht vollbracht haben – das zeigen schon die vorangegangenen Kapitel. *Alle* Grundbegriffe der Analysis – Funktion, Differenzial, Integral, Stetigkeit, Konvergenz – waren längst erfunden worden, als der kleine Weierstraß gerade einmal eins und eins zusammenzählen konnte. Alle – bis auf einen, und an diesem einen arbeitete Weierstraß lebenslang: der Begriff der Zahl. Letztlich mit Erfolg, wie eine erst 2016 in der Mathematik-Bibliothek der Universität Frankfurt aufgefundene Vorlesungsmitschrift aus dem Wintersemester 1880/81 zeigt.

Dem Anliegen dieser Darlegungen hier folgend, das Werden der Grundbegriffe der Analysis zu studieren, wird es nun ganz überwiegend nicht darum gehen, Weierstraß' Erfolge zu feiern, sondern es werden seine Beiträge zu den Grundbegriffen der Analysis beleuchtet.

13.2   Der sachliche Kern dieses Rufes

Doch darf natürlich nicht verschwiegen werden, welches der sachliche Kern des Ruhmes von Weierstraß als dem „strengen Begründer der Analysis" ist. Dieser sachliche Kern besteht

© Springer-Verlag GmbH Deutschland, ein Teil von Springer Nature 2019
D. D. Spalt, *Eine kurze Geschichte der Analysis,*
https://doi.org/10.1007/978-3-662-57816-2_13

189

darin, dass Weierstraß in der Tat das Bild der Analysis als einer (neben der Geometrie) zweiten mathematischen Lehre zerschlug, die aus klaren Begriffen zu einfachen Bildern überzeugende Beweise formuliert. Es war Weierstraß (neben und nach Bolzano, doch das wusste im 19. Jahrhundert niemand), der die Analysis als ein begriffliches Minenfeld entwarf, in dem bei jeder Kombination von Begriffen Überraschungen lauern, die einem die weitere Arbeit nur noch mehr erschweren.

Schon vor Weierstraß hatten die Analytiker skurrile Konstruktionen hervorgebracht. Doch diese Skurrilitäten waren als bedeutungslose Sonderphänomene behandelt und an den Rand gedrängt oder als beherrschbar eingehegt worden. Weierstraß jedoch wechselte die Pferde und erhob diese Skurrilitäten zu Prüfsteinen, an denen sich die Theoriebildung der Analysis erst zu bewähren habe, statt sie als bedeutungslose Exoten an den Rand der Theorie zu drängen.

13.2.1 Dirichlet 1829: Die Analysis hat Grenzen

Im Jahr 1829 publizierte Dirichlet eine abstruse Idee: eine „Funktion" $f(x)$, die für jeden rationalen Wert von x den „Funktionswert" c und für jeden irrationalen Wert von x den von c verschiedenen „Funktionswert" d haben soll.

In *keinem* der damals bekannten Sinne war dies eine „Funktion", schon gar nicht in seinem eigenen (Abschn. 12.3.1). Und zeichnen konnte man dieses Ding auch nicht: Zwar hatte dieses Ding nur zwei verschiedene „Werte" (in Dirichlets Sinn gleichbedeutend mit: „Ordinaten"), eben c und d; doch *zeichnen* konnte man es trotzdem nicht. Denn die rationalen Zahlen (die ganzen Zahlen und die positiven und negativen Brüche also) und die irrationalen Zahlen (alle anderen) sind so innig miteinander verbandelt, dass man sie *im Bild* nicht auseinanderhalten kann, sondern nur *als Begriffe.*

Jede irrationale Zahl lässt sich als eine *unendlich lange* Dezimalzahl schreiben. Wenn man diese Dezimalzahl, sagen wir: X, an *irgendeiner* Stelle abbricht, hat man eine rationale Zahl X′ in Händen. Aber man kann diese *irgendeine* Stelle beliebig weit hinausschieben, man kann erst nach beliebig vielen Nachkommastellen abbrechen. Der *Unterschied* zwischen der irrationalen Zahl X und der rationalen Zahl X′ ist dann von der Größenordnung 10^{-k} (also: $0,000\ldots01$ mit $k-1$ vielen Nullen nach dem Komma), wobei k die Nummer dieses *Irgendein* ist. Anders gesagt: Der Unterschied zwischen X und X′ kann so klein gemacht werden, wie man will. – Auf jeden Fall gilt:

> Zu einer irrationalen Zahl gibt es keine nächstliegende rationale Zahl. – Und umgekehrt.

Für Dirichlets angebliche „Funktion" bedeutet das: *Neben* jedem „Funktionswert" c liegt der „Funktionswert" d, ohne dass dieses „Neben" eine angebbare Länge hat. Daher ist es *sinnlos*, nach den „Sprüngen" dieser „Funktion" zwischen ihren Werten c und d zu fragen: Zwar haben c und d einen Abstand voneinander (denn c und d sollen verschieden sein), doch der *kleinste* Abstand solcher Werte X' und X, zu denen einmal c und einmal d gehören, ist … nicht angebbar. Oder 0? Also *kein* Abstand.

Dirichlet also legte diese vorgebliche „Funktion" zwar vor, doch machte er nichts daraus. Er *nannte* sie einfach. Warum tat er das? Dirichlet wollte sagen: Es gibt Fälle, in denen man kein „Integral" bilden kann – Ende der Theorie. Ohne Integral keine Differenzial- und Integralrechnung. Dirichlet nannte diese „Funktion", um *eine Grenze der Theoriebildung* in der Analysis aufzuzeigen. Sie selbst war ihm eine Untersuchung nicht wert. Und das ist kein Wunder, denn *eigentlich* ist das – nach seinen eigenen Begriffen – gar keine „Funktion".

13.2.2 Riemann 1854: Diese Grenzen kann man verschieben

Dirichlets Schüler Bernhard Riemann war weniger bescheiden. Seine Idee war es, solche Skurrilitäten wie die von seinem Lehrer genannte einzuhegen. Riemann wollte die Weiterentwicklung der Theoriebildung nicht hemmen lassen, sondern vielmehr zeigen, dass man die Analysis sehr wohl ausdehnen könne – und das führe auch zu keinen unbeherrschbaren Problemen.

In seiner Habilitationsschrift aus dem Jahr 1854 konstruierte Riemann eine Funktion (und in *seinem* Sinne – Abschn. 12.3.1 – war das auch wirklich eine „Funktion"!), die nicht ganz so ungebärdig war wie die seines Lehrers, die es aber sehr wohl in sich hatte. Riemann legte eine Funktion vor, die für unglaublich viele ihrer Werte „unstetig" war – und dennoch gutartig; gutartig in dem Sinn, dass sie sich integrieren ließ und also sehr wohl legitimes Objekt der Differenzial- und Integralrechnung war.

Kehrt man Riemanns Konstruktion um und geht von seinem Integral wieder zu der integrierten Funktion zurück, so erhält man etwas sehr Merkwürdiges: Durch die Umkehrung dieser Integration erhält man eine (Ableitungs-)Funktion, die für *sehr viele* Werte „unstetig" ist, in Dirichlets Sinne also *sehr viele* Sprünge enthält. „Sehr viele" heißt in diesem Fall: so viele, wie es Brüche gibt; und auch so aufgereiht wie die Brüche. Diese Unstetigkeitswerte der Ableitungsfunktion haben also folgende Eigenschaften:

1. Es sind unendlich viele.
2. Zwischen je zweien liegt eine weitere.

So viele Unstetigkeitswerte – das ist schon stark! Und dennoch kann Riemanns Funktion integriert werden. Denn Riemann hat durch einen Trick dafür gesorgt, dass diese Unstetigkeiten immer unschädlicher werden, das heißt: Die „Sprünge" der Funktion werden immer kleiner, je dichter sie liegen. Schon eine sehr pfiffige Idee, ohne Frage.

13.2.3 Weierstraß' schockierende Funktion

Am 18. Juli 1872 trug Weierstraß in der Königlichen Akademie der Wissenschaften in Berlin einen mathematischen Sachverhalt vor, der geeignet war, das damalige Bild der Analysis von Grund auf umzugestalten.

Noch zwei Jahre nach diesem Vortrag zeichnete Leo Koenigsberger (1837–1921) in seinem Lehrbuch *Vorlesungen über die Theorie der elliptischen Functionen* die folgende idyllische herkömmliche Sicht der Analysis:

> Eine der Hauptlehren der Analysis bildet der Fundamentalsatz, dass jeder Funktion einer reellen Variabeln auch wirklich ein Differenzialquotient zugehöre, d. h. dass das Verhältnis der Inkremente der Funktion und der Variabeln nur in einzelnen Punkten einer endlichen Strecke unendlich oder Null oder durch endliche Sprünge unstetig sein könne, im Übrigen jedoch einen von dem unendlich kleinen Zuwachs der Variabeln unabhängigen endlichen Wert habe …

Laut Koenigsberger ist also im Grundsatz *jede* Funktion differenzierbar (ihr „gehört ein Differenzialquotient zu") – ausgenommen *vielleicht* einzelne Werte, an denen das nicht stimmt (in solchen „einzelnen Punkten" sei die Ableitung vielleicht nicht wohldefiniert).

Diese „Hauptlehre" bzw. dieser „Fundamentalsatz" der Analysis ist *total falsch*. Das zeigte Weierstraß in seinem genannten Vortrag am 18. Juli 1872. Denn dort bewies Weierstraß Folgendes:

WEIERSTRASS' KNÜLLER

Satz. *Es gibt stetige Funktionen, die für keinen Wert differenzierbar sind.*

Dass Bolzano bereits 40 Jahre früher eine solche Funktion angegeben hatte (Abschn. 10.4.4), blieb noch weitere 40 Jahre unbekannt.

Dieser Lehrsatz besagt ziemlich genau das Gegenteil dessen, was Koenigsberger noch zwei Jahre danach in seinem Lehrbuch als eine „Hauptlehre" der Differenzial- und Integralrechnung bezeichnete.

A. Koenigsberger *behauptete* 1874, eine (man wird ihm unterstellen dürfen:) stetige Funktion ist *im Allgemeinen* – und also: für *fast alle* Werte – differenzierbar.
B. Weierstraß *bewies* 1872: Es gibt stetige Funktionen, die *für keinen* Wert differenzierbar sind.

Größer kann ein Gegensatz fast nicht sein.

13.2.4 Die Folgen von Weierstraß' Konstruktion

Weierstraß hatte eine schockierende Funktion vorgelegt; bald sprach man von „kapriziösen"
Funktionen. Rückblickend betrachtet stand die Analysis damit an einem Scheideweg: (i)
Sollte man sagen: So wars nicht gemeint, solche verrückten „Funktionen" wollen wir nicht
haben, dieses anschauungswidrige Zeug schließen wir aus! (ii) Oder sollte man sagen: Okay,
wir haben uns die Analysis bisher falsch vorgestellt – wir müssen umdenken und *viel genauer*
über das Wechselverhältnis unserer analytischen Begriffe nachdenken!

Zur Erinnerung: Jene exotische „Funktion", die Dirichlet im Jahr 1829 beiläufig genannt
hatte, hatte *nichts bewirkt*. Weder Dirichlet selbst noch einer seiner Zeitgenossen reagierte
(soweit bekannt) auch nur irgendwie darauf. Dirichlets kapriziöse Funktion (um diesen
erst später erfundenen Namen schon einmal zu nutzen) war im Jahr 1829 einfach ignoriert
worden.

43 Jahre später sah die Welt ganz anders aus. *Keine Sekunde lang* dachte einer der maßgeblichen Analytiker jener Zeit daran, Weierstraß' Aufreger beiseite zu wischen, um zur
alten Tagesordnung überzugehen. Ganz im Gegenteil machten sich die Analytiker jener
Zeit sofort daran, sich noch weitere derartige Funktionen mit Ausnahmeeigenschaften aus-
zudenken. (Und jetzt wurde sogar ein Name für sie geprägt: „kapriziös".)

Damit begann die Suche nach einer möglichst allgemeinen Form auch der „Werte-
Analysis". Dies angestoßen zu haben, ist sicher ein großes Verdienst von Weierstraß.

13.3   Was versteht Weierstraß unter einer Funktion?

Im Jahr 1851 hatte Riemann im ersten Halbsatz seiner Dissertation vorgeschlagen, unter
„Funktion" nichts anderes zu verstehen als das: Jedem „Wert" der unabhängig Veränder-
lichen x entspricht *genau ein* „Wert" der Funktion (eben: der „Funktionswert" – siehe
Abschn. 12.3.1). Heute hat sich diese Auffassung von „Funktion" durchgesetzt.

Doch dieser Sieg des Riemann'schen Funktionsbegriffs war keineswegs ausgemacht.
Vielmehr bekämpfte Weierstraß – beinahe – sein ganzes Leben lang diese, wie er meinte,
falsche Auffassung der Sache. Und Weierstraß begründete seine Ablehnung auch mit ein-
deutigen Worten. In seiner Vorlesung zu den Grundlagen der Funktionenlehre im Jahr 1874
trug er vor:

> Mit dieser allgemeinen Definition der Funktion verhält es sich ebenso wie mit der folgen-
> den geometrischen: Eine krumme Linie ist eine solche, die in keinem Teile gerade ist. Aus
> derartigen Definitionen kann keine positive Eigenschaft des Definierten entwickelt werden.

Im letzten Satz steht, was Weierstraß von der *richtigen* Definition eines mathematischen Begriffs verlangt: Es muss möglich sein, aus der Definition eines Gegenstandes seine maßgeblichen Eigenschaften zu *entwickeln*. Oder kurz: *Die Definition muss das Wesen der Sache benennen.*

Das entsprach der Lehre von den Definitionen, wie sie die Philosophie schon immer gelehrt hatte, nachzulesen bei Aristoteles, aber auch bei Leibniz. (Und interessanterweise sogar noch bei Georg Cantor, im Jahr 1883.) Um einen Namen für diese Grundauffassung des Denkens in der Mathematik zu haben, nenne ich das eine „*substanziale*" Definition.

Eine solche „substanziale" Definition fällt natürlich nicht vom Himmel. Sie muss erarbeitet werden. Das sagt Weierstraß in seiner Vorlesung im Sommer 1874 ausdrücklich:

> Es ist nicht möglich, den Begriff einer analytischen Funktion mit ein paar Worten zu definieren, sondern derselbe muss erst nach und nach entwickelt werden, und dies ist die Aufgabe dieser Vorlesung.

Es ist klar, dass das Ergebnis einer Weierstraß'schen Vorlesung hier nicht in wenigen Worten zu referieren ist. Stattdessen seien wenigstens die wichtigsten *Begriffe* genannt, die Weierstraß benötigt, um damit seinen Funktionsbegriff zu definieren. Es sind: (1) Polynom, (2) unendliche Reihe, (3) gleichmäßige Konvergenz und Konvergenzbereich, (4) Entwicklung einer Potenzreihe an einem Wert. – Alles eher keine elementaren Begriffe.

13.3.1 Ein plötzlicher Wandel

Fast sein gesamtes Forscherleben lang war Weierstraß der Überzeugung, der Riemann'sche Funktionsbegriff sei nichts wert – eben weil er *inhaltsleer* sei und sich daraus *keine* wichtigen Eigenschaften der „Funktion" ergäben.

In der letzten Vorlesung seines Lebens zu diesem Gegenstand, im Jahr 1886, *änderte* Weierstraß seine Position. Im Alter von 75 Jahren wechselte der Nestor seine Ansicht und vertrat das Gegenteil dessen, was er zuvor mit Überzeugung gefordert hatte. Einzig die „Stetigkeit" mochte er noch als Eigenschaft verlangen, doch im Übrigen reichte ihm jetzt die Annahme, „dass die Funktion eine sogenannte *willkürliche* oder gesetzlose sei".

Wie das? Ein Bekehrungserlebnis?

Nein, ganz und gar nicht. Weierstraß gab auch im Jahr 1886 sein substanziales Denken nicht auf. Sondern die Ursache seines Sinneswandels hinsichtlich der *richtigen* Definition von „Funktion" war ein grundlegendes mathematisches Resultat, das er im Jahr zuvor erzielt hatte.

Im Jahr 1885 formulierte und bewies Weierstraß einen tief liegenden Lehrsatz der Analysis, der daher noch heute seinen Namen trägt: den „Weierstraß'schen Approximationssatz".

Satz. *Jede in einem abgeschlossenen Intervall stetige Funktion kann dort durch Polynome gleichmäßig approximiert werden.*

T

Mit anderen Worten: Es war Weierstraß gelungen, aus den beiden scheinbar *einfachen* Voraussetzungen

a) der Definitionsbereich ist ein abgeschlossenes Intervall,
b) die „Funktion" (im Sinne Riemanns) ist dort stetig

das herzuleiten, was nach seiner Auffassung das *Wesen* einer „Funktion" ausmacht: eine *Potenzreihe* zu sein, wenigstens *ungefähr*. (Dieses *ungefähr* wird durch den Fachbegriff „gleichmäßig approximiert" präzisiert.)

Jetzt war es Weierstraß möglich, den inhaltsleeren Riemann'schen Funktionsbegriff zu akzeptieren – *weil* es ihm, Weierstraß, inzwischen gelungen war, aus den beiden scheinbar *einfachen* Zusatzbedingungen (endlicher und abgeschlossener Definitionsbereich; Stetigkeit dort) einen wichtigen mathematischen Inhalt zu destillieren (gleichmäßige näherungsweise Darstellung der Funktion durch eine Polynomfolge). Und also definierte er am Freitag, dem 25. Juni 1886:

Entspricht nun jedem Wertsystem $(u_1, u_2, \ldots, u_n)$ ein und nur ein Wert x der Funktion, so nennen wir diese eine *eindeutig[definiert]e Funktion* der Variabeln $u_1, u_2, \ldots, u_n$.

Also: Trotz dieses Wechsels seiner *mathematischen* Position hatte Weierstraß seine *philosophische* Grundüberzeugung keineswegs geändert. Weiterhin bestand er auf *substanzialen* Grundbegriffen.

13.4 Weierstraß' Konstruktion des Zahlbegriffs

Eine Publikation Weierstraß' zu seinem Zahlbegriff ist mir nicht bekannt. Dennoch ist die Entwicklung seines Denkens über den Zahlbegriff recht detailliert dokumentiert. Dies verdankt sich zwei Umständen: Zum einen trug Weierstraß seine Vorstellungen zum Zahlbegriff stets zu Beginn seines Vorlesungszyklus zur Funktionenlehre vor; und zum anderen gibt es von diesen Vorlesungen recht detaillierte Mitschriften.

Die Feinanalyse zeigt: Diese Mitschriften *können* nicht in jedem Detail das wiedergeben, was Weierstraß vorgetragen hat, denn mancher *offensichtliche* mathematische Irrtum ist darin enthalten. Doch sie sind die einzigen Dokumentationen des Weierstraß'schen Denkens des Zahlbegriffs, die wir heute haben. Die folgende Darstellung stützt sich auf solche Dokumente, namentlich auf die 2016 gefundenen Mitschrift aus dem Wintersemester 1880/81. Die früheren Mitschriften zeigen weniger Konsistenz und Genauigkeit.

13.4.1 Die Konstruktion

Weierstraß gibt dieser Mitschrift von 1880/81 zufolge einen klaren *Stufenaufbau* des Zahl-begriffs. Beginnend mit den natürlichen Zahlen werden zunächst die Brüche, dann die nega-tiven und die rationalen Zahlen definiert, danach die irrationalen und die reellen Zahlen und schließlich die komplexen Zahlen (Weierstraß nennt sie die „imaginären" und gibt dem Namen „komplexe" Zahlgröße eine andere, allgemeinere Bedeutung). Damit einher geht die Entwicklung der Lehre der „unendlichen" Summen (heute: die „Reihen") aus den zuvor definierten Zahlen. Wobei Weierstraß nicht, wie ich eben im heutigen, modernen Sinne, von „Zahlen" spricht, sondern von „Zahlgrößen". Mit „Zahlen" bezeichnet Weierstraß nur 1, 2, 3 usw., also das, was wir heute die „natürlichen" Zahlen nennen. – Nun einige Details, in heutiger Sprache.

1. **Natürliche Zahlen.** Ausgangspunkt für Weierstraß sind die *natürlichen Zahlen* und ihre *Rechenregeln.* Die natürlichen Zahlen sind *Summen* aus Einsen. Die Eins nennt Weierstraß auch „Haupteinheit", geschrieben: „1".
2. **Brüche.** Aus den natürlichen Zahlen konstruiert Weierstraß die *Brüche,* jedoch in ande-rem Sinne als wir heute. Weierstraß bildet aus der „Haupteinheit" 1 zu jeder natürlichen Zahl n den „Bruchteil" $\frac{1}{n}$. Dabei gilt die

(werterhaltende) Transformationsregel:

$$\underbrace{\frac{1}{n} + \frac{1}{n} + \ldots + \frac{1}{n}}_{n\text{-mal}} = n * \frac{1}{n} = 1.$$

Ein *Bruch* (oder: eine *gebrochene Zahl*) besteht dann – so Weierstraß' neue Idee –: (i) aus einer *natürlichen Zahl* (also: einer Summe aus Einsen bzw. einem Vielfachen der „Haupt-einheit" 1) sowie (ii) einer *endlichen* Anzahl j von Vielfachen („k") von „Bruchteil" („$\frac{1}{n}$"), also von $k * \frac{1}{n}$. Wobei $k > n$ natürlich erlaubt ist! Ein Bruch kann also *mehrere* verschie-denartige Vielfache von Bruchteilen enthalten (etwa $k * \frac{1}{n}$ und $l * \frac{1}{m}$), und im Allgemeinen ist das auch der Fall. *Weierstraß v e r z i c h t e t auf die obligatorische Hauptnennerbildung.* Aber bei Bedarf kann man je zwei Vielfache von *zwei* „Bruchteilen" zu einem Vielfachen nur *eines* „Bruchteils" umformen (und umgekehrt):

$$k * \frac{1}{n} + l * \frac{1}{m} = k \cdot m * \frac{1}{n \cdot m} + l \cdot n * \frac{1}{n \cdot m} = (k \cdot m + l \cdot n) * \frac{1}{n \cdot m}.$$

Und auch Erweitern (aus $k * \frac{1}{n}$ wird $(l \cdot k) * \frac{1}{l \cdot n}$) und Kürzen (die Umkehrung) bei den Vielfachen der Bruchteile sind erlaubt. – Jedenfalls besteht ein *Bruch* aus einem *ganzzahligen* Anteil und einem *gebrochenen* Anteil, die Elemente durch Pluszeichen verbunden oder, gleichbedeutend, auch nicht:

$$\text{Bruch:} \quad k * 1 + \sum_{i=1}^{j} l_i * \frac{1}{n_i}, \qquad \text{Beispiele:} \quad 4\,\tfrac{16}{8}, \quad 1\,\tfrac{6}{3}\,\tfrac{30}{9}.$$

Weierstraß definiert die Gleichheit zweier seiner Brüche mittels des Begriffs „Ersetzung". So darf erweitert und gekürzt oder $k * \frac{1}{n} + l * \frac{1}{m}$ durch $(k \cdot m + l \cdot n) * \frac{1}{n \cdot m}$ (oder umgekehrt) ersetzt werden. Nun ist diese Definition *unsymmetrisch*, und konsequenterweise beweist Weierstraß beispielsweise für seine Brüche den

▶   **Satz.** *Wenn $a = b$, dann gilt auch $b = a$.*

Da Weierstraß kein unsymmetrisches Zeichen für seine „Gleichheit" wählt, liest sich das etwas merkwürdig, ist aber korrekt und streng.

3. **Rationale Zahlen.** Als Nächstes führt Weierstraß die Rechenoperation „Subtraktion" ein. (Wie stets *rechtfertigt* Weierstraß die Einführung eines neuen Begriffes; bei der Subtraktion verweist er dafür auf die Bedürfnisse der Buchführung mit ihren Aktiva und Passiva.) Dies geschieht mittels einer Gleichung: $a - b$ ist jene Zahl, für die gilt:

$$(a - b) + b = a.$$

Allerdings ist diese Rechenoperation *innerhalb der Brüche,* ja sogar schon *innerhalb der natürlichen Zahlen,* nicht immer ausführbar:

$$3 - 5 = ?$$

Aus diesem Grunde führt Weierstraß nun eine zur „Haupteinheit" 1 *entgegengesetzte* „Haupteinheit" $1'$ ein. Sie ist durch die Gleichung

$$1 + 1' = 0$$

definiert. Dabei steht „0" dafür, dass *keine* „Einheiten" vorhanden sind: *weder* die „Haupteinheit", *noch* deren Teile:

$$0 = \left(\text{keine} \quad 1 \quad \text{oder} \quad 1' \quad \text{und keine} \quad \tfrac{1}{n} \quad \text{oder} \quad \tfrac{1'}{n} \right).$$

Mit der „entgegengesetzten" Einheit $1'$ gibt es natürlich auch deren Teile $\frac{1'}{n}$, und es gilt

$$\frac{1}{n} + \frac{1'}{n} = 0 \, .$$

Auf diese Weise gewinnt Weierstraß die „rationalen" Zahlen. Sie bestehen aus

$$\begin{cases} k * 1 + \sum_{i=1}^{j} l_i * \frac{1}{n_i} \quad \text{und} \\ \bar{k} * 1' + \sum_{i=1}^{\bar{j}} \bar{l}_i * \frac{1'}{m_i} \, . \end{cases}$$

Der spezielle Kniff dieser Begriffsbildung ist das Folgende: Weierstraß denkt seine Zahlgrößen als *Mengen,* deren *„Elemente"* aus den „Einheiten" wie 1 und $\frac{1}{n_i}$ und/oder deren Entgegengesetzten (also $1'$ und $\frac{1'}{m_i}$) gebildet sind. Die Addition $+$ ist für Weierstraß weiterhin einfach die Mengenvereinigung $\cup$ – und also *trivial.* (Dass bei einer solchen Vereinigung alle natürlichen Zahlen sowie alle Elemente mit demselben Nenner jeweils zu einem einzigen Element zusammengerechnet werden, versteht sich.) Oder so:

> Für Weierstraß sind „Zahl" und „Summe" dasselbe: eine *Menge* aus „Elementen".

Die Multiplikation ist dann wie das cartesische Mengenprodukt, wobei nicht die Paare genommen werden (etwa als $\left(l_i * \frac{1}{n_i}, \bar{l}_{\bar{i}} * \frac{1}{m_{\bar{i}}} \right)$), sondern nach der Art des gewöhnliches Produkts zweier Zahlen oder Brüche $\left(\left(l_i * \frac{1}{n_i} \right) \cdot \left(\bar{l}_{\bar{i}} * \frac{1}{m_{\bar{i}}} \right) \right) = \left(l_i \cdot \bar{l}_{\bar{i}} \right) * \frac{1}{n_i \cdot m_{\bar{i}}}$ – das sieht jetzt vor lauter formaler Pedanterie schlimmer aus, als es in Wahrheit ist! Anschließend werden natürlich wieder Elemente mit demselben Nenner zusammengerechnet. Die Gesetze für Zahlen – Vertauschbarkeit, Unabhängigkeit von der Reihenfolge usw. – sind dann einfach diejenigen für die Mengenoperationen (und für die natürlichen Zahlen), und diese sind *klar.* Jedenfalls für uns heute.

Das Letztere wusste Weierstraß allerdings noch nicht. Denn die Mengen*lehre* hat er nicht erfunden, sondern nur Mengen*begriffe* genutzt. Die Mengenlehre hat bekanntlich Cantor erfunden, also ein Jüngerer; Cantor hatte bei Weierstraß seine Doktorprüfung gemacht. Deswegen hat Weierstraß hier auch viel Beweisarbeit. Das brauchen wir heute nicht mehr – weil wir die Mengenlehre haben.

Es ist übrigens höchst interessant (und war bislang unbekannt), dass man Mengen*begriffe* nutzen kann, ohne die Mengen*lehre* bereits zu kennen (oder sie gar zu *erfinden*). Aber Weierstraß hat das wirklich getan!

4. **Irrationale Zahlen.** Schließlich der vorletzte Akt. (Dieser wird gerechtfertigt durch den Hinweis auf das mathematische Bedürfnis, Gleichungen der Art $x^2 = a$ stets lösen zu können, also auch dann, wenn a keine Quadratzahl ist.) Weierstraß geht jetzt einen Schritt zurück, zu den *Brüchen,* und erinnert sich daran, dass das Mengen sind (wir dürfen ab jetzt der Einfachheit halber wieder das gewohnte „$\cdot$" für das pedantische „$*$" schreiben):

$$k_0 \cdot 1 + k_1 \cdot \tfrac{1}{n_1} + k_2 \cdot \tfrac{1}{n_2} + \ldots + k_j \cdot \tfrac{1}{n_j} = \{k_0 \cdot 1\} \cup \{k_1 \cdot \tfrac{1}{n_1}\} \cup \{k_2 \cdot \tfrac{1}{n_2}\} \cup \ldots \cup \{k_j \cdot \tfrac{1}{n_j}\}\,.$$

Als neuen Verallgemeinerungsschritt lässt Weierstraß nun zu: *Diese Summe darf u n e n d - l i c h v i e l e Summanden haben.* Also beispielsweise:

$$1 \cdot \tfrac{1}{2} + 1 \cdot \tfrac{1}{4} + 1 \cdot \tfrac{1}{8} + \ldots$$

oder

$$1 \cdot \tfrac{1}{10} + 3 \cdot \tfrac{1}{1\,000} + 6 \cdot \tfrac{1}{1\,000\,000} + 10 \cdot \tfrac{1}{10\,000\,000\,000} + \ldots$$
$$+ (1 + 2 + 3 + \ldots + n) \cdot \frac{1}{10^{1+2+3+\ldots+n}} + \ldots = 0{,}1030060010\ldots$$

oder aber

$$1 \cdot \tfrac{1}{2} + 1 \cdot \tfrac{1}{3} + 1 \cdot \tfrac{1}{4} + \ldots + 1 \cdot \tfrac{1}{n} + \ldots$$

Damit hat Weierstraß das definiert, was wir heute „irrationale" oder auch „positive reelle" Zahlen nennen. (Und ein bisschen mehr.)

Wir kennen die irrationalen Zahlen als unendliche, nicht periodische Dezimalzahlen. Wie gelangen wir von ihnen zu Weierstraß' irrationalen Zahlen? In drei Schritten: (a) Zuerst ändern wir die Darstellungsform. Statt der Ziffer a an der k-ten Nachkommastelle schreiben wir den Bruch $\frac{a}{10^k}$. Dann ist die *Folge* der Ziffern zur *Menge* der Brüche geworden. – Damit haben wir *jede Dezimalzahl* in der Weierstraß'schen Form dargestellt. (b) Dann erlauben wir als Nenner (statt nur 10^k für $k > 0$) *sämtliche* natürlichen Zahlen. – Jetzt fehlt noch die Berücksichtigung der jeweils unterschiedlichen Additionsweisen, denn den „Übertrag" bei den Dezimalzahlen gibt es in Weierstraß' Darstellungsweise nicht. (c) Wenn wir auf die Einschränkung „Zähler < 10". verzichten, haben wir die Addition (beinahe) als Mengenvereinigung gefasst.

Da Weierstraß als Nenner jede natürliche Zahl (nicht nur die 10^k) und auch Vielfachheiten (für uns: Zähler) > 9 zulässt, ist klar: Weierstraß' Begriff der irrationalen Zahl ist weitaus allgemeiner als der der Dezimalzahl.

Allerdings sind noch verschiedene, technisch nicht triviale Dinge zu klären:

a) Das erste der obigen Beispiele ist eine irrationale Zahl, denn diese Menge hat unendlich viele Elemente. Dass diese Zahl $= 1$ ist, steht auf einem anderen Blatt: siehe den nächsten Punkt.

b) Es muss geklärt werden, wann zwei solcher Zahlen *gleich* sind. Das ist leider nicht ganz einfach. Denn nicht immer können zwei gleiche Zahlen dieser Art durch endlich viele Transformationen ineinander überführt werden. (Was heißt hier überhaupt „gleich"?)

Die erste der drei genannten irrationalen Zahlen ist dafür ein Beispiel. Obwohl das Ergebnis *klar* ist: Diese Zahl ist $= 1$. Aber „klar" ist hier gar nichts; sondern *alles* muss, nach Weierstraß, *streng* bewiesen werden!

Weierstraß hat dabei etwa folgende gängige Argumentationsweise vor Augen – sie wird in der Vorlesungsnachschrift ausdrücklich als „Trugschluss" bezeichnet:

$$\text{Es sei} \qquad x = \tfrac{1}{2} + \tfrac{1}{4} + \tfrac{1}{8} + \dots$$
$$\text{Durch Halbieren rechts folgt:} \quad x - \tfrac{1}{2} = \tfrac{1}{4} + \tfrac{1}{8} + \tfrac{1}{16} + \dots = \tfrac{x}{2}\,.$$
$$\text{Also:} \qquad \tfrac{x}{2} = \tfrac{1}{2}\,,$$
$$x = 1\,.$$

Weierstraß' Begründung dafür, dass dies ein „Trugschluss" sei: „Hier hat man bereits im Ansatz eine Wertvergleichung angewendet, die man noch nicht bewiesen hat." (Gemeint ist in der zweiten Formelzeile das letzte Gleichheitszeichen.) Weierstraß besteht also auf der Notwendigkeit, für die neu bestimmten Gegenstände „irrationale" Zahlen *genau* festzulegen, was in diesen Fällen unter „gleich" zu verstehen sei. – Und man muss zugeben: Da es sich hier um *unendliche* Gegenstände handelt (nicht notwendig unendlich *groß*, jedoch aus unendlich *vielen* Elementen bestehend!), ist sein Argument durchaus bedenkenswert. Wir erinnern daran, dass sich Johann Bernoulli und Leibniz in einer solchen Frage trotz intensiver Auseinandersetzung nicht zu einigen vermochten (Abschn. 6.2). Begriffsklärungen, *Definitionen* können da Klarheit schaffen. Klar ist allerdings auch:

▶ *Mit dieser Ablehnung stellt Weierstraß eine schon immer – mindestens seit Johann Bernoulli und Euler – akzeptierte Rechentechnik infrage!*

Weierstraß' Lösung ist sehr pfiffig. Er setzt:

> Definition. Zwei solche Zahlen a und b heißen **„gleich"**, wenn jeder Bestandteil der einen auch Bestandteil der anderen ist.

Dabei gilt (Achtung, eine schwere Definition!):

▶ **Definition.** Ein **„Bestandteil"** einer solchen Zahl a ist (i) eine Summe c endlich vieler willkürlich aus a herausgegriffener Elemente oder (ii) eine Zahl, die einer solchen Summe gleich ist.

Anders gesagt: Ein „Bestandteil" von a ist jeder Bruch c mit $c < a$.* (*Endliche* Objekte sind in der Mathematik kein Problem.) – Nun *beweist* Weierstraß den

> Satz. *Wenn zwei solche Zahlen a und b gleich sind: $a = b$, dann kann man aus a so viele Elemente, wie man will* (endlich *viele!*) *herausgreifen und sie in eine Menge passend aus b gewählter Elemente überführen.*

---

*Falls ein Spezialist mitliest: Weierstraß' Definition der Gleichheit ist also Dedekinds Definition des „Schnittes"! (Dieser Begriff folgt im nächsten Kapitel.)

c) Die letzte der oben genannten irrationalen Zahlen ist ein Beispiel für eine „unendlich
   große" Zahl, geschrieben „∞". Dazu sagt Weierstraß:

> Diese Zahl ∞ ist *aus der Analysis auszuschließen.*

(Man könnte hier auch anders entscheiden – etwa nach dem Vorbild Bolzanos; doch von
dessen Ideen wusste Weierstraß damals nichts. Aber Weierstraß hat so entschieden; und
zwar *ohne* dies näher zu rechtfertigen. Weierstraß *identifiziert* alle unendlich großen Zahlen
und schließt sie aus seiner Zahlenwelt aus, ohne dies zu begründen.)

d) Diese irrationalen Zahlen können – als Mengen – problemlos addiert und multipliziert
   werden; sogar ein Divisionsverfahren für endliche irrationale Zahlen lässt sich finden.
   Ein Problem allerdings bleibt ungelöst: die Subtraktion einer irrationalen Zahl. Hierfür
   hat Weierstraß (zunächst) keine Lösung. Was soll denn, bitte schön, $\frac{1}{3\cdot3} + \frac{3}{3\cdot5} + \frac{3}{5\cdot7} +$
   $\ldots - \left(1 + \frac{1}{3^2} + \frac{1}{5^2} + \frac{1}{7^2} + \ldots\right)$ sein? Da ist ein *Problem der Analysis* zu lösen, wo es
   doch um eine *arithmetische* Frage geht!

> Weierstraß' irrationale Zahlen können nicht subtrahiert werden.

Das scheint bislang übrigens niemandem aufgefallen zu sein. (Ich kann mich da gar nicht ausschließen.) Bei den Brüchen wurden eine „entgegengesetzte" Haupteinheit und deren Bruchteile
eingeführt – so erhielt Weierstraß die rationalen Zahlen. Diese Idee scheitert bei den irrationalen
Zahlen an der *arithmetisch unmöglichen* Definition ihrer Subtraktion, weil irrationale Zahlen unendliche Objekte sind. Für die Definition der reellen Zahlen muss eine neue Idee her! Den Geistesblitz
dazu brachte Weierstraß zustande.

5. **Reelle Zahlen.** Der für uns hier allerletzte Akt: Wenn die irrationalen Zahlen nicht subtrahiert werden können, dürfen sie nicht durch Einführung einer „entgegengesetzten"
   Einheit verdoppelt werden. Weierstraß' Idee: Dann werden sie einfach *ohne* die Einführung einer solchen Einheit verdoppelt – so, wie sie sind, als eine erste und eine zweite
   Einheit (den Rest *denken* wir uns einfach). Weierstraß setzt fest: Eine „*reelle*" Zahl
   besteht aus zwei irrationalen Zahlen, die *nebeneinander* betrachtet werden :

$$\begin{cases} k_0 \cdot 1 \;+ k_1 \cdot \frac{1}{n_1} + k_2 \cdot \frac{1}{n_2} + \ldots \\ l_0 \cdot 1 \;+ l_1 \cdot \frac{1}{m_1} + l_2 \cdot \frac{1}{m_2} + \ldots \end{cases}$$

oder kurz, in einer Zeile, mit den Abkürzungen $\mathcal{A}$ und $\mathcal{B}$ für die beiden irrationalen
Zahlen, in seiner Schreibweise:

$$\mathcal{A} + (-\mathcal{B}).$$

Die k_i und l_i, die n_i und die m_i sind klarerweise *natürliche* Zahlen. *Unendlich viele* der k_i und der l_i sind ungleich 0. – Wir heute schreiben dafür einfach das geordnete Paar:

$$(\mathcal{A}, \mathcal{B}) \qquad \text{oder unprätentiöser} \qquad (q, r).$$

Weierstraß kam nicht auf die Idee der Notation „$(\mathcal{A}, \mathcal{B})$". Das ist kein Wunder: Zu seiner Zeit gab es diese *allgemeine* Idee des geordneten Paares noch gar nicht. Dieser Begriff wurde erst im 20. Jahrhundert erfunden, erst in dessen zweitem Jahrzehnt.

Selbstverständlich war es Weierstraß klar, dass seine irrationalen Zahlen nicht subtrahiert werden können. Daher kann das hier verwendete Minuszeichen nicht *wirklich,* sondern nur *formal* gemeint sein. Höchstwahrscheinlich deswegen hat Weierstraß die Klammern mitgeschrieben statt einfach „$\mathcal{A} - \mathcal{B}$". Jedenfalls hat er dafür eine besondere Schrift gewählt. Kleinere Geister, wie die Hörer seiner Vorlesung und die Leser ihrer Vorlesungsnachschriften, übersahen das geflissentlich und wollten dieses Minuszeichen wörtlich nehmen. Das darf natürlich nicht geschehen. Daher steht in den Nachschriften dieser Vorlesung an diesen Stellen mancher Unsinn. Übrigens sogar in der Nachschrift eines Zuhörers, der später selbst einmal Professor der Mathematik wurde: Adolf Kneser (1862–1930), er war damals in seinem dritten Semester. Und vermutlich in letzter Konsequenz deswegen wurde diese geniale Erfindung von Weierstraß bis heute nicht bekannt. Aber die 2016 neu gefundene Vorlesungsnachschrift ist so sorgfältig, dass man Weierstraß' Idee darin finden kann. Obwohl ihr Verfasser Emil Strauß (1859–92) diese Idee *sicher nicht verstanden* hat.

Aus Gründen der Einfachheit wird man von den unendlichen Mengen $\mathcal{A}$ und $\mathcal{B}$ verlangen wollen:

Sowohl $\mathcal{A}$ als auch $\mathcal{B}$ müssen endlich sein!

Wie etwa $\pi = \{3, \frac{1}{10^1}, \frac{4}{10^2}, \frac{1}{10^3}, \frac{5}{10^4}, \frac{9}{10^5}, \ldots\}$ oder $e = \{2, \frac{7}{10^1}, \frac{1}{10^2}, \frac{8}{10^3}, \frac{2}{10^4}, \frac{8}{10^5}, \ldots\}$. Es muss also eine natürliche Zahl geben, die größer ist als sie. (Man könnte auch anders entscheiden. Doch Weierstraß hatte die irrationalen unendlichen Zahlen bereits mit einem Bann belegt – der sich nun auch auf die reellen auswirkt.)

Erneut ist zu klären: Wann sind zwei solcher Zahlen $\mathcal{A} + (-\mathcal{B})$ und $\mathcal{C} + (-\mathcal{D})$ *gleich?* – Das aber liegt nahe:

Definition. Zwei reelle Zahlen $\mathcal{A} + (-\mathcal{B})$ und $\mathcal{C} + (-\mathcal{D})$ sind „*gleich*", wenn gilt:

$$\mathcal{A} + \mathcal{D} = \mathcal{C} + \mathcal{B}.$$

Die Definition der Summe von irrationalen Zahlen, die hier verlangt wird, ist bereits definiert! (Und zwar einfach: als Mengenvereinigung.) Ebenso die Gleichheit.

Das sieht verführerisch einfach aus. Aber es *ist wirklich* einfach! Die Übersetzung in die heutige Formelsprache (mit „geordneten Paaren") zeigt das, denn diese Übersetzung lautet:

$$(q, r) = (s, t) \quad :\Longleftrightarrow \quad q + t = s + r.$$

Alles Weitere ergibt sich dann ganz von selbst. Das Überraschende ist: Jetzt lässt sich sogar die Subtraktion definieren! Bei Weierstraß liest sie sich so:

$$(\mathcal{A} + (-\mathcal{B})) - (\mathcal{C} + (-\mathcal{D})) = (\mathcal{A} + \mathcal{D}) + (-(\mathcal{B} + \mathcal{C})),$$

bei uns heute übersichtlicher (mit weniger Zeichen):

$$(q, r) - (s, t) := (q + t, r + s).$$

Das verblüfft nun aber. Denn wir haben es eben betont: Die irrationalen Zahlen lassen sich nicht subtrahieren. Die reellen Zahlen nun aber doch! *Sind* denn die irrationalen Zahlen nicht auch reelle? Wieso kann man die Letzteren subtrahieren, die Ersteren aber nicht? Das sollten wir uns abschließend noch überlegen.

Naheliegenderweise hat man die irrationale Zahl q in der Form $(q, 0)$ als reelle Zahl. Und *damit* ist jetzt auch deren Subtraktion definiert:

$$q - r \stackrel{\wedge}{=} (q, 0) - (r, 0) = (q, r).$$

Das Resultat ist im Allgemeinen eine reelle Zahl, eben (q, r). Und nur dann, wenn man *weiß*, dass (i) sowohl $q = \bar{q} + s$ als auch (ii) $r = \bar{r} + s$ gelten *und* (iii) eine der beiden irrationalen Zahlen, $\bar{q}$ oder $\bar{r}$, gleich 0 sind, hat man ein *irrationales* Resultat erhalten, denn es gilt stets auch die letzte der folgenden Gleichungen:

$$(q, r) = (\bar{q} + s, \bar{r} + s) = (\bar{q}, \bar{r}),$$

und das entspricht dann entweder $\bar{q}$ oder $-\bar{r}$ (wobei man irrationale Zahlen freilich gar nicht subtrahieren kann …). Denn die reelle Zahl (s, s) spielt die Rolle der Null . (Warum? – Wer es genau wissen will, überlege sich, warum $(q, r) + (s, s)$ *immer* $= (q, r)$ ist!)

Es sei noch eine Idee zum Denken (im Sinne des Sich-eine-Vorstellung-Bildens) angefügt. Es ist falsch, Weierstraß' $\mathcal{A} + (-\mathcal{B})$ als $\mathcal{A} - \mathcal{B}$ zu *deuten*. Erlaubt ist es jedoch, $\mathcal{A} + (-\mathcal{B})$ als $\vec{\mathcal{A}} - \vec{\mathcal{B}}$ zu *denken*, als Differenz zweier *gerichteter Strecken* . Denn *denken* darf man sich alles – solange man damit nicht *argumentiert*, sondern sich nur eine *Vorstellung* bildet.

(Aus heutiger Sicht betrachtet konstruiert Weierstraß hier *ganz allgemein* aus einer Halbgruppe eine Gruppe: im Winter 1880/81 wie auch schon zuvor!)

13.4.2 Erste Bewertung

Die Kernfrage lautet nun:

> Hat Weierstraß damit den allgemeinen Begriff der „reellen" Zahl bestimmt, wie wir ihn heute haben?

Klar ist: Weierstraß hat *sämtliche* „irrationalen" Zahlen, die wir heute auch haben. (Das sieht man sofort, wenn man an die Dezimaldarstellung der „irrationalen" Zahlen denkt. Denn diese lässt sich, wie wir in Abschn. 13.4.1 gesehen haben, direkt in Weierstraß' Form umsetzen.) Er sieht sie auch *in derselben Weise* hinsichtlich der Rechenoperationen und der Gleichheit (wenn auch nicht als eine *isomorphe* Kopie).

Aus einer „irrationalen" Zahl q lassen sich nach Weierstraß die beiden „reellen" Zahlen $(q, 0)$ und $(0, q)$ bilden, also in seiner Denkwelt Vertreter der beiden gewöhnlichen reellen Zahlen $+q$ und $-q$. Dass die Rechenoperationen in beiden Denkwelten miteinander harmonieren, muss man sich noch klarmachen. Doch dass Weierstraß die reellen Dezimalzahlen in seiner Denkwelt hat, ist offensichtlich.

Aber das ist nicht das letzte Wort! Beispielsweise haben die Dezimalzahlen den Vorzug, eine *standardisierte Form* der „reellen" Zahlen zu sein. Weierstraß jedoch hat eine solche standardisierte Form für seine reellen Zahlen nicht. Stattdessen hat er im Allgemeinen viel Mühe mit der Gleichheit zweier reeller Zahlen. Also mit dem, was gewöhnlich der „*Wert*" der Zahl heißt.

Und das ist noch immer nicht alles! Betrachten wir ein altehrwürdiges, seit Jahrhunderten bekanntes (und also klassisches) Objekt der Analysis:

$$\ln 2 = 1 - \tfrac{1}{2} + \tfrac{1}{3} - \tfrac{1}{4} + \tfrac{1}{5} - \tfrac{1}{6} + \tfrac{1}{7} - + \ldots$$

Man könnte auf die Idee kommen, diese *Reihe* als eine Weierstraß'sche reelle *Zahl* deuten zu wollen:

$$\ln 2 \overset{?}{=} \begin{cases} 1 \cdot 1 & + \ 0 \cdot \tfrac{1}{2} & + \ 1 \cdot \tfrac{1}{3} & + \ \ldots \\ 0 \cdot 1' & + \ 1 \cdot \tfrac{1'}{2} & + \ 0 \cdot \tfrac{1'}{3} & + \ \ldots \end{cases}$$

Das aber geht bei Weierstraß nicht! Denn in diesem Fall sind sowohl die obere Zeile als auch die untere Zeile unendlich! (Und außerdem lassen sich Weierstraß' irrationale Zahlen gar nicht subtrahieren …)

Allgemein gesprochen:

> Weierstraß' *Zahlbegriff* ist nicht imstande, die nur „bedingt konvergenten" Reihen zu erfassen!

(Also jene Reihen mit gemischten Vorzeichen, die zwar konvergieren, jedoch dann nicht mehr, wenn man ihre Glieder *absolut* nimmt.)

Nun gilt: Der *Zahlbegriff* und die *Summierung unendlicher Reihen* sind zwei Paar Schuhe! Es ist kein Schaden, wenn *zur Konstruktion* der reellen Zahlen nur *gewisse* Reihen aus Brüchen zugelassen werden. Wie die auf diesen *Zahl*begriff gegründete Theorie nachher mit den nur bedingt konvergierenden *Reihen* umgeht, wird *dann* zu klären sein.

Etwa so könnte Weierstraß auch gedacht haben. Denn er sagt an der betreffenden Stelle (also im Zuge seiner Konstruktion der reellen Zahlen) ausdrücklich, er wolle die nur bedingt konvergenten Reihen „bis auf Weiteres" von seiner Betrachtung ausschließen.

Fassen wir also zusammen:

ERSTE BEWERTUNG VON WEIERSTRASS' BEGRIFF DER REELLEN ZAHL

Weierstraß hat in der Tat einen *eigenen* Begriff dessen vorgelegt, was heute „reelle" Zahl heißt.

Dieser Zahlbegriff ist

(i) *systematischer* (fast *alle* Zahlen sind Mengen gleicher Art),

(ii) *elementarer* (*Mengen*operationen genügen),

(iii) *einfacher* (ohne allgemeine *analytische* Begriffe: „Konvergenz", „Grenze")

als die bisher bekannten. Er ist aus einem Guss und verlangt nichts anderes als den Mengenbegriff sowie die Handhabung unendlicher Reihen aus Brüchen (beim Gleichheitsbegriff); und das ist wahrlich nicht viel.

Allerdings ist dieser Zahlbegriff zu eng, um *sämtliche* klassischen Objekte der Analysis *direkt* zu erfassen – die nur bedingt konvergenten Reihen erwischt er nicht.

Es muss nochmals betont werden: *Vorgetragen* hat Weierstraß dies alles in einer gänzlich anderen Sprache (Begrifflichkeit). Sich darin einzuarbeiten verlangt zusätzliche Mühe und Platz – die wir hier nicht wollen und nicht haben. Doch Weierstraß' *Idee* soll hier schon vorgezeigt werden.[†]

13.5 Unendliche Reihen

Mit seiner Konstruktion eines *allgemeinen* Begriffs „Zahlgröße"– also dem, was wir heute „reelle" Zahl nennen – kann Weierstraß Analysis treiben. Insbesondere bildet er den Begriff „unendliche Reihe" oder einfach „Reihe".

[†] Es sei an die erste Fußnote der Einleitung erinnert. Das *Archive for History of Exact Sciences* weigert sich bisher beharrlich, diese Konstruktion im Detail und historiografisch eingebettet abzudrucken.

Wie bei den Zahlen geht Weierstraß auch bei den unendlichen Reihen stufenweise vor. Er beginnt mit der Betrachtung der „unendlichen Reihen" aus Brüchen und geht dann über zu Reihen aus irrationalen Zahlen. Das sind

$$a_1 + a_2 + a_3 + \dots,$$

wobei die a_k irrationale Zahlen sind. Jede einzelne hat also die Form

$$a_k = \alpha_0^{(k)} \cdot 1 + \alpha_1^{(k)} \cdot \frac{1}{n_1} + \alpha_2^{(k)} \cdot \frac{1}{n_2} + \dots$$

Mit den σ_i als den Summen aller Vielfachen $\alpha_i^{(k)}$ der Bruchteile $\frac{1}{n_i}$ für alle k Glieder der Reihe (also $\sigma_i = \sum_k \alpha_i^{(k)}$) erhält man

$$s = \sum_k a_k = \sum_i \sigma_i \cdot \frac{1}{n_i}.$$

Für die Endlichkeit der Reihe verlangt man daher:

1. *Alle irrationalen Zahlen a_k in dieser Summe müssen endlich sein.* (Das verlangt natürlich, dass in allen Summanden $a_k = \sum_{n_i} \alpha_i^{(k)} \cdot \frac{1}{n_i}$ alle „Vielfachheiten" $\alpha_i^{(k)}$ der „Elemente" $\frac{1}{n_i}$ endlich sind; doch ist diese Bedingung nur notwendig, nicht hinreichend.)
2. Jedes „Element" von s – also jedes $\sigma_i \cdot \frac{1}{n_i}$ – hat eine endliche „Vielfachheit" σ_i – kurz: *Alle σ_i sind endlich.*

Dabei ist klar, welche irrationale Zahl unter dieser „Summe" $s = \sum_k a_k$ zu verstehen ist: alle „Einheiten" 1 bzw. $\frac{1}{n_i}$ mit jener „Vielfachheit" σ_i, wie sie sich aus der Gesamtheit aller irrationalen Zahlen a_k ergibt.

Die spannende Frage lautet nun (denn das Beispiel $1 \cdot 1 + 1 \cdot \frac{1}{2} + 1 \cdot \frac{1}{3} + \dots$ zeigt, dass die genannten Bedingungen nicht ausreichen):

▶   *Wann ist die Reihe $s = \sum_k a_k$ der irrationalen Zahlen a_k endlich?*

Zur Beantwortung formuliert Weierstraß folgendes

Kriterium. *Die unendliche Reihe $\sum_k a_k$ aus irrationalen Zahlen a_k ist genau dann endlich, wenn es möglich ist, eine irrationale Zahl $\mathcal{E}$ zu bestimmen, die größer ist als jede aus einer endlichen Anzahl der a_k gebildeten Summe.*

Er weist dieses Kriterium als „richtig" nach. Das heißt: Genau dann, wenn dieses Kriterium erfüllt ist, ist $s = \sum_k a_k$ endlich.

Da es bei den irrationalen Zahlen nur eine „Haupteinheit" gibt (anders gesagt: keine Vorzeichen), kann Weierstraß auch Folgendes beweisen:

▶   **Satz.** *Wenn die unendlich vielen irrationalen Zahlen a_k beliebig in Gruppen aufgeteilt werden und erst die Summen in den Gruppen, dann deren Summe gebildet werden, erhält man stets dasselbe.*

Der Beweis ist nicht kurz. Im Verlauf dieses Beweises kommt noch Folgendes zutage:

▶   **Satz.** *Jede endliche irrationale Zahl a aus unendlich vielen Elementen $\alpha_i \cdot \frac{1}{n_i}$ zerfällt in*

$$a = a_0 + a_1 \,,$$

mit: (i) a_0 hat eine endliche Anzahl von Elementen; (ii) a_1 kann beliebig klein gemacht werden.

Dies Letztere in anderen Worten: Jede endliche irrationale Zahl a kann durch einen Bruch (a_0) beliebig genau (a_1) angenähert werden.

Damit kann Weierstraß nun ein *Kriterium* für die „Gleichheit" zweier endlicher irrationaler Zahlen formulieren:

> **Satz.** *Zwei endliche irrationale Zahlen a und b sind genau dann gleich, wenn es möglich ist, sie bei jedem vorgegebenen ε so in $a = a_0 + a_1$ und $b = b_0 + b_1$ zu zerlegen (a_0 und b_0 sind Brüche), dass $|a_0 - b_0| < \varepsilon$ sowie $a_1 < \varepsilon$ und $b_1 < \varepsilon$ gelten.*

(Die Subtraktion eines Bruches ist, wie wir wissen, unproblematisch.) In Worte gefasst:

▶   *Zwei endliche irrationale Zahlen sind genau dann gleich, wenn es für jede Toleranz ε möglich ist, jede dieser beiden Zahlgrößen so in einen Näherungsbruch und einen (irrationalen) Rest zu zerlegen, dass sowohl die Differenz dieser beiden Näherungsbrüche als auch jeder der beiden Reste für sich kleiner ist als die vorgegebene Toleranz ε.*

So gelesen glaubt man diesen Satz unbesehen. Der technische Beweis in der Vorlesungsmitschrift umfasst eine (große) Seite. – Mithilfe dieses Satzes beweist Weierstraß dann „leicht" die

▶   Sätze:

1.   *Bei der unendlichen Summe können gleiche irrationale Zahlen einander vertreten.*
2.   *Die Summe $\sum a_k$ ist unabhängig von der Gruppierung der Summanden.*

Halten wir fest: Bei den „unendlichen Reihen" hat Weierstraß *ausschließlich* solche aus Brüchen oder aus irrationalen Zahlen betrachtet. Also keine mit negativen Vorzeichen! Das bedeutet:

▶   Unendliche Reihen mit *wechselnden* Vorzeichen hat Weierstraß damit noch immer nicht erfasst! Unberücksichtigt bleibt beispielsweise die altbekannte alternierende harmonische Reihe

$$1 - \tfrac{1}{2} + \tfrac{1}{3} - \tfrac{1}{4} + \tfrac{1}{5} - + \ldots = \ln 2 \, .$$

13.6   Die endliche Summierbarkeit unendlicher Reihen reeller Zahlen

13.6.1 Ein überraschendes Argument bei Weierstraß

Die Behandlung von „unendlichen Reihen" aus reellen Zahlen fasst Weierstraß unter dem Aspekt der „Summierbarkeit". Dabei ist es seine Idee, das für den Fall der „unendlichen Reihen" aus irrationalen Zahlen gewonnene „Kriterium" für die Endlichkeit der „Summe" der Reihe (Abschn. 13.5) auf „unendliche Reihen" aus reellen Zahlen zu übertragen:

▶   **Kriterium.** *Die unendliche Reihe* $\sum_k a_k$ *aus reellen Zahlen ist genau dann endlich, wenn der absolute Betrag der Summe von beliebig vielen b e l i e b i g   h e r a u s - g e g r i f f e n e n reellen Zahlen stets unterhalb einer festen Grenze* ε *liegt.*

Indem Weierstraß zum „absoluten Betrag" der reellen Zahlen übergeht, wechselt er zu den irrationalen Zahlen. (Leider sagt er nicht, was er unter diesem „absoluten Betrag" verstehen will! Ein leicht zu behebendes Manko!) Dabei gibt er ein überraschendes Argument. In der einen Mitschrift heißt es jetzt nämlich wörtlich:

> Soll nun die Reihe der [reellen] Zahlgrößen *a* summierbar sein, so muss auch die Reihe der absoluten Beträge summierbar sein.

Wie ich bei der Formulierung des obigen Kriteriums durch Sperrung hervorgehoben habe, verlangt Weierstraß das Absehen von der in der „unendlichen Reihe" vorgegebenen *Reihenfolge* der Glieder.

Das ist höchst interessant. Denn wollte man unter „Summierbarkeit" soviel wie die heutige „Konvergenz" verstehen, dann würde das am Ende des vorigen Abschnitts genannte Beispiel der alternierenden harmonischen Reihe dieses Argument widerlegen: Die gesamte Reihe ist im heutigen Sinne „konvergent" (mit der Grenze $\ln 2$); doch beispielsweise die daraus gewonnene Teilreihe der Glieder mit geraden $\left(\tfrac{1}{2} + \tfrac{1}{4} + \tfrac{1}{6} + \ldots \right)$ wie die Teilreihe der Glieder mit ungeraden Gliednummern $\left(1 + \tfrac{1}{3} + \tfrac{1}{5} + \tfrac{1}{7} + \ldots \right)$ sind *nicht* im heutigen Sinne „konvergent". (Es sei betont: *Bislang* hat Weierstraß den Begriff „Konvergenz" noch nicht benutzt!)

Nun müssen wir aber zur Kenntnis nehmen, dass Weierstraß das eben angeführte Argument vorträgt. Daraus müssen wir folgern:

> Mit „Summierbarkeit" meint Weierstraß etwas Stärkeres als wir heute mit „Konvergenz".

Klar ist:

▶ Die alternierende harmonische Reihe $1 - \frac{1}{2} + \frac{1}{3} - \frac{1}{4} + \frac{1}{5} - + \ldots$ ist in Weierstraß' Sinn nicht summierbar.

13.6.2 Kriterien der endlichen Summierbarkeit und Konvergenz bei Weierstraß

Die restlichen vier Seiten dieses Abschnitts dieser Vorlesungsmitschrift (danach kommt noch der Abschnitt „Unendliche Produkte") sind etwas wirr – vielleicht geben sie also *nicht genau* das wieder, was Weierstraß vorgetragen hat. Die verständlichen Fakten des Textes sind in der originalen Anordnung die Folgenden:

1. Weierstraß identifiziert die Namen „(endliche) Summierbarkeit" und „Konvergenz". Das bedeutet:

> Mit „Konvergenz" (bei Zahlenreihen) meint Weierstraß etwas Stärkeres, als es die „Werte-Analysis" seit Bolzano und Cauchy tut und als wir es noch heute tun.

2. Es wird das vorherige überraschende Argument wiederholt: Erneut wird *verlangt*, für die „Summierbarkeit" einer unendlichen Reihe $\sum a_k$ aus reellen Zahlen a_k sei es *notwendig* („erforderlich"), dass auch die Reihe der „absoluten Beträge" der Reihenglieder „summierbar" sei.

3. Dann wird der Lehrsatz formuliert:

> Satz. *Wenn die unendliche Reihe der reellen Zahlen a_k summierbar ist und den Wert S hat, wenn ferner die Summe der n ersten [sic!] Glieder mit S_n bezeichnet wird, so kann man durch ein hinreichend groß gewähltes n bewirken, dass die Differenz $S - S_n$ ihrem absoluten Betrag nach kleiner ist als eine beliebig vorgegebene Größe δ.*

Analysieren wir das. (a) Die *Voraussetzung* dieses Satzes ist die „Summierbarkeit" der Reihe; seine *Behauptung* ist das, was seit Bolzano und Cauchy wie auch bei uns heute noch die „Konvergenz" der Reihe heißt. (b) Wir wissen schon: Die Weierstraß'sche „Summierbarkeit" ist stärker als unsere „Konvergenz". (Insbesondere kommt es dabei auf die Reihenfolge der Glieder *nicht* an.) (c) Also ist dieser Lehrsatz *wahr*. (d) Das können wir sagen, obwohl *wir* vielleicht nicht *ganz* genau verstehen, was Weierstraß unter „Summierbarkeit" und unter „absoluter Betrag" versteht.

4. *Jetzt* heißt es: „Aufgrund dieses Satzes nennt man eine summierbare Reihe auch *konvergent*." Das kann man so verstehen, dass Weierstraß hier den unter 1 vergebenen Namen „Konvergenz" rechtfertigt.

5. Als Nächstes stellt Weierstraß die Verbindung zur Grenzwertsprache her. Er sagt: Wenn die unendliche Reihe der a_k summierbar ist, schreibt man dafür

$$\lim_{n=\infty} \sum_{k=1}^{n} a_k \, .$$

In Weierstraß' Lehre ist damit gesagt: Diese unendliche Summe der a_k ist gleich einer reellen Zahl, die *unabhängig* von dieser Summe *existiert*.

Danach werden die Argumente unübersichtlich, und daher überlassen wir die weitere Lektüre dieses Manuskriptes den Spezialisten.

13.6.3 Fazit

Weierstraß will unter „Konvergenz" dasselbe wie unter „Summierbarkeit" verstehen. Dieser Konvergenzbegriff ist zu stark, um *alle* bisher erzielten Ergebnisse der Analysis zu erfassen. (Er erwischt eben nicht die *nur* „bedingt konvergenten" Reihen wie $1 - \frac{1}{2} + \frac{1}{3} - \frac{1}{4} + \frac{1}{5} - + \dots$)

Warum Weierstraß so denkt, wird kaum sicher zu sagen sein. Zu beachten ist natürlich sein substanzialer Denkstil: Für Weierstraß war eine „unendliche" Reihe nicht einfach eine Zeichenfolge (und also kein Etwas mit einer *willkürlich festgelegten* Bedeutung, etwa einer Anordnung), sondern ein (eben: substanzialer) *Begriff*, nämlich eine „Summe", und das ist für Weierstraß gleichbedeutend mit „Zahl" (Abschn. 13.4.1). Doch eine Zahl (oder Summe) als eine „Menge" h a t keine Anordnung ihrer Elemente. Demzufolge *passt* der traditionelle Begriff der Reihe (mit ihren *angeordneten* Summanden) nicht zu Weierstraß' Verständnis einer unendlichen „Summe" (da „Summanden" doch *stets vertauschbar* sein müssen). Für Weierstraß *ist* eine „(unendliche) Reihe" eine „Summe" (oder „Zahl"), für Riemann, Cantor und uns heute jedoch *nicht*.

Ergebnisse:

1. Es ist Weierstraß gelungen, für die Analysis strenge *Grundlagen* (reelle Zahl, Funktion) zu formulieren.

2. Dabei hat Weierstraß insbesondere einen zuvor unerreicht scharfen *substanzialen* Begriff der Gleichheit für aus unendlich vielen Elementen bestehende (also: irrationale) Zahlen geprägt.

3. Allerdings ist sein *Zentralbegriff* „Summierbarkeit" nicht reich genug, die bisher erzielten Ergebnisse der Analysis *vollständig* zu erfassen.

13.7 Rückblick auf Weierstraß

Weierstraß hat weder als Erster die Grundbegriffe der Analysis klar definiert, noch hat er
die Epsilontik erfunden. All das fand er bereits vor.

Hinsichtlich der Grundlagen der Analysis hat er dennoch Bahnbrechendes geleistet:

1. Mit seinem „Approximationssatz" ist es Weierstraß gelungen, aus den Eigenschaften
„Stetigkeit" (der Funktion) und „Kompaktheit" (des Definitionsbereichs) Rechnungs-
ausdrücke („Polynome") für eine sehr gute Näherung der Funktion herzuleiten. Damit
wurde dem Riemann'schen Funktionsbegriff der Weg zum Durchbruch in der Analysis
geebnet.
2. Es ist Weierstraß tatsächlich gelungen, einen *konstruktiven* Begriff der reellen Zahlen
zu formulieren. Bei den *Eigenschaften* dieses Zahlbegriffs behandelt Weierstraß nur die
traditionellen (Assoziativität und Kommutativität der direkten Rechenoperationen, Dis-
tributivität), nicht jedoch die heute als wichtig erachtete Vollständigkeit. (Niemand tat
das im 19. Jahrhundert.)
3. Weierstraß' Idee, „kapriziöse" Funktionen als legitime Gegenstände der Analysis zu
konstruieren, orientierte die Entwicklung der „Werte-Analysis" darauf, dieser Lehre eine
möglichst allgemeine Gestalt zu geben.

Seiner Denkweise nach war Weierstraß klar traditionell: *substanzial,* wie ich es nenne. Ein
mathematisches Formelspiel um seiner selbst willen lehnte er ab. Dementsprechend *begründete* er auch jeden seiner Schritte bei seinem Zahlaufbau.

Wohl *deswegen* ließ er sich bei seiner Arbeit am Zahlbegriff (deren Erfolg bisher nur vor
1880/81 dokumentiert ist – und da keineswegs korrekt verstanden wurde, heute können wir es
sehen) von den 1872 publizierten (und heute als „Durchbruch" bewerteten) *Schöpfungen* des
reellen Zahlbegriffs durch Georg Cantor wie durch Richard Dedekind nicht beeindrucken,
sondern verfolgte sein eigenes (substanziales) Projekt weiter.

Aus heutiger Sicht darf man sagen: Weierstraß hat einen sauberen Begriff der reellen
Zahl konstruiert. Sein Begriff der reellen Zahl ist (i) wesentlich systematischer, (ii) wesentlich elementarer und (iii) wesentlich einfacher als die von Cantor und Dedekind danach
konstruierten Begriffe und *umfasst* diese (Abschn. 13.4.1).

Aber von nichts kommt nichts: Weierstraß muss einen Preis für die größere Einfachheit
seiner Konstruktion zahlen. Dieser Preis besteht darin (und jetzt verlassen wir Weierstraß'
Denkwelt und Sprache und reden strukturmathematisch), dass seine reellen Zahlen für ihn
keinen Körper bilden, sondern nur einen Ring mit Eins. Anders (und wieder in seiner Sprache)

gesagt: Weierstraß kann in seiner Konstruktion keinen *Begriff* der Division geben. Aber selbstverständlich kann er seine reellen Zahlen (in einer bestimmten Weise) *dividieren:* die reellen Zahlen wie die irrationalen Zahlen *beliebig genau.* Solche *Verfahren* hat er in seiner Vorlesung vorgetragen.

Zugrunde gelegte Literatur

Georg Cantor 1883. Über unendliche lineare Punktmannigfaltigkeiten (Nr. 5: Grundlagen einer allgemeinen Mannigfaltigkeitslehre). *Mathematische Annalen*, 21: S. 545–586. Zitiert nach Zermelo 1932, S. 165–209.

Gustav Lejeune Dirichlet 1829. Sur la convergence des séries trigonométriques qui servent à représenter une fonction arbitraire entre les limites données. *Journal für die reine und angewandte Mathematik*, 4: S. 157–169. Siehe auch Kronecker und Fuchs 1889, 1897, Bd. 1, S. 117–132.

Georg Hettner 1874. *Einleitung in die Theorie der analytischen Funktionen von Prof. Dr. Weierstrass, nach den Vorlesungen im S[ommer]s[emster] 1874.* Vervielfältigung des Math. Instituts der Universität Göttingen, 1988.

Adolf Kneser 1880/81. *Weierstrass, Einleitung in die Theorie der analytischen Functionen.* Staats- und Universitätsbibliothek Göttingen, Signatur Cod Ms A Kneser B 3.

Leo Koenigsberger 1874. *Vorlesungen über die Theorie der elliptischen Functionen.* Teubner, Leipzig.

Leopold Kronecker (Bd. 1) und L. Fuchs (Bd. 2) (Hg.) 1889, 1897. *G. Lejeune Dirichlet's Werke.* Georg Reimer, Berlin.

N. N. 1886. *Ausgewählte Kapitel aus der Funktionentheorie,* Vorlesung von Prof. Dr. Karl Weierstraß, Sommersemester 1886. In: Reinhard Siegmund-Schultze (Hg.), Bd. 9 der Reihe Teubner-Archiv zur Mathematik. Teubner, Leipzig, 1988.

Emil Strauß 1880/81. *Weierstrass, Einleitung in die Theorie der Analytischen Functionen.* Universität Frankfurt am Main, Archiv, Az. 2.11.01; 170348.

Ernst Zermelo (Hg.) 1932. *Georg Cantor. Gesammelte Abhandlungen mathematischen und philosophischen Inhalts.* Georg Olms Verlagsbuchhandlung, Hildesheim, Reprint 1966.

Die Ablösung der Analysis von der Wirklichkeit – und die Einführung des aktualen Unendlich in die Grundlagen der Mathematik

14

14.1 Eine pessimistische Grundstimmung

14.1.1 Die Ausgangslage im Jahr 1817

Im Jahr 1817 hatte Bernard Bolzano als Erster den Wertbegriff in die Grundlagen der Analysis eingeführt (Kap. 10). „Werte" sind in erster Linie „Zahlen" sowie (gewöhnlich) $\pm\infty$, also $\pm$Unendlich. Was aber ist das: eine „Zahl"? Was *genau?*

Elementar entstehen die Zahlen durch das *Zählen:* 1, 2, 3, … Aber für die Analysis reicht das nicht aus. Die Analysis will seit Anbeginn auch *messen:* Flächeninhalte, Volumina, Tangentensteigungen, Krümmungen usw. Zum genauen Messen aber genügen die *natürlichen Zahlen* 1, 2, 3, … nicht. Dazu braucht es mindestens noch die *Brüche:* $\frac{1}{2}, \frac{1}{3}, \frac{1}{4}, \dots$

Aber schon die Geometer des klassischen Griechenland wussten:

▶ Mit Brüchen allein kann man im Allgemeinen keine strenge Mathematik machen.

Denn beispielsweise die Diagonale im Quadrat mit der Seitenlänge 1 kann man unmöglich durch einen Bruch ausdrücken. (Der Beweis dafür ist sehr lehrreich und nicht kompliziert, gehört aber nicht in die Analysis und also nicht hierher.)

Cauchy hatte im Jahr 1821 das wiederholt, was die Mathematiker schon seit Generationen zuvor gesagt hatten:

▶ „Zahl" ist das Verhältnis zweier Zahlgrößen.

Das aber verschiebt das Problem nur (und zwar auf die Frage: Und was sind „Zahlgrößen"? – übrigens ein im 19. Jahrhundert neues Wort im Deutschen), löst es jedoch nicht.

© Springer-Verlag GmbH Deutschland, ein Teil von Springer Nature 2019
D. D. Spalt, *Eine kurze Geschichte der Analysis,*
https://doi.org/10.1007/978-3-662-57816-2_14

14.1.2 Erfolglosigkeit

Lösungsvorschläge blieben weiterhin aus. So stürmische Fortschritte in der Werte-Analysis seit 1817 auch auf so vielen Gebieten gelangen – beim Zahlbegriff tat sich nichts. Keiner hatte eine zündende Idee. (Bolzano überlegte sich die Sache gründlich und machte einen Vorschlag, doch da er als politisch revolutionärer Kopf aus dem akademischen Betrieb entfernt worden war, blieben seine Ideen im 19. Jahrhundert in ungedruckten Manuskripten ohne Wirkungen.)

Dass dies ein Problem darstellte, war klar. Im vorigen Kapitel haben wir gehört, dass sich Weierstraß an diesem Thema viele Jahre lang abarbeitete. Sein schließlich erzieltes schönes Ergebnis von blieb unglücklicherweise bis vor Kurzem unverstanden.

Im Jahr 1867, ein halbes Jahrhundert nach Bolzanos wichtiger Abhandlung aus dem Jahr 1817 also, konstatierte der Riemann-Schüler Hermann Hankel (1839–73) voller Pessimismus in einem Buch:

> Jeder Versuch, die irrationalen Zahlen formal und ohne den Begriff der [extensiven] Größe selbst zu behandeln, muss auf höchst abstruse und beschwerliche Künsteleien führen, die, selbst wenn sie sich in vollkommener Strenge durchführen ließen, wie wir gerechten Grund haben zu bezweifeln, einen höheren wissenschaftlichen Wert nicht haben.

(Das Wort „extensiv" habe ich zur Verdeutlichung von Hankels Absicht eingefügt.)

Hankel sagt also im Jahr 1867: Der Rückgriff auf die Anschauung ist bei der „Begründung" eines für die Analysis tauglichen Zahlbegriffs unvermeidlich, selbst dann, wenn es möglich *wäre*, diesen Zahlbegriff *rein* (also ohne Zuhilfenahme der Anschauung) zu erfassen – denn dies müsse zwingend derart kompliziert sein („abstrus", „Künsteleien"), dass es der Wissenschaft nichts nütze.

14.1.3 Ein Doppelknall im Jahr 1872

Fünf Jahre später war Hankels Überzeugung als falsch überwunden. Im Abstand weniger Wochen wurden sogar gleich zwei *(gänzlich verschiedene)* Konstruktionen der „reellen" Zahlen publiziert, die völlig ohne die Anschauung auskommen, also rein begrifflich sind. Die einfachste, die von Weierstraß (siehe Abschn. 13.4.1), war bis heute unverstanden. Daher werden bis auf den heutigen Tag jene beiden Konstruktionen der reellen Zahlen allen Studierenden der Analysis beigebracht. Oder eine von diesen beiden, denn *eine* Definition eines Begriffes genügt, wozu zwei? Noch dazu, da es keineswegs leicht zu sehen ist, dass diese beiden Auffassungen des Zahlbegriffs auf dasselbe hinauslaufen.

Eine Generation danach hat David Hilbert im Jahr 1899 eine *Form* gefunden, um diesen Zahlbegriff zu kennzeichnen. Hilbert stellte ein *Axiomensystem* auf, das sämtliche wesentlichen Eigenschaften der „reellen" Zahlen auflisten soll. Wenn dies geleistet ist, können die Logiker *beweisen*, dass je zwei Zahlsysteme, die beide diese Eigenschaften haben, immer gegeneinander austauschbar sind. Anders gesagt: Es gibt *grundsätzlich* nur ein einziges System aus Zahlen mit *genau* den in diesen Axiomen formulierten Eigenschaften. Wir kommen darauf zurück (Abschn. 14.4). Von Weierstraß' Zahlkonstruktion wusste Hilbert freilich nichts.

Die Erfinder dieser beiden bis heute ausschließlich gelehrten Konstruktionen der „reellen" Zahlen sind Georg Cantor (der später auch die Mengenlehre erfunden hat) sowie Joseph Bertrand und Richard Dedekind. Im Folgenden werden diese beiden Konstruktionen ihren Grundzügen nach vorgestellt.

14.2 Georg Cantors Konstruktion der reellen Zahlen

14.2.1 Die Lage

Zuvor jedoch muss kurz Heinrich Eduard Heine (1821–81) erwähnt werden. Der ältere Heine arbeitete mit seinem jüngeren Universitätskollegen Georg Cantor (1845–1918) in Halle zusammen, und daher publizierten sie auch beide zur selben Zeit je einen Fachaufsatz zu diesem Thema. Cantors Aufsatz hat eigentlich einen anderen Gegenstand und enthält daher die großartige Neuheit nur in groben Zügen vorweg. Heine hingegen widmet sich der Sache akribisch und buchstabiert die Details in aller jetzt möglich gewordenen Pedanterie aus.

Da Heine seinen Gegenstand umfassend behandeln will, skizziert er einleitend die aktuelle Großwetterlage, die damals in der Analysis herrschte, also im Jahr 1872. Heine sieht sie so (alle *Betonungen* sind von ihm):

Das Fortschreiten der Funktionenlehre ist wesentlich durch den Umstand gehemmt, dass gewisse elementare Sätze derselben, obgleich von einem scharfsinnigen Forscher bewiesen, noch immer bezweifelt werden, sodass die Resultate einer Untersuchung nicht überall als richtig gelten, wenn sie auf diesen unentbehrlichen Fundamentalsätzen beruhen.

Die Erklärung finde ich darin, dass zwar die Prinzipien des Herrn Weierstraß, direkt durch seine Vorlesungen und andere mündliche Mitteilungen, indirekt durch Abschriften von Heften, welche nach diesen Vorlesungen gearbeitet wurden, selbst in weiteren Kreisen sich verbreitet haben, dass sie aber nicht von ihm selbst in authentischer Fassung durch den Druck veröffentlicht sind, sodass es keine Stelle gibt, an welcher man die Sätze *im Zusammenhange entwickelt* findet.

Ihre Wahrheit beruht aber auf der nicht völlig feststehenden Definition der irrationalen Zahlen, bei welcher Vorstellungen der Geometrie, nämlich über die *Erzeugung* einer Linie *durch Bewegung,* oft verwirrend eingewirkt haben.

Die Sätze sind für die unten zugrunde gelegte Definition der irrationalen Zahlen gültig, bei welcher Zahlen gleich genannt werden, die sich um keine noch so kleine angebbare Zahl unterscheiden, bei welcher ferner der irrationalen Zahl eine wirkliche Existenz zukommt, sodass eine einwertige Funktion für jeden *einzelnen* Wert der Veränderlichen, sei er rational oder irrational, gleichfalls einen *bestimmten* Wert besitzt.

Von einem anderen Standpunkte aus können allerdings mit Recht Einwände gegen die Wahrheit der Sätze erhoben werden.

Diese wunderbar klarsichtige Passage formuliert (ähnlich wie seinerzeit Cauchys Vorwort in seinem Lehrbuch im Jahr 1821; Abschn. 11.2) zutreffend sowohl die Situation der Analysis im aktuellen Jahr 1872 als auch die Änderung, welche die neu vorzustellende Konstruktion *möglicherweise* herbeiführen wird. „Möglicherweise" deshalb, weil es Heine *ausdrücklich* offen lässt, ob die Gemeinschaft der Mathematiker diese neue Idee seines Kollegen Georg Cantor akzeptieren wird oder nicht. Offenkundig hielt Heine den mathematisch-politischen Erfolg dieser Konstruktion keineswegs für ausgemacht – obwohl er sich imstande sah, ihre mathematische Schlagkraft unter Beweis zu stellen (und das auch wirklich tat).

14.2.2 Cantors Konstruktion entsteht aus derjenigen von Weierstraß

Georg Cantor hatte Vorlesungen bei Weierstraß gehört. Aber Cantor ist nicht Weierstraß. Cantor denkt anders als Weierstraß. Durch diese *andere Art zu denken* kam eine Idee zustande, die noch heute, also etwa eineinhalb Jahrhunderte später, zur Grundausstattung der Analysis zählt. Welche Idee ist das? – Eine überraschende:

Nach Weierstraß sieht eine reelle Zahl so aus (Abschn. 13.4.1):

$$\begin{cases} k_0 * 1 + k_1 * \frac{1}{n_1} + k_2 * \frac{1}{n_2} + \dots \\ l_0 * 1 + l_1 * \frac{1}{m_1} + l_2 * \frac{1}{m_2} + \dots \end{cases}$$

Cantor betrachtet diese Konstruktion in *grundlegend* anderer Weise:

1. Er wirft die Rede von „Einheiten" auf den philosophischen Müll. Anders gesagt: Wo Weierstraß „Einheiten" $\frac{1}{n_i}$ denkt, sieht Cantor bloß „Brüche" $\frac{1}{n_i}$.
2. Cantor deutet Weierstraß' „Elemente" $\left(\text{also die „Vielfachheit } k_i \text{ der Einheit } \frac{1}{n_i}\text{" bzw. die}\right.$ „Vielfachheit l_i der Einheit $\frac{1}{m_i}$") als ganz banale „Brüche $\frac{k_i}{n_i}$ bzw. $\frac{l_i}{m_i}$" – und nicht mehr als Vielfache von Einheiten $\left(k_i * \frac{1}{n_i} \text{ bzw. } l_i * \frac{1}{m_i}\right)$.
3. Cantor hat nicht *zwei parallele* Einheiten (also ein geordnetes Paar), wie später Weierstraß, sondern einfach Brüche, diese freilich mit einem *Vorzeichen* versehen: $\pm \frac{k_i}{n_i}$. Weierstraß' spätere Zweizeiligkeit der Formel (bei mir hier mit einer geschweiften Klammer links; Weierstraß hat damit das geordnete Paar beschrieben) wird nicht verwendet.
4. Das bei Weierstraß *verbindende* Komma (ein symmetrisches „und") wird zu einem *trennenden* Komma (ein unsymmetrisches „nach").

Damit gibt es bei Cantor kein N e b e n e i n a n d e r z w e i e r Mengen *aus „Einheiten", sondern nur e i n e e i n z i g e, und diese ist darüber hinaus auch noch sauber angeordnet*

und also keine „Menge", sondern eine „Folge" aus rationalen Zahlen! (Die damals noch
„Reihe" hieß.) Fertig ist die Weltneuheit! Denn der Rest ist mathematisches Handwerk.

Weierstraß' Forderung nach *„Endlichkeit"* der Zahlgröße übersetzt sich für Cantor in
den seit Bolzano 1817 geläufigen Fachbegriff „Konvergenz": Die Folge der „rationalen"
Zahlen muss „konvergieren". – Wichtig:

▶   Da Cantor in seiner Konstruktion (i) die Gesamtheit der rationalen Zahlen und
      (ii) eine Reihenfolge (Anordnung) der Elemente voraussetzt, greift er dabei nicht,
      wie Weierstraß, zu dem Begriff der „unbedingten" (oder: „absoluten") Konver-
      genz, sondern zum *gewöhnlichen*, dem *allgemeinen* Begriff der Konvergenz, wie
      er seit Bolzano verwendet wird.

Cantors neuer Zahlbegriff lautet daher einfach so:

> Eine „Zahl(größe)" ist eine *konvergente* F o l g e rationaler Zahlen:
>
> $$a_1, \quad a_2, \quad a_3, \quad a_4, \quad \ldots$$

Wenn eine solche Folge vorliegt, verfährt Cantor wie folgt:

> Diesen Sachverhalt drücke ich in den Worten aus: *„Die Folge hat eine bestimmte Grenze b."*

Der „Sachverhalt" wird von Cantor „Grenze" genannt. Dieser „Sachverhalt" ist die „kon-
vergente Folge" (rationaler Zahlen). Laut Cantor <u>ist</u> also eine konvergente Folge (rationaler
Zahlen) eine neue „reelle" Zahl: die „Grenze" – obwohl Cantor „hat" statt „ist" schreibt.
Cantor wählt seine Worte nicht ganz sorgfältig.

Es sei nochmals hervorgehoben: Wo Weierstraß bloße „Aggregate" von „Elementen" gedacht hatte (bloße *Mengen* also), denkt Cantor jetzt eine *Grundordnung:* eine *vorgegebene
Reihenfolge* dieser „Elemente" $a_k = \frac{\alpha_k}{n_k}$. Diese ehemaligen „Elemente" (einer ungeord-
neten *Menge*) sind ab jetzt „Glieder" einer „Folge", haben also *jedes* eine fest bestimmte
„Stellennummer" k.

Cantor hat kein <u>Neben</u>einander von Weierstraß'schen „Einheiten", namentlich kein
Nebeneinander zweier „Haupteinheiten", das Weierstraß durch das geordnete Paar beschreibt. Bei Cantor ist, bei Rückgriff auf die Vorzeichen + und –, alles *linear* <u>nach</u>einander
geordnet, in *einer* Reihe: In seinen „Zahlgrößen" – die bald einfach „reelle Zahlen" heißen
werden – hat jedes „Glied" a_k eine wohlbestimmte „Stelle".

Die muss übrigens keineswegs k sein. Das erhöht auch die Ökonomie des Begriffs, denn die bei Weierstraß vorhandenen (vielleicht unendlich vielen) Nullen in der „Zahlgröße" entfallen bei Cantor ersatzlos: Ein Bruch $\frac{0}{n}$ trägt nichts zum „Wert" des Ganzen bei und kann daher nach Cantor schadlos entfallen.

Am Beispiel: Aus Weierstraß' Zahlgröße

$$0 * 1, \quad 1 * \frac{1}{2}, \quad 0 * \frac{1}{3}, \quad 1 * \frac{1}{4}, \quad 0 * \frac{1}{5}, \quad 0 * \frac{1}{6}, \quad 0 * \frac{1}{7}, \quad 1 * \frac{1}{8}, \quad \text{usw.}$$

wird bei Cantor einfach die Zahlenfolge

$$\frac{1}{2}, \quad \frac{1}{4}, \quad \frac{1}{8}, \quad \ldots$$

Streamlined. Was bei Weierstraß das achte „Element" dieser „Zahlgröße" ist – *ohne* dass es bei ihm auf die Reihenfolge ankommt –, führt bei Cantor zum dritten „Glied" der „Folge": $\frac{1}{8}$. Der „Wert" dieser beiden „Zahlgrößen" ist freilich unterschiedlich: bei Weierstraß 1, bei Cantor 0. Weierstraß summiert (die „Menge" *fasst zusammen*), Cantor bildet den Grenzwert (die „Folge" *strebt*). Bei Weierstraß *verbindet* das Komma, bei Cantor *trennt* und *ordnet* es. Und nur bei Cantor sind unendliche Zahlen *von selbst* durch die Konvergenzbedingung ausgeschlossen.

Zusammenfassend:

WAS CANTOR AN WEIERSTRASS' BEGRIFF DER REELLEN ZAHL GEÄNDERT HAT

Cantor hat an Weierstraß' Begriff der „Zahlgröße" folgende Änderungen vorgenommen:

1. Aus den „Elementen" von Weierstraß werden „rationale" Zahlen, genannt „Glieder", ein *Vorzeichen* also eingeschlossen.
2. Statt des *unverbundenen* Nebeneinanders der Elemente in einem geordneten Paar zweier *Mengen* bei Weierstraß hat Cantor eine einzige *streng geordnete Folge*.
3. Statt der „Summierbarkeit" bei Weierstraß *im späteren Fortgang der Theorieentwicklung* wird bei Cantor die „Konvergenz" der Folge im Sinne Bolzanos bereits als *Grundeigenschaft* des Zahlbegriffs eingeführt.

Dieser letzte Punkt ist von ganz enormer Tragweite. Während Weierstraß nur äußerst *elementare* Bausteine für seinen Zahlbegriff nutzt („Menge", „Einheit", „Bruchteil" – sonst nichts!), verlangt Cantor dafür weitaus speziellere Begriffe: „Ordnung", „rationale Zahl" und also „Vorzeichen", vor allem aber: *„Konvergenz"* und damit einen der Zentralbegriffe jener Theorie, die es allererst zu entwickeln gilt. Mit Fug und Recht wird man dies einen gravierenden Schönheitsfehler von Cantors Konstruktion nennen dürfen.

Bisher durfte man das nicht laut sagen – denn es schien keine Alternative zu Cantors Konstruktion zu geben. Jetzt, nach dem Zutagetreten der konkurrierenden Konstruktion von Weierstraß, ist das anders. Jetzt sehen wir: Es geht auch anders, sogar ganz anders, systematischer, elementarer und einfacher!

Durch Cantor war im Jahr 1872 ein klarer Zahl*begriff* geschaffen worden, losgelöst von allen *anschaulichen* Elementen – und umfassend genug, weite Teile der hergebrachten Praxis der Analysis technisch sauber zu unterbauen. (Insbesondere auch die nur „bedingt" – oder: „nicht absolut" – konvergenten Reihen.) Hankel war widerlegt. – Alles bestens also.

Wirklich? – Nicht ganz! Kein Fortschritt ohne Preis.

14.2.3 Der philosophische Preis dieses Fortschritts

Nicht erst seit den Diskussionen über den menschenverursachten Klimawandel im Anthropozän weiß man es: *Jeder* Wandel der Welt ist ein Geben *und* ein Nehmen; kein Fortschritt (etwa technischer) ohne Schattenseiten (etwa soziale, ökologische). Fragen wir daher: Was geht der Mathematik durch diesen von Cantor (und Heine) propagierten Begriffswandel verloren?

Die Antwort auf diese einfache Frage ist ebenso einfach: ihre *Verankerung* in der Wirklichkeit. Das ist wichtig, also nochmals:

> Durch die Akzeptanz von Cantors Zahlbegriff verliert die Analysis ihre Verankerung in der Wirklichkeit.

Bei der Besprechung von Weierstraß' Zahlbegriff wurde es angedeutet: Ganz entschieden besteht Weierstraß darauf, den *Zweck* seiner Grundbegriffs-Bildungen *in jedem Einzelfall* zu *rechtfertigen* (Abschn. 13.3 und 13.4). Mit anderen Worten: Der substanziale Denker Weierstraß besteht auf einer Verankerung seiner Analysis in der Wirklichkeit.

Aber nicht nur das. Auch hinsichtlich seiner Grundbegriffe bleibt Weierstraß so *allgemein* wie nur irgend möglich: „Menge", „Einheit", „Bruchteil" – wir haben es gesehen.

Bei Cantor dagegen: nichts davon! Cantor fährt sofort schweres *mathematisches* Geschütz auf: „Ordnung", „Vorzeichen" und dann der große Hammer „Konvergenz"! Weierstraß müht sich um eine philosophische Verankerung seiner Begriffskonstruktion – Cantor veranstaltet mathematische Begriffsakrobatik.

> Cantor denkt seine Analysis (a) *ohne jegliche Bezugnahme* auf Wirkliches und (b) in *rein mathematisch-technischen Fachbegriffen.*

Cantor denkt die Analysis rein formal. Wohlgemerkt: die *Analysis als Ganzes* – indem er deren *Grundbegriff* Zahl in dieser Weise fasst.

Nicht Cantor, sondern **Heine** ist es, der seiner Konstruktion darüber hinaus sogar noch eine *rein formale Ontologie* der Einzelbegriffe unterlegt. Für Heine – aber nicht für Cantor! – *sind* Zahlen nichts anderes als Zeichen. Heine schreibt:

Forderung. Einer jeden Zahlenreihe ein Zeichen hinzuzufügen.

Man führt als Zeichen die Reihe selbst ein, diese in eckige Parenthesen gesetzt, sodass z. B. das zur Reihe a, b, c, etc. gehörende Zeichen $[a, b, c$, etc.$]$ ist.

Dazu gehören dann in § 2 seines Artikels:

1. *Definition. Allgemeinere Zahl oder Zahlzeichen* heißt das zu einer Zahlenreihe gehörende Zeichen.
2. *Definition. Zahlzeichen heißen gleich* oder sind vertauschbar, wenn sie zu gleichen, *ungleich* oder *nicht vertauschbar,* wenn sie zu ungleichen Zahlenreihen gehören (§. 1, Def. 3).

Ganz ausdrücklich *sind* für Heine „Zahlen" also „Zeichen".

Der Zeitgenosse Cantors und konsequente philosophische Wadenbeißer Gottlob Frege (1848–1925) markiert dies im Jahr 1893 scharf:

> Wir sehen, dass die Zahlzeichen hier eine ganz andere Wichtigkeit haben, als man ihnen vor dem Aufkommen der formalen Theorien zuerkannt hat. Sie sind nicht mehr äußere Hilfsmittel wie Tafel und Kreide; sondern sie bilden einen wesentlichen Bestandteil der Theorie selbst.

Cantor hingegen grenzt sich gegen diesen platten Formalismus ab, dem sich Heine ergeben hatte. Cantors Ausdruck dafür in seinem Gründungsartikel vom Jahr 1872 wurde bereits in Abschn. 14.2.2 (im zweiten Kasten) wiedergegeben. Um philosophische Kritiken wie jene Freges abzuwehren, verteidigte sich Cantor im Jahr 1889 so:

> Es ist von mir niemals behauptet worden, dass die Zeichen b, b', b'', … *konkrete* Größen im eigentlichen Wortsinne seien. Als *abstrakte Gedankendinge* sind sie nur Größen im uneigentlichen oder übertragenen Sinne des Wortes. Für *entscheidend* muss hier angesehen werden, dass man mithilfe dieser abstrakten Größen b, b', b'', … *eigentliche konkrete* Größen quantitativ genau zu bestimmen imstande ist.

Darauf hatte **Frege** eine klare Antwort (in der er auch gleich Dedekind kritisiert, siehe Abschn. 14.3.4):

> Es gehört wirklich ein starker Glaube dazu, Zeichen, die etwa mit Kreide auf eine Tafel oder mit Tinte auf Papier geschrieben werden, die man mit seinen leiblichen Augen sehen kann, für abstrakte Gedankendinge zu halten, solcher Glaube, welcher Berge versetzen und Irrationalzahlen schaffen kann.

Der philosophische Kopf Frege besteht auf der Grundfrage an die neue formale Mathematik von Cantor, Heine, Dedekind (er wird gleich zu Wort kommen) und deren Anhänger und Nachfolger:

> Warum kann man von arithmetischen Gleichungen Anwendungen machen? Nur weil sie Gedanken ausdrücken. Wie könnten wir eine Gleichung anwenden, die nichts ausdrückte, nichts wäre als eine Figurengruppe, die nach gewissen Regeln in eine andere Figurengruppe umgewandelt werden könnte! Nun ist es die Anwendbarkeit allein, was die Arithmetik über das Spiel empor und zum Range einer Wissenschaft erhebt. Die Anwendbarkeit gehört also notwendig dazu. Ist es da nun wohlgetan, das von ihr auszuschließen, was die Arithmetik erst zu einer Wissenschaft macht?

Mit seinem Begriff „Anwendbarkeit" bietet Frege allerdings den Mathematikern eine bequeme Ausrede an: Sie machten doch nur „reine" Theorie – die „Anwendung" sei Sache der Praktiker, nicht
ihre.

Das war nicht klug von Frege. Es geht nicht um die Ausrede einer Arbeitsteilung zwischen „reiner"
und „angewandter" Mathematik. Es gibt nur *eine* Mathematik (natürlich in vielfältigen Formen – eine
der Thesen, die hier vertreten werden). Zu klären ist der *Wirklichkeitsgehalt* der Mathematik, jene
Wirklichkeitselemente in ihr, die es den Fachleuten erlauben, damit unsere Welt zu gestalten; wie
noch Weierstraß es wusste. – Fortsetzung dieses Gedankengangs am Schluss dieses Abschnitts.

14.2.4 Der mathematische Preis dieses Fortschritts

Der von Cantor neu geschaffene Zahlbegriff hat gewichtige mathematische Konsequenzen.

▶   1. Er ist derart liberal, dass er sämtliche herkömmlichen Rechnungsweisen als
        weiterhin zulässig erschließt.

Weierstraß sah manche herkömmliche Rechnung als „Trugschluss": Abschn. 13.4.1.

Nun gut, nicht *sämtliche* Rechnungsweisen, nämlich nicht diejenigen bei Johann Bernoulli
und bei Euler, die unendlich große oder unendlich kleine „Zahlen" enthalten (siehe etwa das
Beispiel in Abschn. 8.6.2). Denn:

▶   2. Die unendlich kleinen „Zahlen" werden aus der Analysis ausgeschlossen (und
        damit auch die unendlich großen).

Dies Letztere liegt in Folgendem begründet: Cantor hat bei seinem Lehrer Weierstraß gelernt,
dass er bei der Definition eines neuen Zahlbegriffs auch *definieren* muss, was unter den
arithmetischen Grundbegriffen „gleich", „Addition", „Subtraktion", „Multiplikation" usw.
bei seinen neuen Gegenständen zu verstehen sei.

Einfach sind die Rechenoperationen. Wenn zwei konvergente Folgen rationaler Zahlen
vorliegen:

$$a_1, \quad a_2, \quad a_3, \quad a_4, \quad \dots,$$
$$a'_1, \quad a'_2, \quad a'_3, \quad a'_4, \quad \dots,$$

dann erhält man durch gliedweises Operieren:

$$a_1 \circledast a'_1, \quad a_2 \circledast a'_2, \quad a_3 \circledast a'_3, \quad a_4 \circledast a'_4, \quad \dots$$

($\circledast$ ist eine der vier arithmetischen Grundoperationen; natürlich wird nicht durch Null
dividiert) erneut eine konvergente Folge rationaler Zahlen. Für die „bestimmten Grenzen"
b und b' sowie für das Resultat der Rechnung, nämlich die durch b'' bezeichnete „Grenze"
der letzten Folge, heißt das dann:

$$b \circledast b' = b''.$$

So einfach, so gut.

Wie aber ist dieses letzte „=" zu deuten? Wann sind zwei konvergente Folgen rationaler Zahlen sinnvollerweise „gleich" zu nennen?

Cantor stellt dazu folgende Betrachtung an:

▶ Die beiden Folgen a_1, a_2, a_3, ... und a_1', a_2', a_3', ... haben stets eine der folgenden drei Beziehungen, die sich gegenseitig ausschließen: entweder wird $a_n - a_n'$ unendlich klein mit wachsendem n oder $a_n - a_n'$ bleibt von einem gewissen n an stets größer als eine positive (rationale) Größe ε oder $a_n - a_n'$ bleibt von einem gewissen n an stets kleiner als eine negative (rationale) Größe $-\varepsilon$. Wenn die erste Beziehung stattfindet, setze ich

$$b = b',$$

bei der zweiten $b > b'$, bei der dritten $b < b'$.

Mit anderen Worten: Cantor *identifiziert* beispielsweise die beiden neuen Zahlen

$$1, \tfrac{1}{2}, \tfrac{1}{4}, \tfrac{1}{8}, \ldots \quad \text{und} \quad 0, 0, 0, 0, \ldots$$

Sein Argument: Die beiden Zahlen $1, \tfrac{1}{2}, \tfrac{1}{4}, \tfrac{1}{8}, \ldots$ und $0, 0, 0, 0, \ldots$ haben den gleichen *Grenzwert* – und „Grenze" ist gerade jener *Name*, den Cantor seinen neuen Zahlen b, b' usw. verliehen hat. – Das ist doch klar, oder?

Die Diskussion der Frage, ob das *wirklich* klar ist, sei noch etwas verschoben. Zunächst geht es um das, was Cantor macht. Und das wird hier sichtbar:

Cantor *identifiziert* die klassische „unendlich kleine" Veränderliche $1, \tfrac{1}{2}, \tfrac{1}{4}, \tfrac{1}{8}, \ldots$ mit der Zahl 0.

▶ Damit *und nur damit* werden die „unendlich kleinen" *Größen* aus der *Zahlen*welt der Analysis des ausgehenden 19. und des nachfolgenden 20. Jahrhunderts verbannt: durch eine pure *Setzung* – und nicht etwa durch Weierstraß und dessen raffinierte Epsilontik.

Wie gezeigt: Cantor *macht* das. Aber: *Darf* er das überhaupt? Ist eine solche *Definition* von „gleich" eigentlich *zulässig*? Offensichtlich sind doch die beiden „gleich" *gesetzten* Zahlen *verschieden!*

14.2.5 Die Mathematiker nennen notorisch Ungleiches „gleich"

Der Logiker Frege war in seinen späteren Jahren ganz entschieden gegen diese Art von Schlamperei, wie sie Cantor hier propagierte. Frege schrieb:

Was das Gleichheitszeichen betrifft, so werden wir gut tun, bei unserer Festsetzung zu bleiben, wonach die Gleichheit völliges Zusammenfallen, Identität ist.

Freilich sind Körper von gleichem Volumen nicht identisch, aber sie haben dasselbe Volumen. Die Zeichen auf beiden Seiten des Gleichheitszeichens dürfen also in diesem Falle nicht als Zeichen für die Körper, sondern für deren Volumina genommen werden, oder auch für die Maßzahlen, die sich bei der Messung durch dieselbe Volumeneinheit ergeben. Wir werden nicht von gleichen Vektoren sprechen, sondern von einer gewissen Bestimmung – nennen wir sie „Richtungslänge" – an diesen Vektoren, die bei Verschiedenen dieselbe sein kann.

Bei dieser Auffassung wird der Fortschritt der Wissenschaft nicht eine Ausdehnung der Bedeutung der Formel $a = b$ erfordern, sondern es werden nur neue Bestimmungen (modi) an den Gegenständen der Betrachtung unterworfen werden.

Zwei Jahrzehnte zuvor hatte Frege seine Auffassung so formuliert:

Ob man, wie Leibniz „dasselbe" sagt oder „gleich", ist unerheblich. „Dasselbe" scheint zwar eine vollkommene Übereinstimmung, „gleich" nur eine in dieser oder jener Hinsicht auszudrücken; man kann aber eine solche Redeweise annehmen, dass dieser Unterschied wegfällt, indem man z. B. statt „die Strecken sind in der Länge gleich" sagt „die Länge der Strecken ist gleich" oder „dieselbe" […] Und so haben wir das Wort oben in den Beispielen gebraucht. In der allgemeinen Ersetzbarkeit sind nun in der Tat alle Gesetze der Gleichheit enthalten.

(Auch Weierstraß hatte Ersetzbarkeit als das Wesen der Gleichheit betrachtet.)

Folgt man der zuerst wiedergegebenen Auffassung Freges konsequent und nennt nur Identisches „gleich", dann wird keine Mathematik zustande kommen, sondern Logik. Die Mathematik aber verwendet „gleich" gewöhnlich in diesem zuletzt wiedergegebenen Sinn: als „(in gewisser Hinsicht) gleich"; und dieses „in gewisser Hinsicht" ist es, was den Nicht-Mathematikern unverständlich ist – denn wie das *gemeint* ist, wird von den Mathematikern in aller Regel *nicht g e n a u gesagt*.

> - $x_0 = 2$ heißt: „Der Wert der Unbestimmten x_0 ist 2." Das heißt: Die „Unbestimmte" wird hier „bestimmt"!? – Ja, darf denn das sein? *Kann* man eine „Unbestimmte" *überhaupt* „bestimmen"? Wieso *darf* man das eigentlich? Denn *dann* ist sie doch *nicht mehr* „unbestimmt"! – Ob dies eine *Setzung* ist oder eine *Lösung* (einer Aufgabe), ist dabei nicht zu erkennen.
> - $x_0 = X$ heißt: „x_0 und X sind der gleiche Wert (ohne dass bekannt sein muss, welcher das ist)". Also: Zwei verschiedene „Unbestimmte" werden als *in „gleichem" Sinne* „bestimmt" entdeckt (oder gesetzt). Ohne dass genau angegeben wäre, *wie* diese Bestimmung lauten soll.

- $f(x) = x^2$ heißt: „Es sei (oder: ist) f die Parabelfunktion." – Also eine Setzung oder eine Problemlösung. „f" ist hier *Name* einer „Funktion".
- $\lim\limits_{x \to 0} \frac{1}{x} = \pm \infty$ heißt: „Die Funktion $\frac{1}{x}$ hat *beweisbar* für $x = 0$ die beiden ‚Funktionen-limites' $+\infty$ und $-\infty$."

Gleichheit besagt in der Mathematik sehr Verschiedenes. Erst dieses *Ungesagte* macht Mathematik, wie wir sie haben, möglich.

Mathematik ist ein *Sprechen,* ein *Schreiben.*

Die *Technik* des Sprechens oder Schreibens gehört untrennbar zur Mathematik – die also ein *Mathematik-Machen* ist, ein *Tun.* Doch wird das in der Regel nicht gesagt.

Bei Weierstraß haben wir beiläufig bemerkt, dass er *in manchen Fällen* „gleich" nicht symmetrisch behandelt (Abschn. 13.4.1), sondern im Sinne einer Transformation, einer Umwandlung. Aber natürlich ist nicht *jede* Gleichung eine Transformation, sie kann auch eine „Identifizierung" sein („identisch" nicht im streng logischen Sinne, sondern im mathematischen Sinne: *in gewisser Hinsicht*).

14.2.6 Die von Cantor (und seinen Zeitgenossen) vergebene mathematische Chance

Greifen wir jetzt noch die oben (Abschn. 14.2.4) zurückgestellte Frage auf:

▸ *Darf* Cantor überhaupt je zwei seiner neuen Zahlen identifizieren, wenn sie sich (in der damals traditionellen Sprache) – nur – um eine unendlich kleine Größe unterscheiden?

Weierstraß hätte dafür eine *Rechtfertigung* verlangt. (Dies dürfte auf jene Gründe verweisen, weshalb sich Weierstraß – jedenfalls meines Wissens – *jeglicher* Stellungnahme zu Cantors Erfindung der reellen Zahlen enthalten hat.) Cantor sieht dafür keine Notwendigkeit. Jedenfalls sind bisher von ihm keine Argumente dazu bekannt geworden.

Das ist schade! Denn ein bisschen Reflexion ihres Tuns stünde den Mathematikern nicht schlecht. Holen wir also diese Reflexion nach, wenigstens andeutungsweise.

Natürlich *darf* der Mathematiker Cantor eine solche *Setzung* vornehmen – wenn sie sinnvoll, widerspruchsfrei und fruchtbar ist. Und das ist diese Setzung, ganz zweifellos. Aber Nachdenken ist trotzdem erlaubt. Die eigentliche Frage ist natürlich: *Muss* Cantor diese Setzung vornehmen?

Diese Frage zu stellen heißt sie zu verneinen. Wie fast immer im Leben gibt es auch hier Alternativen. Freilich hat Cantor durch seine Namenswahl („Grenze") diese Alternativen a priori desavouiert. (Neutraler hätte er von „Zahl (neu)" oder Ähnlichem sprechen können.)

Nimmt man Heines formalistische Sichtweise ernst, so ergibt sich daraus leicht die folgende Idee:

▶ *Alternative Definition.* Zwei konvergente Folgen rationaler Zahlen

$$a_1, \quad a_2, \quad a_3, \quad a_4, \quad \ldots,$$

$$b_1, \quad b_2, \quad b_3, \quad b_4, \quad \ldots$$

(mit demselben Grenzwert) sollen nur dann „gleich" heißen, wenn sie *identisch* sind. Dabei gilt beim Vergleich je zweier Glieder a_n und b_n die *gewöhnliche* arithmetische Gleichheit.

Also: Es sind nicht nur $1, \frac{1}{2}, \frac{1}{4}, \frac{1}{8}, \ldots$ und $0, 0, 0, 0, \ldots$ „ungleich", sondern beide sind auch von $1, 0, \frac{1}{4}, \frac{1}{8}, \ldots$ verschieden. – Hingegen sind $1, \frac{1}{2}, \frac{1}{4}, \frac{1}{8}, \ldots$ und $\frac{2}{2}, \frac{2}{4}, \frac{2}{8}, \frac{2}{16}, \ldots$ „gleich".

Eine Idee von Detlef Laugwitz aus den 1970er Jahren aufgreifend könnte man noch weiter gehen und sagen: In der Analysis kommt es bei den Grenzübergängen auf nur endlich viele Abweichungen nicht an. Da hier ein Konvergenzphänomen in Rede steht (nämlich die konvergenten Reihen rationaler Zahlen), könnte man das Obige etwas abschwächen und festsetzen:

▶ *Alternative Definition II.* Zwei konvergente Folgen rationaler Zahlen

$$a_1, \quad a_2, \quad a_3, \quad a_4, \quad \ldots,$$

$$b_1, \quad b_2, \quad b_3, \quad b_4, \quad \ldots$$

(mit demselben Grenzwert) sollen genau dann „gleich" heißen, wenn sie *bis auf endlich viele Ausnahmen* identisch sind. Dabei gilt beim Vergleich je zweier Glieder a_n und b_n die *gewöhnliche* arithmetische Gleichheit.

Offenkundig haben diese beiden Abwandlungen der Cantor'schen Gleichheitsfestsetzung gravierende Folgen.

1. Es gibt jetzt „unendlich kleine" Zahlen im neuen Sinn. Eine solche ist beispielsweise $1, \frac{1}{2}, \frac{1}{4}, \frac{1}{8}, \ldots$ Sie ist von $0, 0, 0, 0, \ldots$ verschieden (und sogar größer als jene).
2. Nicht je zwei Zahlen im neuen Sinn sind ihrer Größe nach vergleichbar. Etwa $1, 0, -\frac{1}{3},$ $0, \frac{1}{5}, 0, -\frac{1}{7}, 0, \ldots$ und $0, 0, 0, 0, \ldots$ nicht. Das negative Vorzeichen stört.
3. Die Division ist manchmal problematisch.

Manches wird man retten können, indem man *mehr* Zahlen im neuen Sinn akzeptiert.

a) Neben den konvergenten Folgen rationaler Zahlen wird man auch die Folgen aus den Kehrwerten ihrer Glieder zulassen müssen (also die „bestimmt" divergierenden Folgen rationaler Zahlen). Denn in der Analysis *muss* man dividieren können. Und das ist klar: Wenn man „unendlich kleine" Zahlen hat, *muss* man aufgrund der Rechenregeln auch „unendlich große" Zahlen haben: Zur Zahl $a \neq 0$ muss es auch die Zahl $1/a$ geben.

b) Dennoch bleiben unheilbare Wunden: Wann immer eine Zahl im neuen Sinn ein Glied 0 hat, wird man durch diese Zahl nicht dividieren können (jedenfalls dann nicht, wenn *unendlich viele* ihrer Glieder 0 sind – der Fall nur endlich vieler Glieder 0 wird keinen großen Schaden anrichten). Mit anderen Worten:

▶   In diesem neuen Zahlbereich hat man keinen Begriff der Division (durch von Null verschiedene Zahlen).

– Ob man das problematisch findet oder nicht, ist Geschmackssache. (Bei Weierstraß ist es ebenso.) Immerhin gibt es doch sehr viele Zahlen in diesem neuen Sinn ohne ein Glied 0 – und dies sind immer noch *sehr viel mehr* Zahlen, als Cantor hat, während *alle* Zahlen Cantors auch Zahlen im neuen Sinn sind. Freilich wird mit Cantors Zahlen jetzt nur im neuen Sinne gerechnet. Das heißt, die Division durch sie *kann* neuerdings verboten sein.

Damit muss es an dieser Stelle sein Bewenden haben. Es ging hier nur darum, zu prüfen, welche Möglichkeiten Cantor und seine Zeitgenossen hatten, die neuen Zahlen *anders* zu definieren, als sie es getan haben. Aber man wird sagen dürfen: Das war ihnen nicht bewusst. Denn die eben angedeutete Art, über den Zahlbegriff der Analysis nachzudenken (insbesondere in Form der *Alternative II*), ging über den damaligen Horizont des mathematischen Denkens hinaus. Sie entstammt erst der zweiten Hälfte des 20. Jahrhunderts.

14.2.7 Der formale Aspekt in Cantors Analysis

Dank Freges Kritik (Abschn. 14.2.3) ist klar: Auch Cantors Analysis ist formalen Charakters. Zwar nicht so platt wie diejenige von Heine, aber doch. *Denn Cantor vermag es nicht zu sagen, w a s seine Zahlen b, b′, … sind.* Cantor antwortet Frege: „Gedankendinge". Aber *welcher Art* diese „Gedankendinge" sein sollen, das vermag Cantor im Jahr 1872 nicht genauer zu sagen. Cantors Betonung auf „Gedanken" zeigt: Anders als noch seinem Lehrer Weierstraß geht es Cantor nicht mehr um *Wirkliches,* nicht mehr darum, gesellschaftliche *Zwecke* mittels mathematischer Begriffe zu gestalten. Cantor bescheidet sich mit „Gedanklichem" – während Weierstraß die Einführung jedes neuen Zahlbegriffs durch Hinweise auf wirkliche Tätigkeiten gerechtfertigt hatte (Abschn. 13.4).

Es dauert noch 23 Jahre, bis es Cantor gelingt, einen ersten Entwurf dessen vorzulegen, das heute „Mengenlehre" heißt. Der erste Satz dieser 1895 erschienenen Abhandlung ist heute berühmt:

Unter einer „Menge" verstehen wir jede Zusammenfassung M von bestimmten wohlunterschiedenen Objekten m unserer Anschauung oder unseres Denkens (welche die „Elemente" von M genannt werden) zu einem Ganzen.

In Zeichen drücken wir dies so aus:

$$M = \{m\}.$$

Natürlich waren dem vorbereitende Versuche vorausgegangen, aber erst jetzt begannen sich Cantors Ideen zu einem System zusammenzufügen. Im 20. Jahrhundert wurden diese Ideen zur „Mengenlehre" ausgebaut. Genauer: zu *verschiedenen* Mengenlehren.

Wenn auch natürlich nicht mehr in der damals von Cantor entworfenen Fassung, so ist eine *Mengenlehre* bis heute die *Grundideologie* jedenfalls der Analysis – insbesondere seit deren Gründung auf die *Topologie* –, wenn nicht weitester Teile der gesamten Mathematik.

Die Mengenlehre ist ein rein gedankliches System, ohne jegliche Rückbindung an Wirkliches (oder auch nur den Anspruch darauf).

Seit Cantors erstem Entwurf einer *Mengenlehre* und bis auf den heutigen Tag werden die reellen Zahlen im Mainstream der Analysis *innerhalb einer Mengenlehre* konstruiert. Und in diesem Sinne ist es zutreffend, Cantors Zahlbegriff als einen „formalen" zu kennzeichnen: als einen, der eben *nichts* mit irgendetwas Wirklichem zu tun *hat* oder auch nur zu tun haben *will*.

Dies ist ein entscheidender Umbruch im philosophischen Zuschnitt der Analysis – ein Wandel, der sich von Weierstraß zu Cantor vollzogen hat und der, verstärkt durch die Einschaltung der Topologie in die Ausgestaltung der Analysis, bis auf den heutigen Tag allgemein wirkt.

14.3 Die Fassung der reellen Zahlen durch Joseph Bertrand und Richard Dedekind

14.3.1 Das Grundproblem

Am 20. März 1872 schrieb Richard Dedekind (1831–1916) das Folgende:

Man sagt so häufig, die Differenzialrechnung beschäftige sich mit den stetigen Größen, und doch wird nirgends eine Erklärung von dieser Stetigkeit gegeben. [...] Eine wirkliche Definition von dem Wesen dieser Stetigkeit gelang mir am 24. November 1858 [...] Zu einer eigentlichen

Publikation konnte ich mich nicht recht entschließen, weil erstens die Darstellung nicht ganz leicht, und weil außerdem die Sache wenig fruchtbar ist.

Doch am 14. und am 20. März waren die beiden Aufsätze von Heine und Cantor zur Konstruktion der reellen Zahlen in Dedekinds Hände gelangt, und so publizierte er seine eigene Idee in einer *Festschrift* zum 26. April 1872.

Der Text war also in großer Eile verfasst. Das merkt man ihm an. Bertrand Russell stellte die Sache später eleganter dar.

Sogar Dedekinds Wortwahl ist hier unglücklich geraten. Mit „stetig" und „Stetigkeit" meint er das, was gewöhnlich „kontinuierlich" bzw. „Kontinuität" heißt (Abschn. 10.3.2).

14.3.2 Die Grundidee

Nüchtern und mit historischem Abstand betrachtet: Worin bestand das Problem? Was wusste man im Jahr 1872 *sicher* von den „Zahlen"?

Nun, an die „natürlichen" Zahlen 1, 2, 3, usw. wird niemand Fragen richten, die oder der Analysis betreiben möchte. Und auch die „Brüche" ($\frac{1}{2}, \frac{1}{3}, \frac{2}{3}, \frac{3}{7}, \ldots$) sind seit Jahrhunderten als Rechenobjekte, aber auch seit Langem bei Handel und Wandel, geläufig.

Wirklich problematisch sind die anderen „Zahlen": die „negativen" Zahlen, die „Wurzeln" ($\sqrt{2}, \sqrt[3]{5}, \ldots$) oder noch exotischere wie die „Kreiszahl" Pi (π) usw. Was *weiß* man von diesen problematischeren Zahlen?

Doch jedenfalls das: Man kann sie durch die unproblematischen (die Brüche also) *beliebig gut annähern*. Die Problematischen sind also irgendwie *zwischen* den Unproblematischen einzusortieren, und zwar kuschelig nahe. Wir hatten das bereits (Abschn. 13.2.1).

Alles andere als abstrus wird man daher folgende Idee finden:

▶   Sortieren wir doch die Brüche danach, ob sie *kleiner* oder *größer* sind als eine
       solche problematische Zahl!

Das Entscheidende an dieser Idee ist natürlich dasselbe wie bei jeder: *Man muss sie h a - b e n !* Da hilft nichts, den *Geistesblitz* dazu muss man schon *zustande bringen.* Aber wenn das geschafft ist – wo ist dann noch das Problem?

Eigentlich doch nirgendwo. Es gibt dann keines mehr. Wenn man einmal die *Idee* hat: *Definieren* wir doch eine solche problematische Zahl dadurch, dass wir sagen, welche Unproblematischen *kleiner* (und welche *größer; aber das ergibt sich dann von selbst*) sind – dann ist doch alles klar. Oder?

Ja, so ist es. Das zeigt Joseph Bertrand, der diese Idee nach dem, was wir heute wissen, als Erster hatte.

14.3.3 Die beiläufige Lösung: von Bertrand im Jahr 1849

Dedekind war keineswegs der Erste, der die Idee zu der heute nach ihm benannten Konstruktion hatte; selbst dann nicht, wenn man Dedekinds Datierung seiner Idee auf das Jahr 1858 akzeptiert.

Bereits in seinem im Jahr 1849 erschienenen *Lehrbuch der Arithmetik (Traité d' Arithmétique)* formulierte Joseph Louis François Bertrand (1822–1900) die entscheidende Idee (*Hervorhebungen* hinzugefügt):

> Eine irrationale Zahl lässt sich nicht wie eine Größe definieren, die sich mittels der Einheit bilden lässt. Daher nehmen wir zu ihrer Definition *die Angaben, welche rationalen Zahlen kleiner* und *welche größer sind* als sie ...

... nämlich als die irrationale Zahl. Ganz beiläufig und unprätentiös, alles Notwendige ist gesagt.

Als Logiker mag man daran etwas herumnörgeln: Wie kann etwas Bekanntes „kleiner" oder „größer" sein als etwas Unbekanntes? Aber das ist Kaffeesatzleserei. Denn Bertrands Idee ist *unzweifelhaft* klar: Wir *teilen* die „rationalen" Zahlen in zwei Gruppen: die Gruppe der „kleineren" und die Gruppe der „größeren". Bertrand gestaltet Cauchys Idee der Grenzwertbildung (Abschn. 11.5.4) aus.

Wie das *ganz genau* zu denken ist, wird Dedekind dreizehn Jahre später *lupenrein* formulieren. Doch *klar* ist die Sache schon bei Bertrand, ganz ohne Zweifel.

Und so geht es bei Bertrand dann auch weiter. Über die *Addition* macht er sich keine besonderen Gedanken. Wozu auch? Was soll daran unklar sein? – Bei der *Multiplikation* aber wird er dann deutlich:

> Wenn der Multiplikator irrational ist, braucht man eine neue Definition [der Multiplikation]. Wir nennen das Produkt einer [rationalen] Zahl A mit einer irrationalen Zahl B eine Zahl, die kleiner ist als das Produkt von A mit einer beliebigen rationalen Zahl, die größer ist als B, und die größer ist als das Produkt von A mit einer beliebigen rationalen Zahl, die kleiner ist als B.

Das Produkt einer rationalen Zahl r mit einer irrationalen Zahl q *kann nicht* rational sein. (Denn andernfalls wäre dieses rationale Produkt $r \cdot q$, dividiert durch den rationalen Faktor r, eine irrationale Zahl $r \cdot q / r = q$ – was nicht sein kann.) Und wie wird dieses irrationale Produkt zu bestimmen sein? Natürlich wieder durch die „kleineren" und durch die „größeren" rationalen Zahlen. Und genau so sagt es Bertrand.

Alles ganz easy, wenn man es so betrachtet. Doch Dedekind liebt es weniger nüchtern.

14.3.4 Die dramatische Variante: bei Dedekind im Jahr 1872

Bei Dedekind liest sich diese einfache Idee wesentlich bombastischer. Selbst dann, wenn wir das bei ihm vorausgeschickte geometrische Brimborium weglassen.

Zunächst definiert Dedekind den Begriff „Schnitt" (der seitdem nach ihm benannt ist, heute also „Dedekind-Schnitt" heißt; mit dem „System R" meint Dedekind alle rationalen Zahlen):

> Ist nun irgendeine Einteilung des Systems R in zwei Klassen A_1, A_2 gegeben, welche nur *die* charakteristische Eigenschaft besitzt, dass jede Zahl a_1 in A_1 kleiner ist als jede Zahl a_2 in A_2, so wollen wir der Kürze halber eine solche Einteilung einen *Schnitt* nennen und mit (A_1, A_2) bezeichnen.

Das ist die lupenreine Definition, die von Bertrand nur salopp gegeben wurde. – Und dann kommt es, die Beschreibung einer *problematischen* Zahl:

> Jedesmal nun, wenn ein Schnitt (A_1, A_2) vorliegt, welcher durch keine rationale Zahl hervorgebracht wird, so *erschaffen* wir eine neue, eine *irrationale Zahl* α, welche wir als durch diesen Schnitt (A_1, A_2) vollständig definiert ansehen; wir werden sagen, dass diese Zahl α diesem Schnitt entspricht oder dass sie diesen Schnitt hervorbringt.

Was bei Bertrand eine schlichte „Definition" einer irrationalen Zahl ist, das stilisiert Dedekind zu einer „Schöpfung". Der Ton macht die Musik. Freges Echo darauf haben wir schon gehört (Abschn. 14.2.3).

Die Rechenoperation liest sich bei Dedekind so:

> Ist c irgendeine rationale Zahl, so nehme man sie in die Klasse C_1 auf, wenn es eine Zahl a_1 in A_1 und eine Zahl b_1 in B_1 von der Art gibt, dass ihr Produkt $a_1 \cdot b_1 \geqq c$ wird; alle anderen rationalen Zahlen c nehme man in die Klasse C_2 auf.
>
> Diese Einteilung aller rationalen Zahlen in die beiden Klassen C_1, C_2 bildet offenbar einen Schnitt, weil jede Zahl c_1 in C_1 kleiner ist als jede Zahl c_2 in C_2 …

Sachlich alles genau wie bei Bertrand, nur pompöser – und im Detail gründlicher ausbuchstabiert.

14.3.5 Die elegante Form: von Russell

Nochmals ein knappes halbes Jahrhundert später gibt Bertrand Russell (1872–1970) dem Ganzen eine elegante, einfache Form. (Der spätere Literaturnobelpreisträger Bertrand Russell schrieb diesen Text während eines Gefängnisaufenthaltes, den ihm sein kämpferischer Antimilitarismus zu Zeiten des Ersten Weltkriegs trotz seiner adligen Herkunft eingebracht hatte.) Felix Hausdorff (1868–1942) hatte diese Idee bereits früher, buchstabierte sie aber nicht so elegant aus.

Zunächst prägte Russell (i) den Begriff *„irrationaler Schnitt"* als eine Zweiteilung der rationalen Zahlen, in der die Klasse der kleineren Zahlen kein Maximum und die Klasse der größeren kein Minimum hat; und (ii) den Begriff „*Grenze*" als eine rationale Zahl, die das

Maximum der Klasse der kleineren oder das Minimum der Klasse der größeren rationalen Zahlen ist. Dann konnte er so fortfahren (die *kursivierten* Passagen sind eingefügt):

Man beachte, dass eine Irrationalzahl durch einen irrationalen Schnitt und ein Schnitt durch seine Unterklasse dargestellt ist.

Definition (Segment). Beschränken wir uns auf Schnitte, bei denen die Unterklasse kein Maximum hat, so wollen wir die Unterklasse ein „Segment" nennen.

Dann sind die Segmente, die den Brüchen entsprechen, diejenigen, die aus allen Brüchen bestehen, die kleiner sind als der entsprechende Bruch. Dieser ist ihre *Grenze*[*]. Dagegen besitzen die Segmente, die Irrationalzahlen entsprechen, keine Grenze.

Gehören zwei Segmente, mit oder ohne Grenze, zu einer Folge, so muss das eine Segment einen Teil des anderen bilden. Also können alle Segmente vermöge der Relation des Ganzen zu einem Teil, *also der Relation* $\subseteq$, in eine Folge angeordnet werden.

Eine Folge mit Dedekind'schen Lücken, in der es Segmente ohne Grenze gibt, erzeugt mehr Segmente, als sie Elemente [das sind rationale Zahlen] besitzt. Denn jedes Element wird ein Segment definieren, welches das betreffende Element als Grenze besitzt. Dazu kommen noch die Segmente ohne Grenze.

Wir sind jetzt in der Lage, eine reelle Zahl und eine Irrationalzahl zu definieren.

Definition (reelle Zahl). Eine „reelle" Zahl ist ein Segment in der Folge der nach der Größe geordneten Brüche.

Definition (irrationale Zahl). Eine „Irrationalzahl" ist ein Segment in der Folge der Brüche, das keine Grenze besitzt.

Definition (rationale reelle Zahl). Eine „rationale reelle" Zahl ist ein Segment in der Folge der Brüche, das eine Grenze besitzt.

Also besteht eine rationale reelle Zahl aus allen Brüchen, die kleiner sind als ein gewisser Bruch, und sie ist diejenige rationale reelle Zahl, die diesem Bruch entspricht. Die reelle Zahl 1 z. B. ist die Menge der echten Brüche [einschließlich aller negativen].

Russell vereinfacht Dedekinds Begriffsbestimmung maßgebend:

(i)   Russell erkennt: Dedekind arbeitet gar nicht wirklich mit *zwei* Mengen A_1, A_2 rationaler Zahlen, sondern nur mit einer: A_1; denn es ist A_2 durch A_1 bestimmt: $A_2 = R \setminus A_1$ (die mengentheoretische Differenz von R und A_1).

(ii) Interessant ist, ob A_1 eine Grenze hat oder nicht. (Diese Grenze kann zu A_1 oder zu $R \setminus A_1$ gehören.)

(iii) *Folglich* ist Dedekinds Verwendung des Begriffs (mindestens: der Notation) des geordneten Paares (A_1, A_2) überflüssige Schaumschlägerei. Dedekind *hat* eigentlich gar keine Paare (ob geordnet oder nicht), sondern lediglich Einzelmengen rationaler Zahlen (von bestimmter Art).

Dies also ist die zweite Konstruktion der „reellen" Zahlen auf der Grundlage der „rationalen" Zahlen. Dass diese Idee offenbar unabhängig zuerst 1849 in Frankreich und dann 1872 in Deutschland publiziert wurde, zeigt, dass schon in der zweiten Hälfte des 19. Jahrhunderts

---

*neu hervorgehoben.

die führenden Analytiker nicht mehr den sicheren Überblick über den Entwicklungsstand im Nachbarland hatten. Bertrands Idee steht in einem Lehrbuch!

14.3.6 Die Bewertung dieser Lösung durch Tannery im Jahr 1886

Jules Tannery (1848–1910) veröffentlichte im Jahr 1886 seine einflussreich werdende *Einführung in die Funktionenlehre einer Veränderlichen (Introduction à la théorie des fonctions d'une variable)*. Darin definierte er die Irrationalzahlen mit Bezugnahme auf Bertrand. Tannery schrieb später, Dedekinds Schrift aus dem Jahr 1872 habe ihm nicht vorgelegen; wohl aber kenne er die detaillierte Abhandlung von Heine, also Cantors Konstruktion.

Interessant ist Tannerys Urteil: Die Konstruktion von Cantor und Heine ist ihm „zu willkürlich", weswegen er sie nicht übernommen habe. Ein sehr bemerkenswertes Urteil! Tannery empfindet die Konstruktion der reellen Zahlen mittels der „Schnitte" in der Gesamtheit der rationalen Zahlen offenbar als den natürlicheren, den willkürfreieren Weg. Dass dabei die Einführung der Rechenoperationen dort weniger elegant ist als bei der Cantor'schen Konstruktion, nimmt Tannery in Kauf. Heute können wir vermuten: Hätte Tannery von Weierstraß' Konstruktion gewusst, hätte er ihr angesichts der höheren Kohärenz ihrer Begriffsbildungen, der Einfachheit der verwendeten Mittel und der Allgemeinheit der dort möglichen Operationsdefinitionen (Addition, Multiplikation, Subtraktion) möglicherweise den Vorzug vor den beiden anderen eingeräumt. Die Analysis wäre womöglich anders geformt geworden.

14.4   Die axiomatische Kennzeichnung der reellen Zahlen durch David Hilbert in den Jahren 1899 und 1900

14.4.1 Die Lage im Jahr 1872: zwei Definitionen für einen Gegenstand

Von Bertrand sowie Dedekind einerseits und Cantor andererseits waren also *zwei* Konstruktionen der „reellen" Zahlen publiziert worden. Beide Konstruktionen haben zwar dieselbe Grundlage – die „rationalen" Zahlen –, doch sie unterscheiden sich deutlich voneinander.

▶   Warum kommen beide Konstruktionen zu *demselben* Ergebnis? *Sind* die Ergebnisse dieser beiden Konstruktionen überhaupt dasselbe? Was heißt hier „dasselbe"?

Soweit es mir bekannt ist, wurde diese Frage, jedenfalls in der gedruckten Literatur, nicht gestellt. *Evident* ist die Sache sicher nicht. Und ein *Beweis* für diese Übereinstimmung liegt keineswegs auf der Hand. Dennoch sah meines Wissens keiner der damaligen Mathematiker hier ein Problem. Der *Grundglaube* an die *Einheit der Mathematik* mag damals noch allgemeine Überzeugung gewesen sein, sodass sich derartige Zweifel von selbst verboten haben mögen.

14.4.2 Hilberts Axiomensystem – der erste Anlauf im Jahr 1899

Das eben formulierte, damals aber nie genannte Problem wurde 27 Jahre später gelöst. Denn im Jahr 1899 schlug David Hilbert (1862–1943) eine *Kennzeichnung* der „reellen" Zahlen vor.

Hilbert packt die Sache gänzlich anders an als die früheren Mathematiker. Hilbert konzentriert sich auf die *logische* Blickrichtung. In der Geometrie sieht Hilbert die Aufgabe der Mathematik darin, „unsere räumliche Anschauung logisch zu analysieren". Und im Zuge dieses Projektes liefert Hilbert im Jahr 1899 *ganz nebenbei* auch eine logische Analyse des analytischen Zahlbegriffs ab. Hilbert schreibt lapidar:

> Am Anfang dieses Kapitels wollen wir einige kurze Auseinandersetzungen über komplexe Zahlensysteme vorausschicken, die uns später insbesondere zur Erleichterung der Darstellung nützlich sein werden.

> Die reellen Zahlen bilden in ihrer Gesamtheit ein System von Dingen mit folgenden Eigenschaften: ...

Hilberts Wortwahl „komplexes Zahlensystem" zeigt den Weierstraß'schen Einfluss, doch danach geht es gänzlich unweierstraßisch weiter. Denn Hilbert formuliert dann

▶   zwölf „Sätze der Verknüpfung"

(etwa: $a \cdot 1 = a$ oder $a(bc) = (ab)c$)

▶   sowie vier „Sätze der Anordnung"

(etwa: Wenn $a > b$, dann ist auch $a + c > b + c$)

▶   und den „Archimedischen Satz".

Und das war es auch schon!

Oder doch nicht ganz? Denn unmittelbar nach Erscheinen dieses Buches bemerkte Hilbert zwei Versehen. Zum einen hatte er eine „Eigenschaft" vergessen, noch dazu eine äußerst wichtige; dazu gleich mehr. Zum anderen hatte Hilbert in seiner ersten Kennzeichnung des Systems der reellen Zahlen die in Rede stehenden Eigenschaften „Sätze" genannt. Aber ein „Satz" in der Mathematik ist eine Behauptung, die zu beweisen ist. Doch Hilbert *kann* diese zwölf „Sätze" nicht beweisen! Wie denn? Hilbert hat *gar nichts in der Hand*, dessen „Eigenschaften" er *beweisen* könnte. Vielmehr geht Hilbert den genau entgegengesetzten

Weg. Hilbert *nennt* zuerst gewisse „Eigenschaften" – und erklärt dann: Alles, was all diese Eigenschaften hat, *nenne* ich „System der reellen Zahlen". Ganz ohne jegliche Begründung: Basta, par ordre de mufti!

Im ersten Anlauf sind Hilbert also zwei Fehler unterlaufen: ein *methodischer* (seine Rede von „Sätzen") und ein handwerklicher (das Vergessen einer zentralen Eigenschaft). Auch der Großmathematiker David Hilbert war nicht unfehlbar.

14.4.3 Hilberts Axiomensystem – der zweite Anlauf im Jahr 1900

Ein Jahr später erscheint ein Artikel Hilberts, in dem diese beiden genannten Mängel beseitigt sind. (Übrigens ohne Hinweise auf diese Änderungen.)

Nunmehr spricht Hilbert nicht mehr von „Sätzen", sondern von „Axiomen" – auch wenn er sie wortgleich wiederholt. Lediglich an zwei Stellen ändert Hilbert ihre Reihenfolge. Und Hilbert ändert und ergänzt die Überschriften. Es gibt jetzt sechs „Axiome der Verknüpfung", sechs „Axiome der Rechnung" sowie vier „Axiome der Anordnung", und es werden zwei „Axiome der Stetigkeit" (gemeint ist: der „Kontinuität") eingeführt: der vormals letzte „Satz" („Archimedischer Satz", jetzt: „Archimedisches Axiom") und als achtzehntes Axiom (die *Hervorhebungen* sind hinzugefügt):

> *Axiom der Vollständigkeit.* Es ist nicht möglich, dem System der Zahlen ein anderes System von Dingen hinzuzufügen, sodass auch in dem durch Zusammensetzung entstehenden Systeme die vorstehenden Axiome sämtlich erfüllt sind; oder kurz: die Zahlen bilden ein System von Dingen, welches bei Aufrechterhaltung sämtlicher Axiome keiner Erweiterung mehr fähig ist.

Damit wird jener Punkt, über den sich die Kooperationspartner Cantor und Heine uneins waren und bei dem Dedekind der Heine'schen Position zuneigte, von Hilbert durch reine *Setzung* entschieden: Heine und Dedekind sollen recht bekommen, Cantor nicht.

Dabei ging es um folgendes Problem: Sowohl Cantor und Heine als auch Dedekind hatten – wenn auch in unterschiedlicher Weise – aus der Gesamtheit der „rationalen" Zahlen eine andere Gesamtheit neuer Zahlen (heute „reelle" Zahlen genannt) *erzeugt*.

In beiden Fällen stellt sich danach die Frage: Und wie weiter? Genauer: Was geschieht, wenn man das gerade erzeugte System neuer Zahlen zum neuen Ausgangspunkt nimmt, anstelle der „rationalen" Zahlen also, und nun daraus *in derselben Weise erneut* neue Zahlen *erzeugt?*

Heine formulierte und bewies dazu den Satz: Die im zweiten Schritt erzeugten Zahlen „sind keine neuen, sondern stimmen mit den im ersten Schritt erzeugten überein." (Dass dieser Satz Heines Auffassung von „Zahlen" als Zeichen zu *widersprechen* scheint, kam dabei selbstredend nicht zur Sprache.)

Ironischerweise sah Cantor das anders. Er gab zwar zu, dass sich die beiden neu erzeugten „Zahlen-gebiete gewissermaßen gegenseitig decken", wollte aber dennoch „an dem begrifflichen Unterschiede der beiden Gebiete festhalten". Cantor war hier also bei seiner Begriffsbildung sehr pedantisch.

Dedekind schließlich vermochte diesen Cantor'schen „Nutzen dieser nur *[sic]* begrifflichen Un-terscheidung *noch* nicht zu erkennen." (*Hervorhebung* hinzugefügt)

Hilbert dekretiert nun: Auf diesen von Cantor gesehenen „nur" *begrifflichen* Unterschied soll es *mathematisch* nicht ankommen. Basta.

Heute werden die zwei „Axiome der Stetigkeit" durch ein – ganz anders konzipiertes – „Axiom der Vollständigkeit" ersetzt; und der „Archimedische Satz" wird (mittels der Unbeschränktheit der natürlichen Zahlen) bewiesen.

14.4.4 Nutzen und Nachteil des Hilbert'schen Axiomensystems

Hilbert hat in seinen „Axiomen" die seitdem als *maßgeblich* geltenden Eigenschaften der „reellen" Zahlen herausdestilliert. (Vielleicht nicht *ganz* treffend, wie es heute scheint.) Das war ein erster großer Schritt auf dem Weg zu jener *Strukturmathematik,* die nach dem Zweiten Weltkrieg unter dem fiktiven Autorennamen „Nicolas Bourbaki" in weiten Teilen der Mathematik, darunter auch die Analysis, weltweit große Dominanz erreichte.

Die Stärke dieser Perspektive liegt auf der Hand: Die *wesentlichen Eigenschaften* (des Zahlsystems) sind klar benannt. Damit ist es dann bequem möglich, *Varianten* (des Zahlsystems) und deren *besondere* Eigenschaften zu studieren. Ebenso bei anderen *Strukturen.*

Weierstraß' Konstruktion zeigt jedoch: Diese Herangehensweise ist kein Patentrezept! Weierstraß hat bei seinen reellen Zahlen keine Division *als Begriff,* kann aber (natürlich; es *sind* doch die reellen Zahlen!) dividieren.

▶ Es gibt also eine Form der reellen Zahlen, die Hilberts Axiomensystem nicht genügt.

Diese Tatsache scheint den Geltungsbereich von Hilberts axiomatischer Methode einzuschränken und ein System zu zeigen, das von der Strukturmathematik verpasst wird. Ist die „reine" Mathematik in der Nachfolge Hilberts, die Strukturmathematik also, vielleicht gar nicht so *allgemein,* wie behauptet wird? Gibt es auch Mathematik, die nicht Strukturmathematik *ist?* Welche ist das?

Die Benennung dieser Vorzüge reichten Hilbert jedoch nicht aus. Hilbert erhebt auch eine *Forderung:* Nach seiner Vorstellung *sollen* die „reellen" Zahlen in dieser axiomatischen Weise *definiert* werden.

Das nun ist starker philosophischer Tobak. Und rief prompt den bereits in anderen Fällen als Kritiker genannten Gottlob Frege auf den Plan. In einem kleinen Briefwechsel vom 27.12.1899 bis zum 22.09.1900 tauschten sich die beiden Kontrahenten dazu aus – freilich ohne einen Konsens zu erreichen.

Frege fragte Hilbert nach dessen *Rechtfertigung* für die formulierten Axiome. Aus traditioneller philosophischer Sicht (hier „substanzial" genannt) müssen *Axiome* „die Grundtatsachen der Anschauung" ausdrücken – und bedürfen daher einer *Legitimation.*

Hilbert weist das entschieden zurück (und damit also die herkömmliche traditionelle Auffassung der Philosophie). Hilbert sagt: Ich taufe doch nur bestimmte Eigenschaften – Hilbert spricht von „Merkmalen" – auf den Namen „Axiom". Das sei reine „Geschmackssache".

Seines Erachtens könne ein *Begriff* nicht von einem *Gegenstand* hergeleitet werden, sondern *Begriffe* könnten ausschließlich durch „ihre Beziehungen untereinander" festgelegt werden – wie das in seinem Axiomensystem geschehe. In einer plastischen Formulierung schreibt Hilbert am 29.12.1899:

> Wenn ich unter meinen Punkten irgendwelche Systeme von Dingen, z. B. das System: Liebe, Gesetz, Schornsteinfeger [...], denke, und dann nur meine sämtlichen Axiome als Beziehungen zwischen diesen Dingen annehme, so gelten meine Sätze, z. B. der Pythagoras, auch von diesen Dingen.

Frege hält dagegen und wendet ein (dabei bezieht er sich auf *verschiedene Arten* der Geometrie; in manchen davon gilt der „Satz des Pythagoras", in anderen gilt er nicht, etwa in der Kugelgeometrie):

> Nur der Wortlaut des Satzes ist derselbe; der Gedankeninhalt ist in jeder Geometrie ein anderer. Es wäre nicht richtig, den besonderen Fall des Satzes des Pythagoras *den Pythagoras* zu nennen; denn wenn man jenen besonderen Fall bewiesen hat, hat man damit noch nicht *den Pythagoras* bewiesen.

Die hier von Hilbert gegen Frege propagierte Auffassung der Mathematik nenne ich „relational". Sie steht der „substanzialen" gegenüber, wie sie noch von Weierstraß vertreten worden war. Es wundert also nicht, dass Hilberts Methode bei der Beurteilung von Weierstraß' Begriffssystem nicht greift. Leider war Frege dieser Weierstraß'sche Zahlbegriff unbekannt – denn damit hätte er Hilbert *ernsthaft* in die Enge treiben können.

14.4.5 Die neue gesellschaftliche Aufgabe der Mathematik – nach Hilberts Vorstellung

In einem öffentlichen Vortrag im Kriegsjahr 1917 in Zürich nimmt Hilbert dieses Thema erneut auf (*Hervorhebungen* im Original):

> Wenn wir die Tatsachen eines bestimmten mehr oder minder umfassenden Wissensgebietes zusammenstellen, so bemerken wir bald, dass diese Tatsachen einer Ordnung fähig sind. Diese Ordnung erfolgt jedesmal mithilfe eines gewissen *Fachwerkes von Begriffen* in der Weise, dass dem einzelnen Gegenstande des Wissensgebietes ein Begriff dieses Fachwerkes und jeder Tatsache innerhalb des Wissensgebietes eine logische Beziehung zwischen den Begriffen entspricht. Das Fachwerk der Begriffe ist nichts anderes als die *Theorie* des Wissensgebietes.

Damit verortet Hilbert die altehrwürdige Mathematik in grundlegend neuer Weise in der Gesellschaft: Gegenstand der Mathematik sind nicht mehr, wie bisher, *Tatsachen* (des Denkens), sondern es ist die *Ordnung* irgendwelcher Tatsachen irgendeines „Wissensgebietes".

Damit erhebt Hilbert gegen Ende des großen Zivilisationsbruchs Erster Weltkrieg die Mathematik zur allgemeinen Ordnungspolizei der „Wissensgebiete". Nicht mehr mit „Gegenständen" und deren „Eigenschaften" habe es die Mathematik ab jetzt zu tun, sondern mit dem jeweils passenden „Fachwerk von Begriffen": zur *logischen* Strukturierung „jeder Tatsache eines Wissensgebietes". Damit wird die Mathematik im traditionellen Sinne einer *Wissenschaft von Dingen (Begriffen)* verabschiedet.

Übrigens war es Dedekind, der diese grundlegende Neuorientierung der Mathematik bereits ein gutes halbes Jahrhundert zuvor wollte. In seinem Habilitationsvortrag sagte Dedekind bereits im Jahr 1854:

Dieses Drehen und Wenden der Definitionen, den aufgefundenen Gesetzen oder Wahrheiten zuliebe, in denen sie eine Rolle spielen, bildet die größte Kunst des Systematikers.

Warum „Wahrheiten" „Gesetze" seien, sagt Dedekind nicht. Er sagt auch nicht, *woher* diese „Gesetze" oder „Wahrheiten" ihre Geltungskraft haben sollen. Offenbar bilden bei Dedekind die „Begriffe" jenes „Fachwerk", von dem Hilbert 1899 im Brief an Frege sowie im Kriegsjahr 1917 öffentlich spricht.

14.5 Der Preis des Erfolgs: die Einbürgerung des aktualen Unendlich in die Mathematik

14.5.1 Die nüchterne Tatsache

Noch nicht im Jahr 1849 bei Bertrand, wohl aber ab dem Jahr 1872 bei Dedekind: im Sog der Cantor'schen Idee fand die *Definition* der „irrationalen" Zahlen mittels *Einteilungen der G e s a m t h e i t der „rationalen" Zahlen* weitgehende Akzeptanz in der Mathematik.

Ein „Schnitt" unterteilt die *Gesamtheit R* der „rationalen" Zahlen in zwei Teile A_1, A_2, und jeder (!) dieser beiden Teile ist, wie schon die Gesamtheit, *unendlich,* enthält also *mehr Elemente, als jede natürliche Zahl angibt*.

Jeder dieser Teile A_1, A_2 ist das „Komplement" des anderen, d. h. er enthält *sämtliche* Elemente, die der andere Teil *nicht* enthält: $A_2 = R \setminus A_1$ und $A_1 = R \setminus A_2$. Damit ist jeder dieser beiden Teile *vollständig* durch diesen anderen Teil bestimmt. Deswegen genügt es, *einen* dieser zwei Teile zur Definition der „irrationalen" Zahl heranzuziehen. Das hat Russell bemerkt (Abschn. 14.3.5): Man nehme ein „Segment" statt des „Schnittes", A_1 genügt; (A_1, A_2) ist etwas üppig, denn es ist bloß $(A_1, R \setminus A_1)$ und also genügt eigentlich A_1. – Weniger geht aber nicht.

> Zur Definition einer einzigen „irrationalen" Zahl wird eine unendliche Menge „ratio-
> naler" Zahlen benötigt.

Ein gewaltiger Aufwand! Aber auch die anderen Konstruktionen der irrationalen bzw. der
reellen Zahlen (von Weierstraß und von Cantor) kommen nicht ohne unendliche Mengen
aus. Vielleicht geht es nicht anders?

Wer eine dieser Konstruktionen als eine *Definition* akzeptiert, der akzeptiert damit das
aktuale Unendlich in der Mathematik. Das heißt: Sie oder er tut so, als ob die betreffende
unendliche Menge „rationaler" Zahlen, Russells „Segment" also oder Cantors „Folge", ein
wohlbestimmter Gegenstand sei.

14.5.2 Bisher?

In Kap. 6 ist dargestellt, wie nachdrücklich sich Leibniz gegen die Akzeptanz des aktualen
Unendlich in der Mathematik zur Wehr gesetzt hat.

In den beiden darauf folgenden Kapiteln kam zur Sprache, dass Johann Bernoulli wie auch
Euler gänzlich anderer Auffassung waren als Leibniz und *sehr wohl* mit aktual unendlichen
Größen *rechneten.* Insbesondere Euler bot eindrucksvolle Beispiele für den fruchtbaren
Einsatz des aktualen Unendlich in seiner „Algebraischen Analysis" (Abschn. 8.6.2).

Mit der Umgestaltung der „Algebraischen Analysis" zur „Werte-Analysis" ab 1817/21
wurde der Status des aktualen Unendlich in der Analysis prekär. Denn sobald „Wert" – *und
damit: „Zahl"!* – ein Grundbegriff der Analysis ist, muss er in solcher Weise begrifflich
gefasst werden, dass er beweistauglich ist. Man muss „Zahlen" in Beweisen (und also:
begrifflich!) erzeugen können.

Aber einen für die Analysis tauglichen Zahlbegriff gab es (vor 1872 bzw. 1849) nur in
einer *technischen* Form: als Dezimalzahl.

Nachdem zu Beginn des 13. Jahrhunderts Leonardo von Pisa die indisch-arabische Zahlschrift ins
kaufmännische Italien gebracht hatte, gelangte diese Zahlschreibtechnik gegen Ende des 15. Jahrhunderts allmählich auch in die deutschen Handelsstädte und vertrieb dort, sehr langsam, die römische
Zahlschrift. Die Rechenmeister lehrten die Kaufleute das Rechnen „mit Federn oder Kreiden in Ziffern" (Adam Ries (1492–1559); also das schriftliche Rechnen; neben dem Brettrechnen). Vielleicht
als Erster unter diesen Rechenmeistern verwendete Christoff Rudolff (1499?–1545?) in seinem 1525
in Straßburg gedruckten Lehrbuch mit dem sprechenden Titel *Behennd vnnd Hübsch Rechnung durch
die kunstreichen regeln Algebre/so gemeincklich die Coß geneñt werden* ... das Dezimalkomma.
Im Jahr 1585 lehrte der niederländische Kaufmann, Ingenieur und Physiker Simon Stevin (1548/49–
1620) diese dezimale Rechentechnik in seinem Büchlein *De Thiende* systematisch.

In Descartes' *La Géométrie* kommen als konkrete Zahlen nur rationale vor, aber Leibniz kam selbstverständlich damit nicht mehr aus und rechnete auch mit Dezimalzahlen. Cauchy beweist 1821 den Nullstellensatz, indem er den Abstand h der Grenzen x_0 und X der Veränderlichen x in m gleiche Teile teilt: $x_0 + \frac{h}{m}$, $x_0 + 2\frac{h}{m}$, $x_0 + 3\frac{h}{m}$, ..., $X - \frac{h}{m}$; das gefundene Teilintervall $X' - x_1 = \frac{h}{m}$ seinerseits in Teilintervalle der Länge $\frac{1}{m}(X' - x_1) = \frac{1}{m^2}(X - x_0)$ usw. Dies lässt sich als die Bestimmung der Dezimalstellen der gesuchten Nullstelle verstehen.

▶ Doch eine konkrete Darstellungsweise für „unendliche" Zahlen wurde von niemandem vorgeschlagen.

Das geschah erst in den 1950er Jahren (Abschn. 15.6.1).

Und von Weierstraß wissen wir (Abschn. 13.4.1, Punkt 4c), dass er sogar das eigentlich allgemein als „Wert" akzeptierte Unendlich (∞) ausdrücklich aus der Analysis ausgeschlossen sehen wollte.

14.5.3 Der Kompromiss

In dieser angespannten Situation – enormer Druck, endlich einen beweistechnisch brauchbaren *Begriff* der analytischen „Zahl" zur Hand zu haben, bei gleichzeitiger Skepsis gegen fast jede Form des Unendlich – waren die Analytiker im Jahr 1872 (und schon zuvor sogar Weierstraß) ohne großes Zögern bereit, die Kröte „Akzeptanz des *begrifflichen* aktualen Unendlich" zu schlucken. Im Jahr 1872 waren sie quasi weichgekocht und wenigstens zu einem *minimalen* Zugeständnis bereit. Sie akzeptierten ein *begriffliches* aktuales Unendlich (eine – oder sogar zwei – unendliche *Gesamtheit(en)* rationaler Zahlen als eine reelle Zahl), *bestanden* jedoch zugleich ganz entschieden darauf, die unendlichen *Zahlen* aus der Analysis fernzuhalten.

Es ist ein Treppenwitz der Analysisgeschichte, dass ausgerechnet Georg Cantor, der sich für die Anerkennung des begrifflichen aktual unendlich *Großen* so stark gemacht hatte, sich genötigt und sogar imstande sah, zu *beweisen,* dass die „Existenz aktual unendlich *kleiner* Größen unmöglich" sei. Selbst einer der größten Fürsprecher für die Akzeptanz des aktualen Unendlich in den *Begriffen* der Mathematik, besonders in der Mengenlehre, war er mit aller Kraft bestrebt, das aktuale Unendlich *aus dem Rechnen* herauszuhalten.

Warum? Hatte nicht namentlich Euler gezeigt, wie fruchtbar *gerade für die Analysis* das Operieren mit unendlichen „Zahlen" sein kann?

Man wird den Einfluss von Weierstraß' *persönlicher* Abneigung gegen die Einbeziehung des Unendlich in die Analysis nicht gering schätzen dürfen – doch selbst außerhalb dieser Einflusssphäre (in Frankreich etwa) kenne ich keinerlei Ansätze, „Unendlich als Rechenzahl" zu etablieren. Erst im Jahr 1976 traute sich ein Mathematiker (Detlef Laugwitz), das ausdrücklich zu propagieren. Aber da hatte er auch schon seit zwei Jahrzehnten eine alternative Form der Analysis konstruiert, die diese Möglichkeit bot.

Zugrunde gelegte Literatur

Joseph Bertrand 1849. *Traité d'Arithmétique.* Libraire de l. Hochette et Cie., Paris.

Georg Cantor 1872. Über die Ausdehnung eines Satzes aus der Theorie der trigonometrischen Reihen. *Mathematische Annalen,* 5: S. 123–132. Zitiert nach Zermelo 1932, S. 92–102.

Georg Cantor 1887/1888. Mitteilungen zur Lehre vom Transfiniten (2 Teile). *Zeitschrift für Philosophie und philosophische Kritik,* 91, 92: S. 81–125, 240–265. Zitiert nach Zermelo 1932, S. 378–439.

Georg Cantor 1889. Bemerkung mit Bezug auf den Aufsatz: Zur Weierstraß-Cantorschen Theorie der Irrationalzahlen. *Mathematische Annalen,* 33: S. 476. Zitiert nach Zermelo 1932, S. 114.

Richard Dedekind 1854. Über die Einführung neuer Funktionen in die Mathematik. in: Fricke, Noether und Ore 1930–32, Bd. 3, S. 428–438.

Richard Dedekind 1872. *Stetigkeit und irrationale Zahlen.* Vieweg, Braunschweig. Siehe auch: Fricke, Noether und Ore 1930–32, Bd. 3, S. 315–334.

Gottlob Frege 1884. *Die Grundlagen der Arithmetik.* Verlag von Wilhelm Koebner, Breslau. Nachdruck Breslau 1934, Hildesheim 1961.

Gottlob Frege 1893, 1903. *Grundgesetze der Arithmetik: begriffsschriftlich abgeleitet,* 2 Bde. Pohle, Jena. http://gdz.sub.uni-goettingen.de/dms/load/img/?PPN=PPN593233409&DMDID=DMDLOG_0001; http://gdz.sub.uni-goettingen.de/dms/load/img/?PPN=PPN593233549&DMDLOG_0001.

Robert Fricke, Emmy Noether und Öystein Ore (Hg.) 1930–32. *Richard Dedekind. Gesammelte mathematische Werke,* 3 Bde. Vieweg, Braunschweig.

Gottfried Gabriel, Hans Hermes, Friedrich Kambartel, Christian Thiel und Albert Veraart (Hg.) 1976. *Gottlob Frege: Nachgelassene Schriften und wissenschaftlicher Briefwechsel.,* Bd. 2. Felix Meiner Verlag, Hamburg.

Gottfried Gabriel, Friedrich Kambartel und Christian Thiel (Hg.) 1980. *Gottlob Freges Briefwechsel mit D. Hilbert, E. Husserl, B. Russell, sowie ausgewählte Einzelbriefe Freges.* Nr. 321 der Philosophischen Bibliothek. Felix Meiner Verlag, Hamburg.

Helmuth Gericke und Kurt Vogel 1965. *Simon Stevin: De Thiende (Die Dezimalbruchrechnung).* Akademische Verlagsgesellschaft, Frankfurt am Main.

Hermann Hankel 1867. *Vorlesungen über die complexen Zahlen und ihre Functionen in zwei Theilen. I. Theil. Theorie der complexen Zahlsysteme, insbesondere der gemeinen imaginären Zahlen und der Hamilton'schen Quaternionen nebst ihrer geometrischen Darstellung von Zahlen.* Leopold Voss, Leipzig. urn:nbn:de:bvb:12-bsb10081922-7.

Felix Hausdorff 1914, *Grundzüge der Mengenlehre.* Nachdruck Chelsea Publishing Company, New York, 1949.

Eduard Heine 1872. Die Elemente der Functionenlehre. *Journal für die reine und angewandte Mathematik,* 74: S. 172–188.

David Hilbert 1899. Grundlagen der Geometrie. In: Fest-Comitee (Hg.), *Festschrift zur Feier der Enthüllung des Gauß-Weber-Denkmals in Göttingen.* Teubner, Leipzig.

David Hilbert 1900. Über den Zahlbegriff. *Jahresbericht der Deutschen Mathematikervereinigung,* 8: S. 180–184.

David Hilbert 1917. Axiomatisches Denken. Zitiert nach Hilbert 1932–35, Bd. 3, S. 146–156.

David Hilbert 1932–35. *Gesammelte Abhandlungen,* 3 Bde. Nachdruck:Chelsea Publishing, New York, 1965.

Detlef Laugwitz 1976. Unendlich als Rechenzahl. *Der Mathematikunterricht*, 22(5): S. 101–117.

Detlef Laugwitz 1978. *Infinitesimalkalkül: Kontinuum und Zahlen. Eine elementare Einführung in die Nichtstandardanalysis.* Bibliographisches Institut, Mannheim, Wien, Zürich.

Adam Ries 1522. *Rechenbuch auff Linien vnd Ziphren ....* Chr. Egen. Erben, Frankfurt, 1574. Nachdruck: Hoppenstedt, Darmstadt, o. J.

Christoff Rudolff 1525. *Behennd vnnd Hübsch Rechnung durch die kunstreichen regeln Algebre/so gemeincklich die Coß geneñt werden ...* Vuolfius Cephaleus, Argentorati [= Straßburg].

Bertrand Russell 1923. *Bertrand Russell (1919): Einführung in die mathematische Philosophie.* Bd. 536 der Philosophischen Bibliothek. Felix Meiner Verlag, Hamburg, 2002. Deutsch: Emil Julius Gumbel.

Jules Tannery 1886. *Introduction à la théorie des fonctions d'une variable.* A. Hermann, Paris.

Ernst Zermelo (Hg.) 1932. *Georg Cantor. Gesammelte Abhandlungen mathematischen und philosophischen Inhalts.* Georg Olms Verlagsbuchhandlung, Hildesheim, Reprint 1966.

Analysis mit oder ohne Paradoxien?

15

In diesem Kapitel soll es um Versuche gehen, die Analysis aus einer anderen als der Weierstraß'schen Perspektive und auf der Grundlage eines anderen Zahlbegriffs zu formen.

15.1 Ganz dünnes Eis: Cantors „Diagonalverfahren"

15.1.1 Das Argument

Es ist höchst erstaunlich, welch waghalsige Argumente gelegentlich als „mathematischer Beweis" anerkannt werden.

Ein famoses Beispiel dieser Art ist der (auch über die engeren Fachgrenzen hinaus) gern gefeierte „Beweis dafür, dass es das Überabzählbar-Unendliche gibt". Dieser sonderbare „Beweis" geht so (man müsste noch ein paar technische Dinge für den Fall hinzufügen, dass eine Zahl mit unendlich vielen Neunen endet, aber das ist rein technisch und tangiert nicht das eigentliche Argument; also sparen wir uns das hier).

▶   **CANTORS DIAGONALVERFAHREN**
   Nehmen wir an, wir könnten die (dezimal geschriebenen) Zahlen zwischen 0 und 1 abzählen.
   Wäre das so, dann hätten wir eine Liste der folgenden Art:

$$b_1 = 0,a_{11}a_{12}a_{13}a_{14}\cdots$$
$$b_2 = 0,a_{21}a_{22}a_{23}a_{24}\cdots$$
$$b_3 = 0,a_{31}a_{32}a_{33}a_{34}\cdots$$
$$\vdots$$

© Springer-Verlag GmbH Deutschland, ein Teil von Springer Nature 2019
D. D. Spalt, *Eine kurze Geschichte der Analysis*,
https://doi.org/10.1007/978-3-662-57816-2_15

Die a_{kn} sind Ziffern von 0 bis 9. – Also könnte da etwa stehen:

$$b_{59284} = 0,5000\dots$$

Diese Liste enthält nach Voraussetzung sämtliche Zahlen zwischen 0 und 1. – Doch kann das wirklich sein?

Und jetzt kommt das erstaunliche „Argument", das diese Frage mit einem „Nein!" beantworten soll:

▶ CANTORS DIAGONALVERFAHREN, **Fortsetzung**

- Betrachte folgende Zahl $c = 0,c_1c_2c_3c_4\dots$:
  c_1 = irgendetwas, aber $\neq a_{11}$;
  c_2 = irgendetwas, aber $\neq a_{22}$;
  c_3 = irgendetwas, aber $\neq a_{33}$;
  usw.
- Die Zahl c ist offenbar keine der b_m. (Diese Zahl c unterscheidet sich an der m-ten. Dezimalstelle von b_m, denn diese Stelle von b_m ist $= a_{mm} \neq c_m$.)
- *Also* kommt die Zahl c nicht in der Liste der Zahlen b_m vor.
- Das aber widerspricht der anfänglichen *Annahme, wir hätten* eine Liste b_m *sämtlicher* Zahlen zwischen 0 und 1.
- Widerspruch. *Behauptetes* Ende des Beweises.

Jedes heutige Buch über das mathematische Unendlich enthält diesen „Beweis". Natürlich auch das Buch *Proofs from THE BOOK* von Martin Aigner und Günter M. Ziegler aus dem Jahr 1998 (auf S. 92 f.). Und selbstverständlich sind die Literaten begeistert: Starautor David Foster Wallace (1962–2008) etwa nannte diesen Beweis „nicht nur genial, sondern auch ‚schön' im wahrsten Sinne des Wortes" (S. 324). Eine Bewertung wie „genial" heischt schon Aufmerksamkeit, keine Frage.

15.1.2 Die Schwäche des Arguments

Aber bleiben wir auf dem Teppich der Rationalität und fragen nüchtern: Ja, wer findet denn so etwas überzeugend?

Nehmen wir uns die Sache vor. Dann sehen wir schnell ein:

> *Der obige „Beweis" ist nicht z w i n g e n d gültig.*

(Das ist nicht neu. Ich wiederhole hier nur das bekannte Argument.) – Dazu stelle ich zwei Fragen:

▶ (1) *Wie viele verschiedene Dezimalzahlen mit n Nachkommastellen gibt es zwischen* 0 *und* 1?

Die Antwort ist leicht:

1. Im Falle $n = 1$ sind es genau 10: nämlich: $0{,}0$; $0{,}1$; $0{,}2$; ... $0{,}9$.
2. Im Falle $n = 2$ sind es genau $100 = 10^2$: nämlich: $0{,}00$; $0{,}01$; $0{,}02$; ... $0{,}99$.
   Usw.
n. Im allgemeinen Fall n sind es also 10^n.

Und jetzt meine zweite Frage:

▶ (2) *Wie viele Dezimalstellen von c sind durch die Vorschrift jenes sogenannten* „*Beweises*" *bestimmt?*

Die Antwort auf diese Frage ist noch leichter: Es sind genau n: für jede betrachtete Dezimalstelle eine. – Und was folgt daraus? Doch offenbar dies: Die in jenem angeblichen „Beweis" definierte Zahl c ist in der Tat von den ersten n Zahlen b_m verschieden – *aber daraus folgt keineswegs z w i n g e n d, dass sie nicht in der Liste aller Zahlen b_m enthalten ist*, sondern es folgt *lediglich: $c = b_{m'}$ und $m' > n$.* – That's it.

Konkretes Beispiel: $n = 2$. Wir schreiben die Liste der $10^2 = 100$ Dezimalzahlen zwischen 0 und 1 mit zwei Nachkommastellen auf:

$$b_1 = 0{,}00, \qquad b_2 = 0{,}01 \qquad b_{11} = 0{,}10 \qquad \dots, \qquad b_{100} = 0{,}99.$$
$$b_3 = 0{,}02 \qquad b_{12} = 0{,}11$$
$$\dots, \qquad\qquad \dots,$$

Sagen wir jetzt: $c = 0{,}12$. Dann gelten $c \neq b_1$ und $c \neq b_2$; *vielmehr* gilt: $c = b_{13}$. Die Zahl c steht nicht unter den ersten $n = 2$ Zahlen, sondern später, kommt also sehr wohl in der Liste vor. – Was zu beweisen war.

Dieses Argument zeigt, welche ä u ß e r s t   m e r k w ü r d i g e *unausgesprochene Voraussetzung* dieser „mehr als geniale" „Beweis" macht. Es ist diese:

$$10^\infty = \infty.$$

Denn es wird *behauptet:* Die Zahl c ist *nicht* in der Liste der b_m enthalten. *Wahr* ist hingegen nur das: Die Zahl c ist *nicht unter den ersten ∞-vielen Zahlen der Liste* enthalten, sondern steht weiter hinten. Aber:

▶ **DIE OFFENE FLANKE DES „DIAGONALBEWEISES"**
Wer *verlangt* denn, so mit „Unendlich" zu rechnen? Zwar hat z. B. **Weierstraß** das *gesetzt* – also: $10^\infty = \infty$ –, doch hat er *gleichzeitig* verlangt, damit nicht Analysis zu betreiben (Abschn. 13.4.1, Punkt 4c).

Euler jedenfalls hat ganz anders gerechnet, Euler hat sogar gemäß $i > i - 1$ gerechnet (Abschn. 8.6.2), also erst recht

$$10^i > i$$

für unendlich großes i genommen.

Niemand *muss* wie Euler denken.
Aber auch niemand *muss* wie Weierstraß denken!

In der Mathematik geht es nicht um *Doktrinen,* sondern um *Argumente.*

Und aus Kap. 6 wissen wir:

Für den Umgang mit dem aktualen Unendlich in der Analysis gibt es kein zwingendes Argument.

15.1.3 Die Herkunft des „Diagonalbeweises"

Der zuvor wiedergegebene „Beweis" wurde von Georg Cantor erfunden. Cantor bewies damit im Jahr 1891 zum dritten Mal:

Satz. *Es gibt unendliche Mengen, die sich nicht eindeutig auf die Menge der natürlichen Zahlen abbilden lassen.*

Cantor formulierte seinen Beweis etwas anders. (Er betrachtete nur *zwei* verschiedene Ziffern, nicht *zehn* wie wir oben. – Bemerkenswerterweise ist der Beweis, wenn man ihn im *Dual-* statt im Dezimalsystem führt, nicht nur *nicht zwingend,* sondern sogar *falsch.* – Warum eigentlich? Und: Darf ein Beweis über die *reellen Zahlen* von der *Form ihrer Darstellung* abhängen?)

15.1.4 Das *richtige* Verständnis des „Diagonalbeweises"

Es war Bertrand Russell, der den rationalen Kern dieses Cantor'schen Beweises herausschälte.

> **WAS DER „DIAGONALBEWEIS" BEWEIST (1)**
>
> Der *richtige* Lehrsatz zu Cantors Beweis ist der Folgende:
>
> Satz. *Die Zahl der Teilmengen einer Menge ist größer als die Zahl der Elemente dieser Menge.*

Betrachten wir ein Beispiel. Die vorgegebene Menge M enthalte zwei Elemente, a und b:

$$M = \{\, a,\ b \,\}$$

Dann hat M folgende $2^2 = 4$ Teilmengen, beginnend mit der leeren Menge $\{\ \} = \emptyset$:

$$\emptyset,\quad \{\, a \,\},\quad \{\, b \,\},\quad \{\, a,\ b \,\}.$$

Es sind also mehr Teilmengen als Elemente: $4 > 2$.

Jetzt Russells allgemeiner Beweis seines Satzes, original vom Autor. Wie Cantor, so geht auch Russell von einer *Liste* der Teilmengen aus, die er sich durch die Elemente bezeichnet denkt. Russell nennt diese Liste „ein-eindeutige Zuordnung R".

Wenn eine ein-eindeutige Zuordnung R zwischen allen Elementen von M und einigen der Teilmengen besteht, so kann es vorkommen, dass ein gegebenes Element x einer Teilmenge zugeordnet ist, zu der es als Element gehört. Oder es kann vorkommen, dass x einer Teilmenge zugeordnet ist, zu der es nicht als Element gehört.

Unterbrechen wir Russell hier und verdeutlichen seine Konstruktion an unserem Beispiel; und zwar gleich zweimal.

1. Verdeutlichung. Die Liste zwischen den Elementen und den Teilmengen von $M = \{\, a, b \,\}$ sei:

$$a \mapsto \{\, a \,\},\qquad b \mapsto \{\, a, b \,\}.$$

Dann gilt für *beide* Elemente a und b, dass sie einer solchen Teilmenge zugeordnet sind, die *sie selbst als Element* enthält.

2. Verdeutlichung. Eine zweite Liste sei:

$$a \mapsto \emptyset,\qquad b \mapsto \{\, b \,\}.$$

In diesem Fall gilt es nur für das Element b, dass es einer solchen Teilmenge zugeordnet ist, die es selbst als Element enthält; nicht jedoch für das Element a.

Jetzt weiter mit Russells Beweis:

> Bilden wir die Menge N aller Elemente x, die zu Teilmengen zugeordnet sind, zu denen sie nicht als Element gehören.

In der 1. Verdeutlichung ist also $N = \emptyset$, in der 2. Verdeutlichung ist $N = \{\, a \,\}$.

Weiter im Beweis. Dort kommt nun der entscheidende Satz (ich habe ihn *extra* hervorgehoben):

Diese Menge N ist eine Teilmenge von M, der kein Element von M zugeordnet ist.

Denn nehmen wir zunächst die Elemente von N, so ist jedes von ihnen (nach Definition) einer Teilmenge zugeordnet, zu der es nicht als Element gehört. Keines ist daher der Teilmenge N zugeordnet.

Nehmen wir dann diejenigen Elemente, die nicht Elemente von N sind, so ist jedes von ihnen (nach Definition) irgendeiner Teilmenge zugeordnet, zu der es als Element gehört. Es ist daher wieder nicht N zugeordnet, also ist kein Element von M der Teilmenge N zugeordnet.

Da R eine *beliebige* ein-eindeutige Zuordnung aller Elemente zu einigen Teilmengen ist, so folgt daraus, dass es keine Zuordnung aller Elemente zu *allen* Teilmengen gibt.

Der Beweis gilt auch dann, wenn N keine Elemente besitzt; damit wird bloß die Null ausgelassen.

Also ist in jedem Fall die Zahl der Teilmengen nicht gleich der Zahl der Elemente, und daher ist sie, wie vorher vorausgesetzt, größer.

Es ist äußerst beeindruckend, wie wenige einfache Worte man zu einem wirklich komplizierten Argument verknüpfen kann. Wer diese Russell'sche Beweisführung versteht, darf mit seiner Fähigkeit zum abstrakten Denken zufrieden sein.

Wer Symbole liebt, kann sich diesen Beweis auch wie folgt notieren (mit „2^M" wird gewöhnlich die Menge aller Teilmengen von M bezeichnet; mit „$M \setminus N$" die Differenz der Mengen M und N, also die Menge all jener Elemente, die zwar in M, nicht aber in N liegen):

$$\text{Sei } \quad R : M \longrightarrow 2^M, \quad \text{also} \quad M \ni x \overset{R}{\longmapsto} R\,x \in 2^M.$$
$$\text{Sei } \quad N = \{\, x \mid x \notin R\,x \,\} \subseteq M. \quad \text{Dann gilt für alle } x \in M : \quad R\,x \neq N.$$

Beweis:
1. Sei $x \in N$. Dann ist $x \notin R\,x$, also $N \neq R\,x$ (da $N \ni x \notin R\,x$).
2. Sei $x \in M \setminus N$. Dann ist $x \notin N$ also $x \in R\,x$, und wieder $R\,x \neq N$.
(In beiden Fällen wurde ein Element in der einen Menge gezeigt, das in der anderen fehlt.)

$$1 \,\&\, 2: \quad x \in M \implies R\,x \neq N, \quad \text{wie behauptet.}$$

Nach Russell ist damit bewiesen:

WAS DER „DIAGONALBEWEIS" BEWEIST (2)

Satz. 2^n ist immer größer als n, selbst wenn n unendlich ist.

Hieraus folgt, dass es kein Maximum der unendlichen Kardinalzahlen gibt.

15.1.5 Die Bedeutung des „Diagonalbeweises"

Cantors sogenanntes „Diagonalverfahren" ist also eine innerhalb der Mengenlehre geeignete *Beweistechnik*. Sie zeigt dort beispielsweise, dass es immer größere „Mächtigkeiten" gibt, auch im Unendlichen.

Die „Zahlen" in der Mengenlehre sind „Kardinalzahlen". In der Analysis kommen sie nicht vor (jedenfalls nicht in der klassischen Analysis). Die Analysis braucht „Rechenzahlen".

Daher ist Russells Beweis für $2^n > n$ (der *in der Mengenlehre* gilt), keine Widerlegung von Weierstraß' Setzung $10^\infty = \infty$. Ganz im Gegenteil: Will man Cantors Diagonalverfahren als ein *in der Analysis* gültiges Argument akzeptieren, dann *muss* man auch diese Weierstraß'sche Setzung $10^\infty = \infty$ akzeptieren; denn sonst greift der Diagonalbeweis dort nicht! Das ist oben erläutert.

▶   Denkt man also Analysis (in diesem Sinne) und Mengenlehre zusammen, so ist man *zugleich* von $10^\infty = \infty$ (in der Analysis) wie auch von $2^n > n$ für alle n, auch für unendliche, (in der Mengenlehre) überzeugt.

Wer das mag, der mag es. Aber in einem vagen Sinne sieht das nicht sehr *konsistent* aus. Zum Glück *muss* man nicht so denken.

Halten wir fest: Für die *Rechenzahlen*, für die Analysis also, *mag* man den Diagonalbeweis akzeptieren. Oder auch nicht. Jedenfalls ist er dort *nicht zwingend*. Und wenn man ihn auf die objektiven Gegebenheiten bei den Dezimalzahlen bezieht *(für die er ja Geltung b e a n - s p r u c h t)*, ist er eher *weniger überzeugend*. Denn wir haben es gesehen:

> Der Diagonalbeweis verlangt die Akzeptanz eines Argumentes für den unendlichen Fall, das *in keinem endlichen Fall Gültigkeit* hat.

Wir wissen: Auch Leibniz hat einmal so argumentiert, zur Überraschung von Johann Bernoulli (Abschn. 6.8.1).

Man könnte auf die Idee kommen, diesen Beweis als *Induktionsbeweis* zu deuten:

- Anfang: Wähle $c_1 \neq a_{11}$.
- Induktionsschritt: Es sei $c_n \neq a_{nn}$. Dann wähle $c_{n+1} \neq a_{n+1,n+1}$. – Fertig!

Ein *Einwand* gegen diese Art der Beweisführung liegt auf der Hand: *Nach Voraussetzung* ist jeder der auf diese Weise bestimmten Zahlanfänge $0, c_1 c_2 \ldots c_n$ in der Liste der b_m enthalten: $0, c_1 c_2 \ldots c_n = b_{m'}$; freilich gilt $m' > n$. So what? Wenn *jeder* Anfang von c in der Liste der b_m enthalten ist, warum soll dies dann für c selbst nicht gelten?

Akzeptiert man den Diagonalbeweis in der Analysis nicht (das ist, um es zu wiederholen, ebenso legitim wie das Gegenteil!), dann hat man für unendliche Rechenzahlen i die Geltung von

$$10^i > i.$$

Abschließend soll gezeigt werden, wohin man mit einer solchen Denkweise gelangen kann.

15.2   Paradoxien I: bedingt konvergente Reihen

Kehren wir nach diesem Ausflug in die Mengenlehre zur Analysis zurück. Die Tradition der Analysis hat im Laufe ihrer dreieinhalb Jahrhunderte gewisse Merkwürdigkeiten zustande gebracht, an denen sich mancher Analytiker stößt. Darunter ist die Reihe

$$1 - \tfrac{1}{2} + \tfrac{1}{3} - \tfrac{1}{4} + \tfrac{1}{5} - + \ldots = \ln 2,$$

vor der sich, wie wir wissen (Abschn. 13.6.1), Weierstraß immer gedrückt hat.

Nehmen wir uns jetzt einige dieser Merkwürdigkeiten genauer vor, und zwar unter der Überschrift „Paradoxien". Von wem dieser Titel stammt, wird noch erläutert werden.

Doch vorbereitend kehren wir nochmals zu Riemann zurück. Wir wissen: Riemann ist immer für eine überraschende Perspektive gut.

15.2.1 Ein mathematisches Ungeheuer: Riemanns Umordnungssatz von 1854

In seiner Habilitationsschrift von 1854 bewies Riemann folgende Merkwürdigkeit, den nach ihm benannten „Umordnungssatz":

> **Satz.** *Wenn eine konvergente Reihe nicht mehr konvergent bleibt, wenn man ihre sämtlichen Glieder positiv macht, kann die Reihe durch geeignete Anordnung der Glieder einen beliebig gegebenen Wert C erhalten.*

Der Beweis scheint einfach. Vorausgesetzt ist eine *konvergente* Reihe aus Zahlen:

$$\sum_{k=1}^{\infty} a_k = s.$$

Dabei haben je unendlich viele Glieder das Vorzeichen $+$ und $-$. Nennen wir die positiven Glieder der Reihe b, die negativen c:

$$\sum_{i=1}^{\infty} b_i = \sum_{\substack{a_k > 0 \text{ und} \\ k=1}}^{k=\infty} a_k \quad \text{sowie} \quad \sum_{i=1}^{\infty} c_i = \sum_{\substack{a_k < 0 \text{ und} \\ k=1}}^{k=\infty} a_k$$

Dann gelten also $b_i > 0$ und $c_i < 0$. Beide Teilreihen *divergieren:*

$$\sum_{i=1}^{\infty} b_i = \sum_{\substack{a_k > 0 \text{ und} \\ k=1}}^{k=\infty} a_k = \infty \quad \text{und} \quad \sum_{i=1}^{\infty} c_i = \sum_{\substack{a_k < 0 \text{ und} \\ k=1}}^{k=\infty} a_k = -\infty.$$

Denn wären *beide* Teilreihen $\neq \pm\infty$, so würde auch die Reihe $\sum |a_k|$ konvergieren – was in der Voraussetzung des Satzes ausgeschlossen wurde. Würde aber *nur eine* dieser Teilreihen konvergieren, so könnte die Gesamtreihe nicht konvergieren. Daher *divergieren* diese beiden Teilreihen.

Nun Riemanns Argument: Vorgegeben sei der beliebige Wert C; sagen wir: $C > 0$. Dann nähern wir C schrittweise an: erst von unten, dann von oben und abwechselnd immer so weiter. Das heißt, wir wählen die kleinste Zahl n_1, sodass

$$\sum_{k=1}^{n_1} b_k > C; \quad \text{sodann die kleinste Zahl } m_1, \text{ sodass} \quad \sum_{k=1}^{n_1} b_k + \sum_{k=1}^{m_1} c_k < C,$$

und immer so weiter. Die Abweichung von C wird nie mehr betragen als der absolute Wert des dem letzten Vorzeichenwechsel vorausgehenden Gliedes. Und da die Reihe $\sum a_k$ konvergiert, werden sowohl die b_k als auch die $|c_k|$ mit wachsendem k kleiner als jede vorgegebene Größe. Also auch die Abweichungen von C. – Womit schon alles bewiesen scheint.

Dieser Satz ist ein Ungeheuer. Weierstraß mochte ihn offenkundig nicht. Denn Weierstraß hat zwar den Begriff „bedingte" Konvergenz genannt (siehe Abschn. 13.6.1), aber er hat für diesen Begriff keinen Platz in seiner Analysis.

Warum ist dieser Satz ein Ungeheuer? Weil er so tut, als k ö n n e die Mathematikerin oder der Mathematiker *unendlich viele Einzelentscheidungen treffen* – nämlich *unendlich oft n a c h B e l i e b e n* zwischen den Teilreihen der b_i und der c_i hin- und herwechseln. *Das ist klarerweise ein Unding, eine Fiktion.* Unendlich viele *getroffene* Einzelentscheidungen haben mit der Wirklichkeit nichts zu tun.

▶   Merke: Ein Beweis kann einfach sein, das Bewiesene jedoch unsinnig.

15.2.2 Eine Abmilderung

Unendlich viele *einzelne* Entscheidungen in der Analysis zu theoretisieren, ist ohne Zweifel ein Extrem. Eine wesentliche Abmilderung ist es, eine *gesetzmäßige* Umgruppierung unendlich vieler Reihenglieder zu betrachten. Solche *gesetzmäßigen* Konstruktionen haben Chancen auf mathematische Anerkennung – auch wenn sie vor Weierstraß' gestrengen Augen *vielleicht* keine Gnade fanden.

Betrachten wir ein **Beispiel.** Wir nehmen eine Ausgangsreihe A, halbieren ihre Glieder, addieren beide Reihen gliedweise zur Reihe B – und erhalten die Ausgangsreihe wieder, wenn auch umgeordnet:

Es gilt:

$$A = \ln 2 = 1 - \tfrac{1}{2} + \tfrac{1}{3} - \tfrac{1}{4} + \tfrac{1}{5} - \tfrac{1}{6} + \tfrac{1}{7} - \tfrac{1}{8} + - \ldots$$

Daher auch:
$$\tfrac{1}{2} \ln 2 = \quad \tfrac{1}{2} \quad - \tfrac{1}{4} \quad + \tfrac{1}{6} \quad - \tfrac{1}{8} + - \ldots$$

und also:
$$B = \tfrac{3}{2} \ln 2 = 1 \quad + \tfrac{1}{3} - \tfrac{1}{2} + \tfrac{1}{5} \quad + \tfrac{1}{7} - \tfrac{1}{4} + + - \ldots$$

$$= \quad [\text{Umordnung von}] \quad \ln 2.$$

Gilt $A = B$, also $\ln 2 = \tfrac{3}{2} \ln 2$?

Laut Weierstraß ist dies ein „Trugschluss" (Abschn. 13.4.1). Warum? – Ist Riemanns „Umordnungssatz" eine Antwort auf diese Frage? – Ist diese Antwort befriedigend?

15.3   Paradoxien II: Summationsverfahren

Für nicht konvergente Reihen wie etwa

$$A = 1 - 1 + 1 - 1 + 1 - 1 + - \ldots$$

betrachtet man manchmal andere Summationsverfahren, etwa die sogenannte C-1-Summation:

$$S^{C\,1} = \lim_{n \to \infty} \frac{s_1 + s_2 + s_3 + \ldots + s_n}{n}.$$

Im Fall dieser Reihe A sind die Teilsummen $s_1 = 1$; $s_2 = 1 - 1$; $s_3 = 1 - 1 + 1$; $s_4 = 1 - 1 + 1 - 1$ usw., also:

$$s_1 = s_3 = s_5 = \ldots = 1,$$
$$s_2 = s_4 = s_6 = \ldots = 0,$$

und daher die Folgenglieder von $S^{C\,1}$:

$$p_1 = \tfrac{s_1}{1} = 1,$$
$$p_2 = \tfrac{s_1 + s_2}{2} = \tfrac{1}{2},$$
$$p_3 = \tfrac{s_1 + s_2 + s_3}{3} = \tfrac{2}{3},$$
$$p_4 = \tfrac{s_1 + s_2 + s_3 + s_4}{4} = \tfrac{2}{4} = \tfrac{1}{2},$$
$$p_5 = \tfrac{s_1 + s_2 + s_3 + s_4 + s_5}{5} = \tfrac{3}{5},$$

$$\ldots$$

das heißt:
$$p_{2n-1} = \tfrac{n}{2n-1},$$
$$p_{2n} = \tfrac{n}{2n} = \tfrac{1}{2},$$

und insgesamt:
$$S^{C\ 1} = \lim_{n \to \infty} p_n = \tfrac{1}{2}.$$

Demnach wäre in diesem Sinne zu setzen:

$$A = 1 - 1 + 1 - 1 + 1 - 1 + - \ldots = \tfrac{1}{2} \ !?$$

15.4 Paradoxien III: Konvergenz von Funktionenreihen

Betrachten wir die Funktionenreihe (sie ist eine geometrische Reihe)

$$s(x) = 1 - x + x^2 - x^3 + x^4 - + \ldots$$

Die bekannte Rechnung ist die Addition von $s_n(x)$ und $x \cdot s_n(x)$:

$$s_n(x) = 1 - x + x^2 - x^3 + x^4 - x^5 + - \ldots + (-1)^{n-1} x^{n-1}$$
$$x \cdot s_n(x) = \quad x - x^2 + x^3 - x^4 + x^5 - + \ldots + (-1)^{n-2} x^{n-1} + (-1)^{n-1} x^n$$
$$\overline{(1 + x) \cdot s_n(x) = 1 + (-1)^{n-1} x^n}$$

$$s_n(x) = \tfrac{1 + (-1)^{n-1} x^n}{1 + x} \qquad \text{falls } x \neq -1,$$

die Einschränkung wegen der letzten Division durch $1 + x$, die nicht durch Null erfolgen darf.

Die bekannte Schlussfolgerung lautet:

Falls $|x| < 1$ gilt: $s(x) = \lim\limits_{n \to \infty} s_n(x) = \tfrac{1}{1+x},$

falls $x = 1$ gilt: $s(1) = \tfrac{1}{2} (1 - 1 + 1 - 1 + - \ldots)$ existiert nicht.

„Existiert nicht" ist kein schönes Rechenergebnis!

15.5   Paradoxien IV: gliedweise Integration von Reihen

Vorgelegt sei eine Folge aus Funktionen:

$$f_n(x) = \frac{nx}{1 + n^2 x^4} \qquad \text{für } 0 \leq x \leq 1.$$

Daraus wird wegen $\lim\limits_{n \to \infty} \frac{nx}{1 + n^2 x^4} = 0$ für $0 \leq x \leq 1$ für den Grenzübergang $n \to \infty$ üblicherweise geschlossen:

$$f(x) = \lim_{n \to \infty} f_n(x) = \lim_{n \to \infty} \frac{nx}{1 + n^2 x^4} = 0. \tag{‡‡}$$

Allerdings gilt für $x_n = \frac{1}{\sqrt{n}}$ (und also $\lim\limits_{n \to \infty} x_n = \lim\limits_{n \to \infty} \frac{1}{\sqrt{n}} = 0$) für den Funktionenlimes am Wert $0 = \lim\limits_{n \to \infty} \frac{1}{\sqrt{n}}$:

$$\lim_{n \to \infty} f_n\left(\frac{1}{\sqrt{n}}\right) = \lim_{n \to \infty} \frac{\sqrt{n}}{1 + \frac{n^2}{n^2}} = \lim_{n \to \infty} \frac{\sqrt{n}}{2} = \infty \;!$$

Wir erinnern uns: Cauchy hätte dies zum Anlass genommen, ∞ als einen „Funktionswert" von $f(x)$ für den Wert $x = 0$ anzusehen (Abschn. 11.6.4). Die heutige Analysis sieht das jedoch anders und sagt:

$$f(0) = \lim_{n \to \infty} f_n(0) = \lim_{n \to \infty} \frac{n \cdot 0}{1 + n^2 \cdot 0} = \frac{0}{1} = 0,$$

eindeutig und ganz unmissverständlich.

Wenn aber gemäß ‡‡ $f(x) = 0$ für alle $0 \leq x \leq 1$ gilt, ist die Integration leicht:

$$\int_0^1 f(x)\, dx = \int_0^1 0 \cdot dx = 0.$$

T   Doch integrieren wir jetzt die Einzelglieder der Reihe:

$$\int_0^1 f_n(x)\, dx = \int_0^1 \frac{nx}{1 + n^2 x^4}\, dx.$$

Mit der Substitution $z = nx^2$ und also $dz = 2nx\, dx$ folgt weiter:

$$= \frac{1}{2} \cdot \int_0^n \frac{dz}{1 + z^2} = \frac{1}{2} \cdot \arctan z \,\Big|_{z=0}^{z=n} = \frac{1}{2} \cdot \arctan n$$

und somit wegen $f(x) = \lim f_n(x)$:

$$\int_0^1 f(x)\, dx = \lim_{n\to\infty} \int_0^1 f_n(x)\, dx = \lim_{n\to\infty} \tfrac{1}{2} \cdot \arctan n = \tfrac{\pi}{4}$$

– im Widerspruch zum zuvor erhaltenen Resultat. Offenbar ist das erste Gleichheitszeichen in der letzten Formelzeile falsch – die anderen stehen außer Zweifel. Bei dieser Folge sind also das Integrieren und die Limesbildung *nicht* vertauschbar.

Man benötigt demnach einen *Lehrsatz*, um zu wissen, *in welchen Fällen* man Integrieren und Limesbildung vertauschen darf. Schöner wäre es natürlich, die *Rechnung zeigte* das Problem von selbst auf. Mancher Analytiker rechnet lieber, statt erst nach Lehrsätzen Ausschau zu halten, die ihm das Rechnen gestatten.

15.6   Gibt es eine Analysis ohne solche Paradoxien?

15.6.1 Eine Quelle aus den Jahren 1948–53

Curt Schmieden (1905–91) war ab 1934 Professor an der Technischen Hochschule Darmstadt, seit 1937 dort Ordinarius und 1957/58 auch Rektor dieser Universität. In einem Manuskript aus den Jahren 1948–53 schrieb Schmieden zu Beispielen dieser Art (a l l e *Hervorhebungen* hinzugefügt):

> Solche Beispiele könnte man noch beliebig viele anführen; je tiefer man in die Mathematik eindringt, desto mehr solcher Paradoxien wird man antreffen, auch wenn man von der Mengenlehre einmal ganz absieht.
>
> Das Erstaunlichste bei der Sache ist aber, dass man für ein konkretes Problem trotz dieser Paradoxien mit dieser Mathematik immer schließlich doch ein „richtiges" Resultat bekommt. So ist es denn wohl kein Wunder, dass man sich als Mathematiker aufgrund dieses Sachverhaltes eines Tages doch entschließt, sich damit abzufinden, dass *das naive Gefühl offensichtlich nicht mehr zuständig ist, wenn das Unendliche in irgendeiner Form auf den Plan tritt,* hingegen aber das Arbeiten mit definierten Regeln in der Lage ist, dieses selbe Unendliche zu bändigen und zu beherrschen.
>
> *Immerhin fühlt man sich nicht ganz wohl dabei; die Frage bleibt bestehen,* o b   e s   n i c h t d o c h   v i e l l e i c h t   m ö g l i c h   i s t ,   d i e   A n a l y s i s   s o   a u f z u b a u e n ,   d a s s   s i e n a c h   e b e n s o   f e s t e n   R e g e l n   a r b e i t e t   w i e   b i s h e r ,   a b e r   d e r a r t i g e   P a - r a d o x i e n ,   *wie sie eben angedeutet wurden,*   n i c h t   a u f t r e t e n ,   *also das naive Gefühl,* das immer – um ein Goethe-Wort zu zitieren – nach „der Möglichkeit der Darstellung des Unendlichen im Endlichen" verlangt, *gerechtfertigt wäre.*

Im „vollen Bewusstsein der Unvollkommenheit dieses Versuches" formulierte Schmieden danach einige Grundsätze. Darunter diesen, offenkundig inspiriert vom Geiste Johann Bernoullis und Eulers, jedoch begrifflich über die Früheren hinausgehend (die Umrandungen sind hinzugefügt):

Das Denken verlangt gebieterisch, dass es unendlich große Zahlen geben *muss,* die man offenbar *nur so* sinnvoll definieren kann:

> Eine unendlich große ganze Zahl ist eine natürliche Zahl, die durch unbeschränkte, aber in der Stufe der Endlichkeit zwangsläufig verharrende Fortsetzung des Zählprozesses *nicht* erreichbar ist.

Um eine solche „Zahl" zu erreichen, bedarf es also eines „Sprunges", im Bilde ausgedrückt: unendlich große Zahlen bilden den „Horizont der Endlichkeit".

Dann die Konstruktionsidee:

> Konzipieren wir aber einmal eine durch einen solchen „Sprung" erreichte unendlich große Zahl, die wir Ω (Groß-Omega) nennen wollen, so spricht offenbar zunächst nichts dagegen, aber alles dafür, dass wir mit einer solchen „Zahl" genau so rechnen dürfen wie mit einer gewöhnlichen Zahl.

So hatten das früher schon Johann Bernoulli und Euler gesehen. – Etwas später findet sich bei Schmieden die Festsetzung:

> $\omega = \frac{1}{\Omega}$ (Klein-Omega) ist eine unendlich kleine Zahl, die kleiner ist als jede von der Stufe der Endlichkeit her zu konstruierende positive rationale Zahl. (ω ist eine „Nullzahl".)

Ebenso wie es zu jeder unendlich großen Zahl eine der *Ordnung*[*] nach größere gibt, gibt es auch zu jeder Null eine der *Ordnung*[*] nach kleinere.

Die in der üblichen Analysis gebräuchliche Null darf also nur als eine andere Schreibweise der Identität $a \equiv a$ benutzt werden.

Dies Letztere hätte Frege gefreut (Abschn. 14.2.5); und auch Weierstraß wäre mit dieser Genauigkeit im Umgang mit der Gleichheit einverstanden gewesen.

Schließlich noch Schmiedens Grunddefinition:

> Es gilt *per definitionem*
> $$\lim_{n \to \infty} n = \Omega;$$
> alle übrigen Grenzprozesse müssen auf diesen Grundprozess bezogen werden.

(Dabei ist das Zeichen „∞" nicht sehr glücklich gewählt und entfiele besser.)

Hervorhebung hinzugefügt.

Dass man aus „unendlich großen" natürlichen Zahlen auch dazu passende Rationalzahlen definieren kann, ist klar. Etwa $\frac{1}{\Omega}$ oder $1 + \frac{1}{\Omega}$ usw. Die Kernfrage ist: *Reicht das für die Analysis aus?* Immerhin gibt es jetzt „unendlich nahe" Zahlen, natürlich auch in der Nachbarschaft jeder Rationalzahl. In Schmiedens Worten:

> Um jede gewöhnliche rationale Zahl besteht eine ω-Sphäre, in die keine andere gewöhnliche rationale Zahl hineinfällt, in der aber schon in der niedrigsten ω-Stufe unendlich viele rationale Zahlen der zweiten Klasse liegen.

> Durch diese Erweiterung des Begriffs der rationalen Zahl, der durch die Einführung von Ω zwangsläufig gegeben ist, ergibt sich das zunächst paradox anmutende Ergebnis, dass die auf die Ω-Zahlen aufgebaute Analysis mit diesen rationalen Zahlen auskommt, ja in ihr auch gar keine anderen Zahlen auftreten können, da jede durch die üblichen Limesprozesse definierte Zahl in unserem Sinne sich eben als Ω-rationale Zahl ergibt.

Dies ist Schmiedens Kernidee: Statt der „reellen" Zahlen (im Sinne von Cantor oder Bertrand und Dedekind) besser „Ω-rationale" Zahlen zu verwenden, also etwa $q \pm \frac{1}{\Omega}$ oder $q \pm \frac{5\Omega^2 - 7\Omega + 3}{\Omega^3 - \frac{3}{4}}$ usw., ein Ω-rationales q also. Mit diesen kann man genau so rechnen wie mit den altbekannten „rationalen" Zahlen. Diese „Ω-rationalen" Zahlen könnten für vieles ausreichen, da doch die Analysis – wie wir seit Euler wissen können – zu einem wesentlichen Teil aus Rechnen besteht, insbesondere aus Rechnen mit dem Unendlichen.

15.6.2 Schmiedens Auflösung der Paradoxien

Schmiedens Ziel ist es, „Paradoxien" wie die oben genannten durch genaueres Rechnen – d. h. mit seinen Ω-Zahlen – aufzulösen. In seinen Worten:

> Wir untersuchen also gerade solche Fälle, bei denen die Analysis Warnungstafeln aufrichtet, des Inhalts: Hier darf nicht so gerechnet werden wie bei endlichen Prozessen!

Wie er das tut, sei im Folgenden beispielhaft gezeigt.

Auflösung der I. Paradoxie (Abschn. 15.2.2). Es geht um die Reihe:

$$\ln 2 = 1 - \tfrac{1}{2} + \tfrac{1}{3} - \tfrac{1}{4} + \tfrac{1}{5} - \tfrac{1}{6} + \tfrac{1}{7} - \tfrac{1}{8} + - \ldots$$

Schmieden ist jetzt *präzise* in Bezug auf Unendlich („$+ - \ldots$") und schreibt genauer:

$$\ln 2 = \sum_{n=1}^{\Omega} \frac{(-1)^{n-1}}{n} = 1 - \tfrac{1}{2} + \tfrac{1}{3} - \tfrac{1}{4} + \tfrac{1}{5} - \tfrac{1}{6} + \tfrac{1}{7} - \tfrac{1}{8} + - \ldots + \tfrac{1}{\Omega - 1} - \tfrac{1}{\Omega} =: A \,.$$

Dabei wurde Ω als *gerade* angenommen. Aber Achtung: „$+ - \ldots$" hat in den letzten beiden Formelzeilen *unterschiedliche* Bedeutungen! (a) In der ersten Formelzeile zeigt „$+ - \ldots$"

an, dass es „immer so weiter" geht: *ohne letztes Glied.* (b) In der zweiten Formelzeile ist „$+ - \ldots$" ein *Lückenfüller,* wie etwa in $1 + \frac{1}{2} + \frac{1}{4} + \ldots + \frac{1}{2^n}$.

Dann betrachtet Schmieden die sogenannte Umordnung B der Reihe A. Dazu nimmt er Ω als *ohne Rest durch 4 teilbar* an. (Warum auch nicht? Wenn es doch nützt! Zur Not einfach: $\Omega' = 4 \cdot \Omega$.) Dann erkennt er, dass je drei Glieder das Bildungsgesetz der umgeordneten Reihe darstellen:

$$\sum_{n=1}^{\Omega/4} \left(\frac{1}{4n-3} + \frac{1}{4n-1} - \frac{2}{4n} \right) = 1 + \frac{1}{3} - \frac{1}{2} + \frac{1}{5} + \frac{1}{7} - \frac{1}{4} + + - \ldots + \frac{1}{\Omega-3} + \frac{1}{\Omega-1} - \frac{1}{\Omega/2} =: B.$$

Jetzt *sieht* man:

▶ A und B haben zwar dieselben positiven Glieder (alle mit ungeradem Nenner, bis $\Omega - 1$), doch von den negativen Gliedern von A fehlt in B die letzte Hälfte, alle mit geradem Nenner bis Ω, also:

$$-\frac{1}{\Omega/2+2} - \frac{1}{\Omega/2+4} - \frac{1}{\Omega/2+6} - \ldots - \frac{1}{\Omega} = - \sum_{n=\frac{\Omega}{4}+1}^{\Omega/2} \frac{1}{2n} =: -C,$$

und es gilt

$$A = B - C.$$

Aha, *deswegen ist B > A!* Oder:

> B ist gar keine *Umordnung* von A,   weil es unendlich viel *weniger* Glieder hat.

T   Schmieden rechnet noch die Größe dieser Differenz C aus. Dazu nutzt er die Integralrechnung – und dabei die Tatsache, dass bei einem stetigen Integranden bei unendlich kleiner Stufenbreite der Schätzfläche sich die Summe (eben die Schätzfläche) nur unendlich wenig vom Integral unterscheidet. Das notieren wir wie bei Johann Bernoulli (Abschn. 7.2.3) durch $\approx$ und bedenken, dass $\omega = \frac{1}{\Omega}$ unendlich klein ist. – Es ist also

$$C = \sum_{n=\frac{\Omega}{4}+1}^{\Omega/2} \frac{1}{2n} \cdot \frac{\omega}{\omega}$$

zu untersuchen. Dazu setzt Schmieden $z = 2n\omega$, also $dz = 2\omega$ (denn n wächst stets um 1), mithin $\frac{\omega}{2n\omega} = \frac{1}{2} \frac{dz}{z}$, und beachtet, dass $\frac{1}{2n\omega}$ stetig (im ε-δ-Sinne) ist. Untergrenze: $z = 2n\omega = 2\left(\frac{\Omega}{4} + 1\right) \cdot \omega = \frac{1}{2} + 2\omega$; Obergrenze: $z = 2n\omega = 2\left(\frac{\Omega}{2}\right) \cdot \omega = 1$. – Damit kann er weiter schreiben:

$$C \approx \tfrac{1}{2} \cdot \int\limits_{z=\frac{1}{2}+2\omega}^{1} \frac{dz}{z} \approx \tfrac{1}{2} \cdot \left(\ln 1 - \ln \tfrac{1}{2}\right) = \tfrac{1}{2}(\ln 1 - \ln 1 + \ln 2) = \tfrac{1}{2} \ln 2.$$

Somit gilt in der Tat:

$$B - C \approx \tfrac{3}{2} \ln 2 - \tfrac{1}{2} \ln 2 = \ln 2 = A$$

$$\text{bzw.} \quad A - B = -C \approx -\tfrac{1}{2} \ln 2,$$

wie es sein muss. Also *keine Rede* mehr von $\tfrac{3}{2} \ln 2 = \ln 2$!
   Halten wir fest:

> Die Untersuchung solcher Beispiele *gesetzmäßiger* „Umordnungen" von nur bedingt
> konvergenten Reihen führt zu vergleichbaren Resultaten: *Scheinbar* paradoxe Glei-
> chungen der herkömmlichen Analysis erklären sich beim Rechnen mit Ω-Zahlen
> durch den Wegfall unendlich vieler Glieder mit einer endlichen Summe.

Dabei wird der Begriff „bedingte" (d. h.: nicht „absolute") Konvergenz nicht benötigt. Vielmehr werden alle Reihen gleich behandelt – und zwar so wie die endlichen Summen. (*Daran*
hätte Weierstraß seine Freude gehabt haben müssen.)

   Interessanterweise findet sich an der betreffenden Stelle in der Publikation von Schmieden und
Laugwitz aus dem Jahr 1958 der Hinweis, dass „der Unterschied zwischen absoluter und beding-
ter Konvergenz freilich fürs praktische Rechnen insofern wesentlich bleibt, als man sich bei einer
absolut konvergenten Reihe ohne weitere Überlegungen beliebige Umordnungen erlauben kann."
Ganz offensichtlich ist dieser Halbsatz ein Zugeständnis der Autoren und dürfte auf Druck der
Zeitschrifterausgeber aufgenommen worden sein; denn in der Sache konterkariert er gerade den
Grundansatz der Autoren, dass bei ihrer Art des *genauen* Rechnens alles gleich behandelt wird.

Auflösung der II. Paradoxie. Schmieden betrachtet die C-1-Summation der Reihe

$$A = 1 - 1 + 1 - 1 + 1 - 1 + - \ldots$$

von Abschn. 15.3. Dabei ging es um den Ausdruck:

$$S^{C\,1} = \lim_{n \to \infty} \frac{s_1 + s_2 + s_3 + \ldots + s_n}{n}.$$

Schmieden notiert das wieder rechnerisch zugänglicher mittels Ω statt mit lim und ∞:

$$A^{C\,1} = \frac{s_1 + s_2 + s_3 + \ldots + s_\Omega}{\Omega}.$$

Diesen Bruch schreibt er nun ausführlich auf. Dabei beachtet er: (i) Die erste 1 der Reihe A ist in *allen* Teilsummen s_k enthalten; das ergibt den ersten Summanden $\frac{\Omega}{\Omega}$; (ii) die zweite 1 der Reihe A ist nur in $\Omega - 1$ der Teilsummen s_k enthalten (nämlich nicht in s_1; das ergibt den zweiten Summanden $\frac{\Omega-1}{\Omega}$); usw.

$$A^{C\,1} = \frac{\Omega}{\Omega} - \frac{\Omega-1}{\Omega} + \frac{\Omega-2}{\Omega} - + \ldots + (-1)^{\Omega}\,\frac{\Omega-(\Omega-2)}{\Omega} + \frac{(-1)^{\Omega+1}}{\Omega}$$
$$= 1 - (1-\omega) + (1-2\omega) - + \ldots + (-1)^{\Omega} \cdot 2\omega \quad + (-1)^{\Omega+1} \cdot 1\omega$$

Dann betrachtet er die Differenz, schrittweise für je das erste, das zweite, das dritte Glied usw.:

$$A - A^{C\,1} = \underbrace{\underbrace{\underbrace{\underbrace{\underbrace{0}_{0} - \omega + 2\omega - 3\omega + 4\omega \quad \ldots \quad + (-1)^{\Omega+1}(-\omega)}_{-\omega}}_{\omega}}_{-2\omega}}_{2\omega}$$

$$\underbrace{\phantom{0 - \omega + 2\omega - 3\omega + 4\omega \quad \ldots \quad + (-1)^{\Omega+1}(-\omega)}}_{\ldots}$$

$$= \begin{cases} -\frac{\Omega}{2}\omega = -\frac{1}{2} & \text{falls } \Omega \text{ gerade, also } A = 0 \\ +\frac{\Omega-1}{2}\omega \approx +\frac{1}{2} & \text{falls } \Omega \text{ ungerade, also } A = 1. \end{cases}$$

Alles ganz akkurat. *Nicht die Summe A hat den Wert $\frac{1}{2}$, sondern es ist $A^{C\,1} = -\frac{1}{2}$ falls Ω gerade, andernfalls ist $A^{C\,1} \approx \frac{1}{2}$. Die Summe A hat i m m e r einen der Werte 1 oder 0. –* Keine Paradoxie, nirgendwo.

Es bietet sich an, folgende Frage zu klären:

Was summiert $A^{C\,1}$ wirklich?

Schmieden rechnet es einfach aus. Zum allgemeinen

$$A = a_0 + a_1 + a_2 + \ldots + a_{\Omega-1}$$

bildet er, wie schon gesehen,

$$A^{C\,1} = \frac{1}{\Omega} \sum_{n=0}^{\Omega-1} s_n = \frac{1}{\Omega} \left(\Omega a_0 + (\Omega - 1)a_1 + (\Omega - 2)a_2 + \ldots + (\Omega - (\Omega - 1))a_{\Omega-1} \right).$$

Zum speziellen

$$A(x) = 1 + x + x^2 + \ldots + x^{\Omega-1}$$

erhält er folglich durch Einsetzen ($a_n = x^n$):

$$A^{C\,1}(x) = \frac{1}{\Omega} \sum_{n=0}^{\Omega-1} s_n = \frac{1}{\Omega} \left(\Omega \cdot 1 + (\Omega - 1)x + (\Omega - 2)x^2 + \ldots + (\Omega - (\Omega - 1))x^{\Omega-1} \right)$$

$$= 1 - x(1 - \omega) + x^2(1 - 2\omega) - + \ldots + (-1)^{\Omega-1}x^{\Omega-1}(1 - (1 - \Omega)\omega)$$

$$= \sum_{n=0}^{\Omega-1} (-1)^n x^n + \omega \sum_{n=0}^{\Omega-1} (-1)^{n+1} n x^n$$

$$= s_\Omega(x) + \omega \sum_{n=0}^{\Omega-1} (-1)^{n+1} n x^n .$$

Es gilt also:

$$s_\Omega(x) - A^{C\,1}(x) = \omega \sum_{n=0}^{\Omega-1} (-1)^n n x^n = K.$$

K erzeugt die Konvergenz von $s_\Omega(x)$ gegen $A^{C\,1}(x)$, jedoch erst im Unendlichen: Wie der Vorfaktor ω in K zeigt, sind die Glieder von K mit endlichen Gliednummern ≈ 0.

Auflösung der III. Paradoxie. (Abschn. 15.4)

Aus der Formel

$$s_n(x) = \frac{1 + (-1)^{n-1}x^n}{1 + x} \qquad \text{falls} \quad x \neq -1,$$

erhält Schmieden direkt

$$s_\Omega(x) = \tfrac{1}{1+x} \left(1 + (-1)^{\Omega-1} x^\Omega \right). \tag{\textdagger\textdagger\textdagger}$$

a) Falls $|x| < 1$ und $|x| \not\approx 1$, ist $x^\Omega \approx 0$ und also

$$s_\Omega(x) \approx \tfrac{1}{1+x}.$$

b) Falls $x = 1$, ergibt sich für eine (un)gerade Anzahl Ω von Summanden:

$$s_\Omega(1) = \tfrac{1}{2} \left(1 + (-1)^{\Omega-1} \right) = \begin{cases} 1 & \text{falls } \Omega \text{ ungerade ist,} \\ 0 & \text{falls } \Omega \text{ gerade ist.} \end{cases}$$

c) Falls $x < 1$ und $x \approx 1$, wird das problematische x^Ω mittels eines Kniffs berechnet. Schmieden setzt, ähnlich Euler, für $v > 0$:

$$x := 1 - \xi \omega^v$$

mit ξ endlich, positiv, und erhält (statt $\lim\limits_{n \to \infty} \left(1 + \frac{x}{n}\right)^n = e^x$ hat Schmieden natürlich $(1 + \omega x)^\Omega \approx e^x$ – es sei an Abschn. 8.6.2 erinnert!) mittels der Nebenrechnung

$$x^\Omega = \left(1 - \xi\omega^\nu\right)^\Omega = \left(1 - \omega \cdot \xi\omega^{\nu-1}\right)^\Omega \approx e^{-\xi\omega^{\nu-1}} \begin{cases} \approx 1 & \text{falls } \nu > 1, \\ = e^{-\xi} & \text{falls } \nu = 1, \\ \approx 0 & \text{falls } \nu < 1, \end{cases}$$

schließlich für †††(wegen $1 + x \approx 2$) das Resultat

$$s_\Omega(x) \approx \begin{cases} \frac{1}{2}\left(1 + (-1)^{\Omega-1}\right) & \text{falls } \nu > 1, \\ \frac{1}{2}\left(1 + (-1)^{\Omega-1}e^{-\xi}\right) & \text{falls } \nu = 1, \\ \frac{1}{2} & \text{falls } 0 < \nu < 1. \end{cases}$$

Den Fall $|x| > 1$ beurteilt Schmieden als „sinnlos". (Abb. 15.1)

Alles ist ganz genau funktional beschrieben: Für $\nu = 1$ und

(i) Ω ungerade steigt die Funktion $s_\Omega(x)$ vom Funktionswert $\frac{1}{2}$ nahe bei $x = 1$ gemäß der e-Funktion $\frac{1}{2}\left(1 + e^{-\xi}\right)$ bis zum Funktionswert 1 für $x = 1$ (also bis $\xi = 0$);

(ii) Ω gerade fällt die Funktion vom Funktionswert $\frac{1}{2}$ nahe bei $x = 1$ gemäß der e-Funktion $\frac{1}{2}\left(1 - e^{-\xi}\right)$ bis zum Funktionswert 0 für $x = 1$.

Anders gesagt: Je nachdem, ob Ω gerade ist oder nicht, fällt der Funktionswert *nahe bei* $x = 1$ vom Wert $\frac{1}{2}$ auf den Funktionswert 0, oder er steigt dort vom Wert $\frac{1}{2}$ auf den Funktionswert 1. *Von Unbestimmtheit keine Rede!* Ein bisschen Rechnen ist natürlich notwendig – geschenkt bekommt man in der Mathematik nichts. Die Unterscheidung, ob Ω gerade ist oder nicht, zeigt verschiedene *mögliche* Rechenergebnisse.

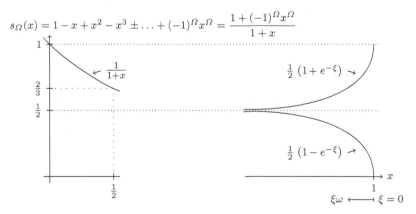

$$s_\Omega(x) = 1 - x + x^2 - x^3 \pm \ldots + (-1)^\Omega x^\Omega = \frac{1 + (-1)^\Omega x^\Omega}{1 + x}$$

Abb. 15.1 Die Funktion $s_\Omega(x) = 1 - x + x^2 - + \ldots$ in $[0, 1]$, rechts für $x \overset{<}{\approx} 1$

Auflösung der IV. Paradoxie. (Abschn. 15.5) Problematisch ist offenbar die Gleichung ‡‡. Wiederum studiert Schmieden die Sache genauer und betrachtet

$$f_\Omega(x) = \frac{\Omega x}{1 + \Omega^2 x^4}.$$

Erneut setzt er $x = \xi\omega^\nu$ und erhält:

$$f_\Omega\left(\xi\omega^\nu\right) = \frac{\xi\omega^{\nu-1}}{1 + \xi^4\omega^{4\nu-2}} = \frac{\xi\Omega^{1-\nu}}{1 + \xi^4\Omega^{2-4\nu}}$$

$$\approx \begin{cases} 0 & \text{falls } \nu > 1, \\ \xi & \text{falls } \nu = 1, \\ \xi^{-3}\Omega^\alpha, (0 < \alpha < 2), & \text{falls } \frac{1}{3} < \nu < 1, \\ \qquad \text{denn } \frac{\xi\Omega^{1-\nu}}{1+\xi^4\Omega^{2-4\nu}} \sim \Omega^{1-\nu-2+4\nu} \\ \qquad\qquad\qquad\qquad = \Omega^{3\nu-1} \\ \xi^{-3} & \text{falls } \nu = \frac{1}{3}, \\ 0 & \text{falls } 0 < \nu < \frac{1}{3}. \end{cases}$$

Es ist also in der Nähe der 0 für $\frac{1}{3} \leqq \nu \leqq 1$ ganz eindeutig

$$f_\Omega \neq f \text{ !}$$

Schmieden behandelt auch Delta-Funktionen (ja, wenn man Ω-Zahlen hat, gibt es wirkliche Delta-*Funktionen!*). Doch das führt hier zu weit. Ein Beispiel einer elementaren Delta-Funktion folgt aber gleich.

15.7   Die erste formale Fassung einer Nichtstandard-Analysis ab dem Jahr 1958

Im Jahr 1954 erhielt der damals junge Detlef Laugwitz (1932–2000) in Göttingen von Carl Friedrich von Weizsäcker (1912–2007) ein Manuskript zum Vortrag in einem Seminar, und nachdem sich Laugwitz positiv geäußert hatte, stellte Weizsäcker den Kontakt zum Autor Schmieden her. Eine sehr fruchtbare Zusammenarbeit begann, und im Jahr 1962 wurde Laugwitz im Alter von 29 Jahren Ordinarius für Mathematik an der Darmstädter Universität.

Zuvor war – nach etlichem Gerangel hinter den Kulissen – im Jahr 1958 in Band 69 der renommierten *Mathematischen Zeitschrift* ein von Schmieden und Laugwitz gemeinsam gezeichneter Artikel erschienen. Er entpuppte sich im Nachhinein als erste Publikation eines Gebietes, das heute den Namen „Nichtstandard-Analysis" trägt.

Ausdrücklich betonten die Autoren dort:

> Es ist bemerkenswert, dass sich nicht etwa nur ein Neuaufbau oder eine bloße Modifikation der gewohnten Analysis ergibt, sondern dass diese Analysis hier echt erweitert wird.

Sie zeigten auch sofort, dass ihre neue Analysis den Typus der Dirac'schen Delta-Funktion als wirkliche „Funktion" enthält, ohne dass der Funktionsbegriff dafür modifiziert werden muss. Als Beispiel einer Delta-Funktion nannten sie

$$\delta(x) = \frac{1}{\pi} \cdot \frac{\Omega}{1 + \Omega^2 x^2}.$$

T Die typischen Eigenschaften einer Delta-Funktion bestätigt man leicht: $\delta(x) \approx 0$ außer für $x \approx 0$ – dort ist $\delta(x)$ unendlich groß; $\int\limits_{-\infty}^{+\infty} \delta(x)\, dx = 1$.

15.7.1 Die Grundlegung im Jahr 1958

Laugwitz formulierte einige Schmieden'sche Grundideen in der aktuellen Sprache der Algebra. Dabei orientierte er sich offenkundig an Cantors Konstruktion. Cantor hatte *konvergente Folgen rationaler Zahlen* als neue „Zahlen" definiert und diesen Folgen dabei den Namen „Grenze" gegeben (Abschn. 14.2.2). Das Autorenpaar Schmieden und Laugwitz schlug nun vor, *sämtliche* Folgen rationaler Zahlen zu betrachten und j e d e *dieser Folgen als eigene „Zahl" zu deuten* – *ohne* die Bedingung der Konvergenz, einfach: *alle* Folgen! Als Namen für diese Folgen führten sie sowohl „Limes" ein (wie Cantor also, zur Unterscheidung jedoch großgeschrieben) als auch „Ω-Zahl":

$$(a_n)_n = a_\Omega = \operatorname*{Lim}_{n=\Omega} a_n,$$
$$\text{speziell:}\quad (n)_n = \Omega, \quad (\tfrac{1}{n})_n = \omega \quad \text{und auch} \quad ((-1)^n)_n = (-1)^\Omega.$$

Das heißt: Schmiedens „Sprung" vom Zählprozess $1, 2, 3, \ldots$ zu Ω (siehe Abschn. 15.6.1) erhält jetzt als Landeplatz die *gesamte Folge* $\Omega = (n)_n$! Auch diese nicht konvergierende Folge definiert eine Ω-Zahl. Es ist natürlich eine unendlich große.

Der Vorgänger dieser Zahl Ω, also $\Omega - 1$, ist die Folge $(n-1)_n = (0, 1, 2, 3, \ldots)$; der Nachfolger, also $\Omega + 1$, ist die Folge $(2, 3, 4, \ldots)$ usw.

Die für die herkömmliche Analysis verstörenden Tatsachen, dass der neue Zahlbereich Nullteiler enthält und also kein Körper ist – dass also nicht in *jedem* Falle dividiert werden kann – und dass die neuen Zahlen nicht „total geordnet" sind, wurden in diesem Artikel klar benannt, jedoch mit keiner Silbe bewertet.

So gilt

$$(0, 1, 0, 1, 0, 1, \ldots) \cdot (1, 0, 1, 0, 1, 0, \ldots) = 0,$$

ohne dass einer der Faktoren gleich $0 = (0, 0, 0, \ldots)$ ist. Und man wird auch nicht einen dieser beiden Faktoren größer oder kleiner als den anderen nennen können – obwohl sie offenkundig ungleich sein sollten.

15.7.2 Weitere Besonderheiten der neuen Analysis im Jahr 1958

Klar benannt wurden auch jene Tatsachen, die sich in dieser neuartigen „Erweiterung" der Analysis *anders* darstellten als in der hergebrachten.

- Es wurden drei verschiedene Äquivalenzrelationen von der Art einer Größenordnung eingeführt: (1) „endlich gleich", (2) „von gleicher Größe" sowie (3) „von gleicher Größenordnung".
- **Es wurden einige Lehrsätze formuliert und bewiesen, die in der hergebrachten Analysis *falsch* sind, in der neuen Form jedoch *wahr*.**

1. *Jeder Grenzwert existiert.* Denn gerade so sind ja die neuen „Zahlen" definiert.

   Genauer: (Bei Folgen von Ω-Zahlen notieren wir den Folgen-„Index" *oben*.) Der „Grenzwert" einer Folge solcher Ω-Zahlen $(a_\Omega^{(p)})_p$ ist definiert für jede „positive ganze" und „unendlich große" Ω-Zahl g_Ω, also $g_\Omega = (g_n)_n$ mit $g_n > g_k > 0$ falls $n > k$. Der Grenzwert

   $$\operatorname*{Lim}_{p=g_\Omega} a_\Omega^{(p)} = a_\Omega^{(g_\Omega)} = b_\Omega$$

   ist definiert als die Komponentenfolge

   $$b_n = a_n^{(g_n)},$$

   also als die durch g_Ω bestimmte „Diagonalfolge" aus der Folge $(a_\Omega^{(p)})_p$ von Ω-Zahlen $a_\Omega^{(p)}$. – Beispiele: (a) Für die konstante Folge der $a_\Omega = \left(\frac{1}{n}\right)_n = \omega$ ist etwa $\lim\limits_{p=\Omega} a_\Omega^{(p)} = \left(\frac{1}{n}\right)_n = a_\Omega = \omega$, wie es sein muss; und $\lim\limits_{p=2\Omega} a_\Omega^{(p)} = \left(\frac{1}{2n}\right)_n = \frac{1}{2}\omega$. (b) Für die Folge $b_\Omega^{(p)}$ mit dem p-ten Glied $b_\Omega^{(p)} = \left(\frac{1}{p \cdot n}\right)_n$ ist $\lim\limits_{p=\Omega} b_\Omega^{(p)} = \left(\frac{1}{n \cdot n}\right)_n = \frac{1}{\Omega \cdot \Omega} = \omega^2$ und $\lim\limits_{p=2\Omega} b_\Omega^{(p)} = \left(\frac{1}{2n \cdot n}\right)_n = \frac{1}{2\Omega \cdot \Omega} = \frac{1}{2}\omega^2$ – richtig?

2. *Je zwei Grenzübergänge sind vertauschbar.* Das liegt im Wesentlichen darin begründet, dass die Grenzen nur aufgeschrieben, nicht jedoch ausgerechnet werden.

   Genauer: Hat man eine Doppelfolge $(a_\Omega^{p,q})_{p,q}$ von Ω-Zahlen $a_\Omega^{g_n,h_n}$, so ist der Grenzwert durch die Komponentenfolge $a_n^{g_n,h_n}$ gegeben.
   Beispiel:

   $$a^{p,q} = \frac{1}{1 + \frac{p}{q}}.$$

(Die betrachteten Ω-Zahlen sind also konstante Folgen rationaler Zahlen mit den gleichen Komponenten $\frac{1}{1+\frac{p}{q}}$.)

Herkömmlich gilt:

$$\lim_{q \to \infty} \lim_{p \to \infty} a^{p,q} = 0, \qquad \text{jedoch} \qquad \lim_{p \to \infty} \lim_{q \to \infty} a^{p,q} = 1.$$

Für Ω-Zahlen hingegen ist, unabhängig von der Reihenfolge:

$$\operatorname*{Lim}_{\substack{p=g_\Omega \\ q=h_\Omega}} a^{p,q} = \frac{1}{1+\frac{g_\Omega}{h_\Omega}}.$$

Wählt man zuerst für die Grenzwertbildung $p = g_\Omega$ (herkömmlich: $p \to \infty$), ergibt sich

$$\frac{1}{1+\frac{g_\Omega}{q}},$$

also für jedes endliche $q = 1, 2, 3, \ldots$ eine unendlich kleine Zahl. Wählt man dann jedoch für die andere Grenzwertbildung ebenfalls $h_\Omega = g_\Omega$, so erhält man dennoch einen endlichen Wert:

$$\frac{1}{1+\frac{g_\Omega}{h_\Omega}} = \frac{1}{1+\frac{g_\Omega}{g_\Omega}} = \frac{1}{1+1} = \frac{1}{2},$$

das heißt, es führen anfangs unendlich viele unendlich kleine Zahlen $\frac{1}{1+\frac{g_\Omega}{q}}$ bei der Grenzwertbildung doch zu einem endlichen Grenzwert $\frac{1}{2}$.

3. *Divergente Reihen sind den anderen gleichberechtigt,* denn in der neuen Form der Analysis wird stets genau so gerechnet wie im Endlichen.

Als Beispiel der Klassiker:

$$\sum_{p=1}^{\Omega} \frac{1}{p(p+1)} = \sum_{p=1}^{\Omega} \left(\frac{1}{p} - \frac{1}{p+1} \right) = \sum_{p=1}^{\Omega} \frac{1}{p} - \sum_{p=2}^{\Omega+1} = 1 - \frac{1}{\Omega+1} \approx 1.$$

Eine konvergente Reihe links wird beim zweiten Gleichheitszeichen in eine Differenz zweier divergenter Reihen aufgespalten, und diese Differenz wird zu einem endlichen Wert berechnet. Herkömmlich ein absolutes *No-Go!*

4. *Die Grenzfunktion einer Folge stetiger Funktionen ist stetig.* Dazu schreiben die Autoren: „Dieser Satz besitzt in der gewohnten Analysis kein einfaches Analogon." Auf Cauchys „Summensatz" (Abschn. 11.9.3) wird nicht verwiesen. Als Beispiel wird die Folge der Funktionen x^n im Intervall $0 \leq x \leq 1$ angeführt (das wurde in Abschn. 11.9.5 behandelt).

- *Der Approximationssatz von Weierstraß* wurde auch für die neue Form der Analysis gewonnen.

- *Differenziation* und *Integration und Reihen* werden kurz angesprochen. Allerdings muss eine „differenzierbare" Funktion *nicht für jeden Wert eine Ableitung besitzen!* („Die ‚Ableitung' könnte nämlich ‚irrational' sein.")

• Der *Zwischenwertsatz* (für „normale" Funktionen) wird bewiesen.

Kritisch ist dabei natürlich der Begriff „Funktion". *Selbstverständlich* darf hier nicht im Bolzano'schen Sinne (Abschn. 10.4.1) völlig frei verfügt werden. Denn *der Bezugspunkt* der Autoren Schmieden und Laugwitz ist die hergebrachte (von ihnen „gewöhnlich" genannte) Form der Analysis – und nicht etwa eine völlig neue, exotische Form. Daher beschränkten sie sich auf solche Funktionen, die „schon dann völlig festgelegt sind, wenn ihre Werte für die rationalen Zahlen des Definitionsbereichs gegeben sind." Sinnvollerweise müssen diese Wertbestimmungen in einer mathematisch normierten Sprache erfolgen.

15.8 Ausklang

Curt Schmieden war ein Praktiker des Rechnens. Daher seine Idee, die Analysis *rechnend* zu betreiben: keine verwickelten allgemeinen Lehrsätze aufzustellen, welche Rechenregeln formulieren oder Rechnungsweisen verbieten, sondern einfach *auszurechnen* – und dabei das Unendliche (und also: das *spezifisch* Analytische) genau so zu behandeln wie das Endliche. (Er formulierte es so: „*rechnende* Analysis".) Am Schluss der Rechnung ist dann das Ergebnis nach den Anforderungen, die sich aus der Problemstellung ergeben, zu bewerten.

Dass das *erlaubt* sei, zeigten ihm sein Rechenweg („genau wie im Endlichen" – was soll daran denn falsch sein?) und seine Resultate. Seine Methode der „Omega-Analysis" – eine *erweiterte* „Werte-Analysis" – zuverlässig in den gerade aktuellen Maximen der mathematischen Grundlagen zu verankern, überließ er anderen.

Sein früh begeisterter Kollege und Mitgestalter Detlef Laugwitz hat sich sehr um eine präzise algebraische Fundierung der Schmieden'schen Ideen verdient gemacht, zuerst in einer allgemeinsten Version in dem 1958 erschienenen, gemeinsam gezeichneten Artikel.

Im Jahr 1978 publizierte Laugwitz dann eine stärker algebraisierte Fassung, die er aus Schmiedens Grundideen entwickelt hatte, und im Jahr 1986 folgte eine andere Version, in der Elemente der formalen Logik eine gewisse Rolle spielen. Dabei hatte Laugwitz stets im Blick, dass Schmiedens Ω-Zahlen keinen Körper bilden, weil in ihnen nicht durch alle „Zahlen" dividiert werden kann. In einer Zeit, in der die gesamte Mathematik durch den Strukturgedanken Nicolas Bourbakis dominiert wurde, schien das ein Problem zu sein. So gab Laugwitz – nach dem Vorbild anderer – 1978 auf algebraischem Weg (über Ultraprodukte) einen Körper $^*K$ und 1986 auf logischem Weg (über eine formale Sprache) eine Menge $^\Omega K$ aus Ω-Zahlen an, die zwar „kein Körper" sei, in deren „Theorie" jedoch „die Regeln des angeordneten Körpers gelten". (Dabei gab es auch einen etwas schlüpfrigen Schluss.)

Bei diesem Versuch, Schmiedens Ideen in der aktuellen Form der Analysis hoffähig zu machen, um ihnen Gehör zu verschaffen, konnte Schmiedens Grundanliegen nicht ungeschmälert Aufnahme finden. In einem *Körper,* der Ω-Zahlen enthält, *muss* es entschieden sein, ob $(-1)^\Omega$ den Wert 1 oder den Wert -1 hat. Vielleicht fehlen dem Mathematiker die Mittel, zu *entscheiden,* welches der richtige Wert ist – aber einer *ist* es, definitiv. Das aber passt zu Schmiedens Grundidee nicht. Schmieden hielt gerade beide Möglichkeiten *offen* – und unterschied nötigenfalls die beiden Fälle. Systembedingte Festlegungen solcher Art – noch dazu, wenn sie im Detail unbekannt sein mussten – waren sicher nicht sein Ziel.

15.8.1 Grundlegungsprobleme

Nach dieser frühest publizierten Fassung einer Nichtstandard-Analysis der beiden Darmstädter Autoren im Jahr 1958 wurden alsbald andere Fassungen von Nichtstandard-Analysis publiziert.

Als Erster folgte im Jahr 1961 Abraham Robinson (1918–74), der von der *Modelltheorie* kam und auch den Namen „Nichtstandard-Analysis" prägte. Dieser Zugang zur Nichtstandard-Analysis setzt den Erwerb fundierter Logikkenntnisse voraus, ehe man über „stetige Funktionen" zu reden vermag.

Willem A. J. Luxemburg beschränkte sich 1962 auf algebraische Konstruktionen, in denen Ultrafilter eine wichtige Rolle spielen, um zu einem Körper mit „unendlichen" Zahlen zu gelangen.

Im Jahr 1977 wurde durch Edward Nelson (1932–2014) ein erstes Axiomensystem für die Nichtstandard-Analysis publiziert; andere Axiomensysteme folgten.

In allen Fällen wurde also ein anderes mathematisches Fachgebiet (Logik, Allgemeine Algebra) benötigt, um für die Nichtstandard-Analysis geeignete „Zahlen" zu konstruieren. Keine sehr befriedigende Lage und ein klares Hindernis für eine breitere Akzeptanz dieser Perspektive.

15.8.2 Axiomatik

Sieht man sich heute aktuelle Lehrbücher der Analysis an, so scheint es, dass den *Grundlagen* keine übermäßige Aufmerksamkeit gewidmet wird. So werden die „reellen" Zahlen zuallermeist nicht konstruktiv eingeführt, wie das Bertrand und Dedekind einerseits sowie Cantor und Heine andererseits gelehrt haben, sondern nach Hilberts Vorbild auf axiomatischem Weg. Das geht schneller.

Nun. Vielleicht *passt* das sehr gut zu der von Hilbert 1917 propagierten neuen Rolle der Mathematik als einer *Ordnungspolizei* aller Wissenschaften (Abschn. 14.4.5): die vorbehaltlose – wenigstens vorübergehende – Akzeptanz inhaltlich nicht näher gerechtfertigter (und also *beliebiger*) Axiomensysteme zu unterrichten.

Dann freilich ist kein Argument dagegen in Sicht, statt eines Axiomensystems der „reellen" Zahlen eines der „Nichtstandard-Zahlen" zu nehmen (heute spricht man dabei gern von den „hyperreellen" Zahlen) – *außer* vielleicht der Tatsache, dass sich die Theoriebildung in der Nichtstandard-Analysis in mancher Hinsicht doch *anders* gestaltet als in der Standard-Analysis. (Das wurde anhand einiger „Paradoxien" konkret vorgeführt, und allgemein wurde darauf in Abschn. 15.7.2 hingewiesen.) So etwas fordert sowohl das eigene Denken heraus, wie es auch die Nutzung der Literatur erschwert: wenn man sich immer erst vergewissern müsste, *welche* Form der Analysis der jeweilige Autor denn bevorzugt. Standardisierungen des Stoffes erleichtern die Lehre, insbesondere wenn größere Personenzahlen auszubilden sind. Im kleinen Kreis Interessierter lässt sich leichter feinsinnig argumentieren.

15.8.3 Verselbstständigung

Schmiedens Absicht war es, die „gewöhnliche" Analysis von ihren „Paradoxien" zu befreien und ihr eine *einfachere* Gestalt zu geben: weniger Lehrsätze, mehr Rechnen.

In den 1980er Jahren begann eine gegenläufige Entwicklung, die sich – in sicher nicht zu großen Zirkeln – weitere Jahrzehnte fortsetzte. Unter dem für den Nicht-Fachmann überraschenden Titel „Konstruktive Nichtstandard-Analysis" begann man, die Nichtstandard-Analysis als eine Lehre eigenen Rechts zu entfalten. Höhere algebraische Methoden (Garben, Topoi) kamen zum Einsatz. Damit entstand eine Entwicklung, die sich sowohl von den Ursprüngen der Nichtstandard-Analysis als auch von der klassischen Differenzial- und Integralrechnung sehr weit entfernt, aber ganz wunderbare Mathematik ist.

Ob es nach dem Auffinden von Weierstraß' Konstruktion der reellen Zahlen im Jahr 2017 heute vorstellbar ist, von dort aus in neuer Weise nichtstandard-analytische Argumente zu formulieren, wäre zu prüfen.

15.8.4 Nichtstandard-Analysis und die Geschichte der Analysis

Nicht Schmieden und Laugwitz, wohl aber Robinson begann sofort damit, die neue Lehre in Beziehung zu geschichtlichen Texten zu setzen. Dabei spielte der heute so genannte „Cauchy'sche Summensatz" (Abschn. 11.9.3) schon früh eine Rolle. In seinem 1963 erschienenen Buch interpretierte Robinson Cauchys Text in der Sprache der Nichtstandard-Analysis und kam zu dem Ergebnis: Der Satz ist richtig, wenn man eine von zwei zusätzlichen Voraussetzungen macht: (a) die Konvergenz ist „gleichmäßig", oder (b) die Familie der Teilsummen $(s_n(x))_n$ ist „gleichgradig stetig".

Robinsons Idee, ältere mathematische Texte in die Sprache der Nichtstandard-Analysis zu übersetzen, beeindruckte den Wissenschaftstheoretiker Imre Lakatos (1922–74). In einem erst postum gedruckten Vortrag aus dem Jahr 1966 behauptete er, Cauchys „Summensatz" sei „richtig und sein Beweis so schlüssig, wie ein informaler Beweis nur sein kann." Lakatos zufolge benötigte Cauchys „Summensatz" somit *keine* zusätzlichen Voraussetzungen, um Gültigkeit zu erlangen. Damit widersprach Lakatos Robinson. – Der weitere Verlauf dieser Entwicklung (dass also Lakatos in *ganz anderem* Sinne recht hat, als er das dachte) wurde in Abschn. 11.8 angedeutet.

15.9   Zum guten Schluss

Lakatos' These mathematisch zu fundieren war das Ziel meiner Dissertation aus dem Jahr 1981. Anders als Lakatos argumentierte ich dabei vor dem Hintergrund der Darmstädter Fassung der Nichtstandard-Analysis. Heute weiß ich, wie falsch meine damalige Sichtweise war (siehe Abschn. 11.8.2).

Diese vom Erstgutachter Laugwitz sehr geschätzte Arbeit inspirierte ihn selbst zu detaillierteren Studien früherer Analytiker – insbesondere natürlich Cauchy –, die in etlichen Artikeln Niederschlag fanden.

Nachdem ich durch meine Auseinandersetzung mit Bolzanos Mathematik ab etwa 1986 die Unzulänglichkeit der Lakatos'schen Methodologie zum Verständnis historischer Texte bemerkt und mich von ihr gelöst hatte, wandte ich mich ab dem Winter 1990 erneut dem Studium von Cauchys Analysis zu, diesmal mit neuer Perspektive. Dies versuchte Prof. Dr. Laugwitz mit allergrößtem Nachdruck zu verhindern. Als dieser Versuch misslang, verlor ich seine Gunst und damit natürlich allen lokalen (und damit nicht nur diesen) wissenschaftlichen Rückhalt. Auch die Universität Darmstadt erwies sich als unfähig zu einer sachlichen Klärung dieses Konflikts; übrigens bis auf den heutigen Tag.

Wäre Prof. Dr. Laugwitz damals sachlich (und nicht bloß institutionell) erfolgreich gewesen, hätte dieser vorliegende Text nicht geschrieben werden können.

Zugrunde gelegte Literatur

Martin Aigner und Günter M. Ziegler 1998. *Proofs from THE BOOK.* Springer, Berlin.

Imre Lakatos 1982. *Philosophische Schriften.* 2 Bde. Vieweg, Braunschweig, Wiesbaden. Original: *Mathematics, Science and Epistemology.* Cambridge University Press 1980.

Detlef Laugwitz 1986. *Zahlen und Kontinuum. Eine Einführung in die Infinitesimalmathematik.* Bibliographisches Institut, Mannheim.

Willem A. J. Luxemburg 1962. *Non-Standard Analysis.* Lectures on A. Robinson's Theory of Infinitesimals and Infinitely Large Numbers. *Lecture notes.* Mathematics Department, California Institute of Technology, Pasadena, California.

Willem A. J. Luxemburg und S. Körner (Hg.) 1979. *Selected Papers of Abraham Robinson.* Bd. 2. North Holland Publishing Company, Amsterdam, New York, Oxford.

Edward Nelson 1977. Internal Set Theory: A New Approach to Nonstandard Analysis. *Bulletin of the American Mathematical Society*, 83(6): S. 1165–1198.

Erik Palmgren 1995. A Constructive Approach to Nonstandard Analysis. *Annals of Pure and Applied Logic*, 73: S. 297–325.

Erik Palmgren 1996. Constructive Nonstandard Analysis. *Cahiers du Centre de logique*, 9: S. 69–97.

Erik Palmgren 1997. A Sheaf-Theoretic Approach for Nonstandard Analysis. *Annals of Pure and Applied Logic*, 85: S. 69–86.

Erik Palmgren 1998. Developments in Constructive Nonstandard Analysis. *The Bulletin of Symbolic Logic*, 4(3): S. 233–272.

Erik Palmgren 2001. Unifying Constructive and Nonstandard Analysis. In: Peter Schuster, Ulrich Berger und Horst Osswald (Hg.), *Reuniting the Antipodes – Constructive and Nonstandard Views of the Continuum*, S. 167–183. Kluwer Academic Publishers, Boston, Dordrecht, London.

Fred Richman 1998. Generalized real numbers in constructive mathematics. *Indagationes Mathematicae,* N. S., 9(4): S. 595–606.

Bernhard Riemann (1854) 1867. Ueber die Darstellbarkeit einer Function durch eine trigonometrische Reihe. Zitiert nach: Weber und Dedekind 1953, S. 227–271.

Abraham Robinson 1961. Non-Standard Analysis. *Indagationes Mathematicae*, 23: S. 432–440. Zitiert nach Luxemburg und Körner 1979, S. 3–11.

Abraham Robinson 1963. *Introduction to Model Theory and to the Metamathematics of Algebra*. North-Holland Publishing Company, Amsterdam.

Bertrand Russell 2002. *Bertrand Russell (1919): Einführung in die mathematische Philosophie*. Bd. 536 der Reihe Philosophische Bibliothek. Felix Meiner Verlag, Hamburg. Deutsch: Emil Julius Gumbel 1923.

Curt Schmieden 1948–53. Vom Unendlichen und der Null. Versuch einer Neubegründung der Analysis. Manuskript, unpubliziert.

Curt Schmieden und Detlef Laugwitz 1958. Eine Erweiterung der Infinitesimalrechnung. *Mathematische Zeitschrift*, 69: S. 1–39.

Peter Schuster, Ulrich Berger und Horst Osswald 2001. *Reuniting the antipodes: constructive and nonstandard views of the continuum*. Kluwer, Dordrecht.

Peter M. Schuster 2000. A constructive look at generalized Cauchy reals. *Mathematical Logic Quaterly*, 46: S. 125–134.

Detlef D. Spalt 1981. *Vom Mythos der Mathematischen Vernunft*. Wissenschaftliche Buchgesellschaft, Darmstadt, [2]1987.

Detlef D. Spalt 1966. *Die Vernunft im Cauchy-Mythos*. Harri Deutsch, Thun und Frankfurt am Main.

Emil Strauß 1880/81. *Weierstrass, Einleitung in die Theorie der Analytischen Functionen*. Universität Frankfurt am Main, Archiv, Az. 2.11.01; 170348.

David Foster Wallace 2007. *Die Entdeckung des Unendlichen – Georg Cantor und die Welt der Mathematik*. Piper, München, Zürich. Deutsch: Helmut Reuter und Thorsten Schmidt.

Heinrich Weber und Richard Dedekind (Hg.) 1953. *Bernhard Riemann, Gesammelte mathematische Werke*. Nachdruck der zweiten Auflage aus dem Jahr 1892. Dover Publications, New York.

Personenverzeichnis

© Springer-Verlag GmbH Deutschland, ein Teil von Springer Nature 2019
D. D. Spalt, *Eine kurze Geschichte der Analysis,*
https://doi.org/10.1007/978-3-662-57816-2

Sachverzeichnis

© Springer-Verlag GmbH Deutschland, ein Teil von Springer Nature 2019

D. D. Spalt, *Eine kurze Geschichte der Analysis,*

https://doi.org/10.1007/978-3-662-57816-2

Springer

Willkommen zu den Springer Alerts

- Unser Neuerscheinungs-Service für Sie:
  aktuell *** kostenlos *** passgenau *** flexibel

Springer veröffentlicht mehr als 5.500 wissenschaftliche Bücher jährlich in gedruckter Form. Mehr als 2.200 englischsprachige Zeitschriften und mehr als 120.000 eBooks und Referenzwerke sind auf unserer Online Plattform SpringerLink verfügbar. Seit seiner Gründung 1842 arbeitet Springer weltweit mit den hervorragendsten und anerkanntesten Wissenschaftlern zusammen, eine Partnerschaft, die auf Offenheit und gegenseitigem Vertrauen beruht.

Die SpringerAlerts sind der beste Weg, um über Neuentwicklungen im eigenen Fachgebiet auf dem Laufenden zu sein. Sie sind der/die Erste, der/die über neu erschienene Bücher informiert ist oder das Inhaltsverzeichnis des neuesten Zeitschriftenheftes erhält. Unser Service ist kostenlos, schnell und vor allem flexibel. Passen Sie die SpringerAlerts genau an Ihre Interessen und Ihren Bedarf an, um nur diejenigen Information zu erhalten, die Sie wirklich benötigen.

Mehr Infos unter: springer.com/alert

Printed in the United States
By Bookmasters